高等职业教育计算机类系列教材

中小型企业网络建设与维护

主　编　姜东洋　卢晓丽　张学勇
副主编　敖　磊
参　编　徐湘艳

机 械 工 业 出 版 社

本书从计算机网络技术专业人才培养的定位出发，在注重基本概念及其关系的同时，追求内容深度和广度的平衡。本书以案例教学法、项目教学法等最新教学理念为基础，按照由简单到复杂、由单一到综合的模式对中小型企业网络建设与维护的内容进行编排。针对职业岗位能力的要求，遵循学生职业能力培养规律，以情境教学、典型网络系统建设的工作过程为依据整合、序化教学内容。根据中小型企业网络建设与维护方面的知识需求，同时选取网络规划与设计、网络设备配置与调试、网络系统组建与维护、网络安全管理等作为必需的教学内容，并进行优化、整合，使读者掌握的知识更加贴近网络工程师岗位的职业技能需要。

本书实用性和可操作性较强，可作为高职高专计算机类专业学生的教材，也可作为相关计算机网络知识培训的教材，还可以作为网络管理人员、网络工程技术人员和信息管理人员的参考用书。

为了方便教学，本书配有电子课件、试卷、教案、课后习题答案等教学资源。凡选用本书作为教材的教师均可登录机械工业出版社教育服务网 www. cmpedu. com 下载，或发送电子邮件至 cmpgaozhi@ sina. com 索取。咨询电话：010－88379375。

图书在版编目（CIP）数据

中小型企业网络建设与维护 / 姜东洋，卢晓丽，张学勇主编. —北京：机械工业出版社，2018.5（2023.1 重印）
高等职业教育计算机类系列教材
ISBN 978－7－111－59858－9

Ⅰ.①中…　Ⅱ.①姜…②卢…③张…　Ⅲ.①中小企业-计算机网络管理-高等职业教育-教材 Ⅳ.①TP393.18

中国版本图书馆 CIP 数据核字（2018）第 090524 号

机械工业出版社（北京市百万庄大街 22 号　邮政编码 100037）
策划编辑：王玉鑫　　责任编辑：王玉鑫　高　伟
责任校对：刘秀芝　　封面设计：马精明
责任印制：刘　媛
涿州市般润文化传播有限公司印刷

2023 年 1 月第 1 版·第 5 次印刷
184mm×260mm·16.25 印张·401 千字
标准书号：ISBN 978－7－111－59858－9
定价：48.00 元

电话服务
客服电话：010-88361066
010-88379833
010-68326294

网络服务
机　工　官　网：www. cmpbook. com
机　工　官　博：weibo. com/cmp1952
金　书　网：www. golden-book. com
机工教育服务网：www. cmpedu. com

前　言

随着信息技术的飞速发展，中小型网络建设与维护已经渗透到社会生活的各个领域，而中小型企业网络建设与维护的应用水平高低也成为衡量一个国家或地区现代化水平的重要标志。在众多类型的计算机网络中，局域网技术的发展非常迅速，应用最为普遍，而高职高专院校计算机网络技术专业培养的目标之一就是中小型网络组建与维护人才培养。根据目前各高职高专院校计算机网络技术专业的课程设置情况，构建系统化的课程体系，由企业专家确定典型的教学案例，并提出各种与工程实践相关的技能要求，将这些意见和建议融入课程教学，使教学环节和教学内容最大限度地与工程实践相结合。

以培养学生“懂网、组网、管网、用网”的能力为主线，按照由浅入深、循序渐进的教学规律，制定了相应的教学内容。本书共8章，第1章介绍计算机网络技术基础，包括主要功能、分类、网络体系结构、以太网技术与局域网硬件设备的有关知识。第2章介绍IP地址的合理分配与划分子网的相关技术。第3、4章讲解交换技术和路由技术，详细介绍了交换机、路由器的配置与调试技术。第5章讲解了DHCP和NAT的配置与应用。第6章讲解了广域网协议，包括数据链路层协议、PPP和帧中继协议。第7章讲解网络安全技术，包括常见的安全威胁、标准ACL、扩展ACL和复杂ACL。第8章讲解了网络故障诊断与排除，包括建立网络基线的步骤、诊断常见的网络故障及有效排除。

本书由辽宁机电职业技术学院姜东洋、卢晓丽及广州市增城区广播电视大学张学勇任主编，宁夏职业技术学院敖磊任副主编。其中，第1~4章由姜东洋编写，第5章由张学勇编写，第6章6.1~6.2由敖磊编写，第6章6.3、本章小结、课后习题由辽宁机电职业技术学院徐湘艳编写，第7章及第8章由卢晓丽编写，全书由姜东洋老师统阅定稿。

由于编写时间仓促，作者学术水平有限，书中难免存在不足和疏漏之处，恳请广大读者批评指正，以便修订时完善。

编　者

目 录

第1章　计算机网络技术基础

1.1　计算机网络技术概述

1.1.1　计算机网络的定义

计算机网络也称计算机通信网。关于计算机网络的最简单定义是，一些相互连接的、以共享资源为目的的、独立的计算机的集合。若按此定义，则早期的面向终端的网络都不能算是计算机网络，而只能称为联机系统（因为那时的许多终端不能算是独立的计算机）。但随着硬件价格的下降，许多终端都具有一定的智能，因而“终端”和“独立的计算机”逐渐失去了严格的界限。若用微型计算机作为终端使用，按上述定义，则早期的那种面向终端的网络也可称为计算机网络。

另外，从逻辑功能上看，计算机网络是以传输信息为基础目的，用通信线路将多个计算机连接起来的计算机系统的集合，一个计算机网络的组成包括传输介质和通信设备。

从用户角度看，计算机网络存在着一个能为用户自动管理的网络操作系统。由系统调用完成用户所调用的资源，而整个网络像一个大的计算机系统一样，对用户是透明的。

关于计算机网络一个比较通用的定义是，利用通信线路将地理上分散的、具有独立功能的计算机系统和通信设备按不同的形式连接起来，以功能完善的网络软件及协议实现资源共享和信息传递的系统。

从整体上来说计算机网络就是把分布在不同地理区域的计算机与专门的外部设备用通信线路互联成一个规模大、功能强的系统，从而使众多的计算机可以方便地互相传递信息，共享硬件、软件、数据信息等资源。简单来说，计算机网络就是由许多通信线路互相连接的自主工作的计算机构成的集合体。

1.1.2　计算机网络的产生与发展

1. 计算机网络的形成

计算机网络是计算机技术与通信技术紧密结合的产物。任何一种新技术的出现都必须具备两个条件，一是强烈的社会需求，二是前期技术的成熟。计算机网络技术的形成与发展也遵循这样一个技术发展轨迹。

20世纪50年代初，由于美国军方的需要，美国半自动地面防空系统（Semi-AutomaticGround Environment，SAGE）开始了计算机技术与通信技术相结合的尝试。SAGE系统需要将远程雷达与其他测量设施连接起来，使得观测到的防空信息通过总长度达2,410,000km的通信线路与一台IBM计算机连接，实现分布的防空信息能够集中处理与控制。

要实现这样的目的，首先要完成数据通信技术的基础研究。1954年，一种叫收发器的终端研制成功，人们用它首次实现了将穿孔卡片上的数据从电话线路上发送到远地的计算机，此后电传打字机也作为远程终端和计算机相连。而计算机的信号是数字脉冲的，为使它能在电话线路上传输，需增加一个调制解调器，以实现数字信号和模拟信号的转变。用户可在远地的电传打字机上输入自己的程序，而计算机算出的结果又可从计算机传送到电传打字机打印出来。计算机与通信的结合开始。面向终端的远程联机系统（以单个计算机为中心）这一阶段研究的典型代表有：美国飞机订票系统、美国半自动防空系统、美国通用电气公司的信息服务网。

2. 计算机网络的发展趋势

计算机网络的发展趋势可概括为：一个目标、两个支撑、三个融合、四个热点。

（1）一个目标　面向21世纪计算机网络发展的总体目标就是要在各个国家，进而在全球建立完善的信息基础设施。

（2）两个支撑　微电子技术和光技术。

微电子技术的发展是信息产业发展的基础，也是驱动信息革命的基础。

驱动信息革命的另一个支撑技术是光电子技术。评价光纤传输发展的标准是传输的比特率和信号在需要再生前可传输的距离的乘积。在单一光纤上传输100Gbit/s含40种波长的商用系统已在2000年实现，可同时传送100万个话音和1500个电视信道。

（3）三个融合　支持全球建立完善的信息基础设施的最重要的技术是计算机、通信、信息内容这三种技术的融合。

1）计算机：计算机硬件、计算机软件及相应的服务。

2）通信：电话、电视电缆、卫星及无线通信等。

3）信息内容：教育、娱乐、出版及信息提供者等。

电信网、电视网、计算机网三种网络的统一是当前网络发展的趋势，其最重要的技术基础是数字化。

（4）四个热点

1）多媒体：随着数字化技术的成熟，数据、文本、声音、图像这些媒体都已数字化，从而产生多媒体技术。多媒体的应用有视频点播、交互视频，包括视频的协同工作、文件共享、白板、远程医疗和远程教学。所有多媒体应用的共性需要大量带宽和处理能力，多媒体应用是促进技术和行业融合的强大市场驱动力。

2）宽带网：要建立真正的宽频带多媒体网络，达到信息高速公路的目标，需要高速的传输载体。信息高速公路的载体有两方面技术特征：一方面是在任何时间、任何地点都能提供全彩色、全动态的视频信号；另一方面要提供全交互的、双向的信息流通信。传统的电话通信可在全世界范围实现双向通信，但接入最终用户的容量有限。传统的电缆网络容量大，但是单向传输，没有交互通信能力。光缆的出现，极大地改观了网络带宽的现状。同时由于采用了先进的压缩技术，可以在同样带宽的信道上传输更多的信息。

3）移动通信：便携式智能终端PCS可以使用无线技术，在任何地方以各种速率与网络保持联络。这些PCS系统支持语音、数据和报文等各种业务。

4）信息安全：当前网络与信息的安全受到严重的威胁，一方面由于互联网（Internet）的开放性及安全性不足；另一方面是由于众多的攻击手段（病毒、陷门、隐通道、拒绝服务、侦听、欺骗、口令攻击、路由攻击、中继攻击、会话窃取攻击等）。以破坏系统为目标的系统犯罪，以窃取信息、篡改信息、传播非法信息为目标的信息犯罪。为了保证信息系统的安全，需要完整的安全保障体系，具有保护功能、检测手段，以及攻击的反应和事故恢复能力。

1.1.3 计算机网络的分类

虽然计算机网络类型的划分标准各种各样，但是从地理范围划分是一种大家都认可的通用网络划分标准。按这种标准可以把各种网络类型划分为局域网、城域网、广域网和互联网四种。局域网一般来说只能是一个较小区域内的网络；城域网是不同地区的网络互联。不过在此要说明的一点就是，这里的网络划分并没有严格意义上的地理范围的区分，只能是一个定性的概念。下面简要介绍这几种计算机网络。

1. **局域网**（Local Area Network，LAN）

通常我们常见的“LAN”就是指局域网，这是我们最常见、应用最广的一种网络。现在局域网随着计算机网络技术的发展和提高得到充分地应用和普及，几乎每个单位都有自己的局域网，甚至有的家庭中都有自己的小型局域网。很明显，所谓局域网，就是在局部地区范围内的网络，它所覆盖的地区范围较小。局域网在计算机数量配置上没有太多的限制，少的可以只有两台，多的可达几百台。一般来说在企业局域网中，工作站的数量在几十到两百台次左右。在网络所涉及的地理距离上一般来说可以是几米至 10km 以内。局域网一般位于一个建筑物或一个单位内，不存在寻径问题，不包括网络层的应用。这种网络的特点就是：连接范围窄，用户数少，配置容易，连接速率高。目前局域网最快的速率要属现今的 10Gbit/s 以太网了。IEEE 的 802 标准委员会定义了多种主要的 LAN 网：以太网（Ethernet）、令牌环网（Token Ring）、光纤分布式接口网（FDDI）、异步传输模式网（ATM）及无线局域网（WLAN）。

2. **城域网**（Metropolitan Area Network，MAN）

城域网络一般来说是在一个城市或不在同一地理区域范围内的计算机互联。这种网络的连接距离可以在 10 ~ 100km，它采用的是 IEEE802.6 标准。MAN 与 LAN 相比扩展的距离更长，连接的计算机数量更多，在地理范围上可以说是 LAN 网络的延伸。在一个大型城市或都市地区，一个 MAN 网络通常连接着多个 LAN 网，如连接政府机构的 LAN、医院的 LAN、电信的 LAN、公司企业的 LAN 等。由于光纤连接的引入，使 MAN 中高速的 LAN 互联成为可能。

3. **广域网**（Wide Area Network，WAN）

广域网络也称为远程网，所覆盖的范围比城域网（MAN）更广，它一般是在不同城市之间的 LAN 或者 MAN 互联，地理范围可从几百公里到几千公里。因为距离较远，信息衰减比较严重，所以这种网络一般是要租用专线，通过 IMP（接口信息处理）协议和线路连接起来，构成网状结构，解决循径问题。这种城域网因为所连接的用户多，总出口带宽有限，所以用户的终端连接速率一般较低，通常为 9.6kbit/s ~ 45Mbit/s，如 CHINANET、CHINAPAC 和 CHINADDN 网。

4. **互联网**（Internet）

互联网又因其英文单词“Internet”的谐音被称为“因特网”。在互联网应用如此发展的今天，它已经是人们每天都要打交道的一种网络，无论从地理范围，还是从网络规模来讲它都是最大的一种网络，就是人们常说的“Web”“WWW”和“万维网”等。从地理范围来说，它可以是全球计算机的互联。这种网络的最大的特点就是不定性，整个网络的计算机每时每刻随着人们的网络接入或退出在不变地变化。

1.1.4 计算机网络拓扑结构

计算机网络的拓扑结构是指网上计算机或设备与传输媒介形成的节点与线的物理构成模式。网络的节点有两类：一类是转换和交换信息的转接节点，包括节点交换机、集线器和终端控制器等；另一类是访问节点，包括计算机主机和终端等。线则代表各种传输媒介，包括有形的和无形的。

1. 网络的组成

每一种网络结构都由节点、链路和通路等几部分组成。

(1) 节点　又称为网络单元，它是网络系统中的各种数据处理设备、数据通信控制设备和数据终端设备。常见的节点有服务器、工作站、集线器和交换机等设备。

(2) 链路　两个节点间的连线，可分为物理链路和逻辑链路两种，前者指实际存在的通信线路，后者指在逻辑上起作用的网络通路。

(3) 通路　是指从发出信息的节点到接受信息的节点之间的一串节点和链路，即一系列穿越通信网络而建立起的节点到节点的链。

2. 选择性

拓扑结构的选择往往与传输媒体的选择及媒体访问控制方法的确定紧密相关。在选择网络拓扑结构时，应该考虑的主要因素有下列几点：

(1) 可靠性　尽可能提高可靠性，以保证所有数据流能准确接收；还要考虑系统的可维护性，使故障检测和故障隔离较为方便。

(2) 费用　建网时需考虑适合特定应用的信道费用和安装费用。

(3) 灵活性　需要考虑系统在今后扩展或改动时，能容易地重新配置网络拓扑结构，能方便地处理原有站点的删除和新站点的加入。

(4) 响应时间和吞吐量　要为用户提供尽可能短的响应时间和最大的吞吐量。

3. 网络拓扑常见类型

计算机网络的拓扑结构主要有：星形拓扑、总线型拓扑、环形拓扑和树形拓扑。

(1) 星形拓扑　星形拓扑是由中央节点和通过点到点通信链路连接到中央节点的各个站点组成。星形拓扑结构网络示意图如图1-1所示。中央节点执行集中式通信控制策略，因此中央节点相当复杂，而各个站点的通信处理负担都很小。星形网络采用的交换方式有电路交换和报文交换，尤以电路交换更为普遍。这种结构一旦建立了通道连接，就可以无延迟地在连通的两个站点之间传送数据。目前流行的专用交换机PBX (Private Branch Exchange) 就是星形拓扑结构的典型实例。

星形拓扑结构的优点：

1) 结构简单，连接方便，管理和维护都相对容易，而且扩展性强。

2) 网络延迟时间较小，传输误差低。

3) 在同一网段内支持多种传输介质，除非中央节点故障，否则网络不会轻易瘫痪。

4) 每个节点直接连接到中央节点，故障容易检测和隔离，可以很方便地排除有故障的节点。

因此，星形拓扑结构是目前应用最广泛的一种计算机网络拓扑结构。

星形拓扑结构的缺点：

1) 安装和维护的费用较高。

2) 共享资源的能力较差。

3) 一条通信线路只被该线路上的中央节点和边缘节点使用，通信线路利用率不高。

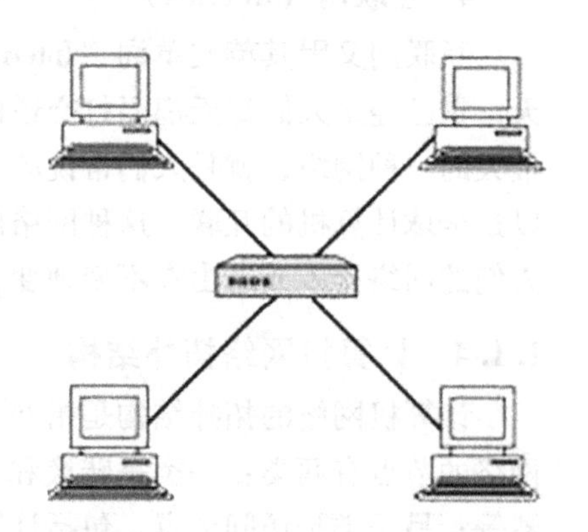

图1-1　星形拓扑结构示意图

4）对中央节点要求相当高，一旦中央节点出现故障，则整个网络将瘫痪。

星形拓扑结构广泛应用于网络的智能集中于中央节点的场合。从目前的趋势看，计算机的发展已从集中的主机系统发展到大量功能很强的微型机和工作站，在这种形势下，传统的星形拓扑结构的使用会有所减少。

（2）总线型拓扑　总线型拓扑结构采用一个信道作为传输媒体，所有站点都通过相应的硬件接口直接连到这一公共传输媒体上，该公共传输媒体即称为总线。总线型拓扑结构示意图，如图 1-2 所示。任何一个站点发送的信号都沿着传输媒体传播，而且能被所有其他站所接收。

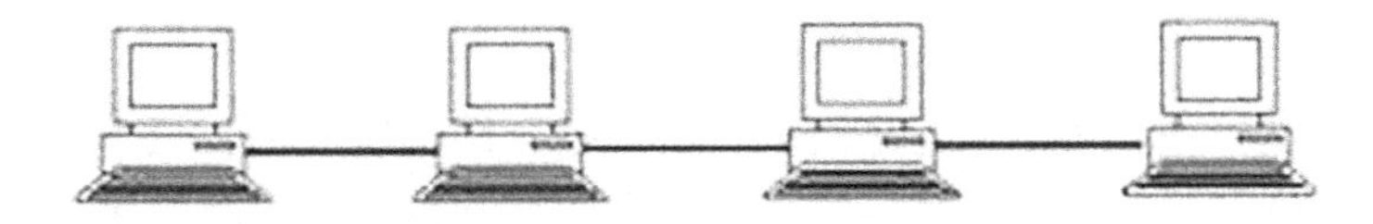

图 1-2　总线型拓扑结构示意图

因为所有站点共享一条公用的传输信道，所以一次只能由一个设备传输信号。通常采用分布式控制策略来确定哪个站点可以发送时，发送站将报文分成组，然后逐个依次发送这些分组，有时还要与其他站点传来的分组报文交替地在媒体上传输。当分组报文经过各站时，其中的目的站会识别到分组报文所携带的目的地址，然后复制下这些分组报文的内容。

总线型拓扑结构的优点：

1）总线型结构所需要的电缆数量少，线缆长度短，易于布线和维护。

2）总线型结构简单，又是无源工作，有较高的可靠性。传输速率高，可达 1～100Mbit/s。

3）易于扩充，增加或减少用户比较方便，结构简单，组网容易，网络扩展方便。

4）多个节点共用一条传输信道，信道利用率高。

总线型拓扑结构的缺点：

1）总线的传输距离有限，通信范围受到限制。

2）故障诊断和隔离较困难。

3）分布式协议不能保证信息的及时传送，不具有实时功能和站点必须是智能的，要有媒体访问控制功能，从而增加了站点的硬件和软件开销。

（3）环形拓扑　在环形拓扑结构中各节点通过环路接口连接在一条首尾相连的闭合环形通信线路中。环形拓扑结构示意图如图 1-3 所示。环路上任何节点均可以请求发送信息。请求一旦被批准，便可以向环路发送信息。环形网络中的数据可以是单向传输也可以是双向传输。由于环线公用，一个节点发出的信息必须穿越环中所有的环路接口，信息流中目的地址与环上某节点地址相符时，信息被该节点的环路接口所接收，而后信息继续流向下一环路接口，一直流回到发送该信息的环路接口节点为止。

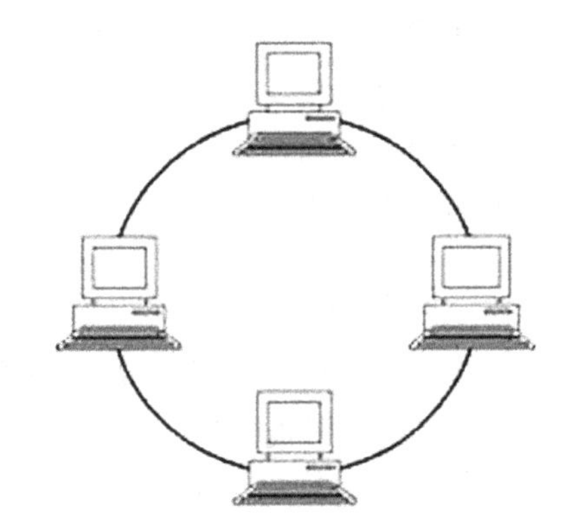

图 1-3　环形拓扑结构示意图

环形拓扑结构的优点：

1）电缆长度短。环形拓扑网络所需的电缆长度和总线型拓扑网络相似，但比星形拓扑网络要短得多。

2）增加或减少工作站时，仅需简单地连接操作。

3）可使用光纤。光纤的传输速率很高，十分适合于环形拓扑网络的单方向传输。

环形拓扑结构的缺点：

1）节点的故障会引起全网故障。这是因为环路上的数据传输要通过接在环路上的每一个节点，一旦环路中某一节点发生故障就会引起全网的故障。

2）故障检测困难。这与总线型拓扑网络相似，因为不是集中控制，故障检测需在网上各个节点进行，因此就不很容易。

3）环形拓扑结构的媒体访问控制协议都采用令牌传递的方式，在负载很轻时，信道利用率相对来说就比较低。

（4）树形拓扑　树形拓扑可以认为是由多级星形拓扑结构组成的，只不过这种多级星形结构自上而下呈三角形分布，就像一棵树一样，最顶端的枝叶少些，中间的多些，而最下面的枝叶最多。树的最下端相当于网络中的边缘层，树的中间部分相当于网络中的汇聚层，而树的顶端则相当于网络中的核心层。它采用分级的集中控制方式，其传输介质可有多条分支，但不形成闭合回路，每条通信线路都必须支持双向传输。树形拓扑结构示意图如图1-4所示。

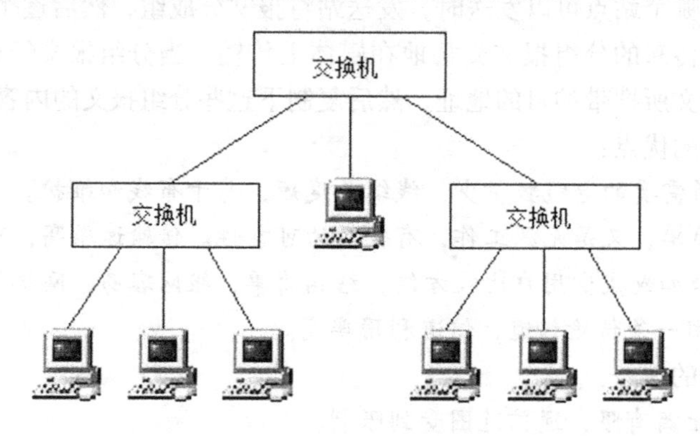

图1-4　树形拓扑结构示意图

树形拓扑结构的优点：

1）易于扩展。这种结构可以延伸出很多分支和子分支，这些新节点和新分支都能容易地加入网络中。

2）故障隔离较容易。如果某一分支的节点或线路发生故障，很容易将故障分支与整个系统隔离开来。

树形拓扑结构的缺点：

各个节点对根的依赖性太大，如果根发生故障，则全网不能正常工作。从这一点来看，树形拓扑结构的可靠性有点类似于星形拓扑结构。

1.2　以太网

1.2.1　媒体访问控制技术和帧结构

1. 媒体访问控制

媒体访问控制（MAC）又称作介质访问控制，属于数据链路层，是解决当局域网中共用信道的使用产生竞争时，如何分配信道的使用权问题。媒体访问控制是数据链路层（Data Link Layer）的底级组成部分，它定义在局域网上用载波监听多路访问冲突检测（Collision Detection，

CSMA/CD）和在令牌环局域网上如何共享访问传输介质。

媒体访问控制子层负责解决与媒体接入有关的问题，在物理层的基础上进行无差错的通信。MAC 子层是网络与设备的接口，它从网络层接收帧，然后通过媒体访问规则和物理层将帧发送到物理链路上。它也从物理层接收帧，再送到网络层。

2. 帧结构

帧由几个执行不同功能的部分组成，以更利于传输。

1）子帧总长度为 6400chips，占 5ms 码片速率为 1.28Mc/s。

2）v72 个无限帧组成 1 个系统帧（超帧）。

3）v3GPP 定义的一个 TDMA 帧长度为 10ms。一个 10ms 的帧分成两个结构完全相同的子帧，每个子帧的时长为 5ms。这是考虑到了智能天线技术的运用，智能天线每隔 5ms 进行一次波束的赋形。

4）v 子帧分成 7 个常规时隙（TS0 ~ TS6），每个时隙长度为 864chips，占 675us）。3 个特殊 7 个常规。

5）vDwPTS（下行导频时隙，长度为 96chips，占 75us）。

6）vGP（保护间隔，长度为 96chips，占 75us）计算覆盖距离。

7）vUpPTS（上行导频时隙，长度为 160chips，占 125us）。

8）v 子帧总长度为 6400chips，占 5ms，得到码片速率为 1.28Mc/s。

1.2.2　传统以太网

以太网（Ethernet）是一种局域网通信协议，是当今现有局域网采用的最通用的标准。以太网标准形成于 20 世纪 70 年代早期。以太网是一种传输速率为 10Mbit/s 的常用局域网标准。在以太网中，所有计算机被连接在一条同轴电缆上，采用具有冲突检测的载波感应多处访问（CSMA/CD）方法，采用竞争机制和总线型拓扑结构。基本上，以太网由共享传输媒体，如双绞线电缆或同轴电缆和多端口集线器、网桥或交换机构成。在星形或总线型配置结构中，集线器/交换机/网桥通过电缆使得计算机、打印机和工作站彼此之间相互连接。

1. 以太网具有的一般特征

（1）共享媒体　所有网络设备依次使用同一通信媒体。

（2）广播域　需要传输的帧被发送到所有节点，但只有寻址到的节点才会接收到帧。

（3）CSMA/CD　以太网中利用载波监听多路访问/冲突检测（Carrier Sense Multiple Access/Collision Detection）方法，以防止更多节点同时发送。

（4）MAC 地址　媒体访问控制层的所有 Ethernet 网络接口卡（NIC）都采用 48 位网络地址。这种地址全球唯一。

2. 以太网的基本网络组成

（1）共享媒体和电缆　10BaseT（双绞线）、10Base-2（同轴细缆）和 10Base-5（同轴粗缆）。

（2）转发器或集线器　集线器或转发器是用来接收网络设备上的大量以太网连接的一类设备。通过某个连接的接收双方获得的数据被重新使用并发送到传输双方中所有连接设备上，以获得传输型设备。

（3）网桥　网桥属于第二层设备，负责将网络划分为独立的冲突域或分段，达到能在同一个域/分段中维持广播及共享的目标。网桥中包括一份涵盖所有分段和转发帧的表格，以确保分段内及其周围的通信行为正常进行。

(4) 交换机　交换机与网桥相同，也属于第二层设备，且是一种多端口设备。交换机所支持的功能类似于网桥，但它比网桥更具有的优势是，可以临时将任意两个端口连接在一起。交换机包括一个交换矩阵，通过它可以迅速连接端口或解除端口连接。与集线器不同，交换机只转发从一个端口到其他连接目标节点且不包含广播的端口的帧。

(5) 以太网协议　IEEE 802.3 标准中提供了以太帧结构。当前以太网支持光纤和双绞线媒体支持下的四种传输速率：

10 Mbit/s —10Base-T Ethernet (802.3)

100 Mbit/s —Fast Ethernet (802.3u)

1000 Mbit/s —Gigabit Ethernet (802.3z)

10 Gigabit Ethernet —IEEE 802.3ae

最初，以太网只有 10Mbit/s 的吞吐量，使用的是 CSMA/CD（带有碰撞检测的载波侦听多路访问）的访问控制方法，这种早期的 10Mbit/s 以太网称之为标准以太网。以太网常用的传输介质为有线传输介质和无线传输介质。有线传输介质是指在两个通信设备之间实现的物理连接部分，它能将信号从一方传输到另一方。有线传输介质主要有双绞线和光纤。所有的以太网都遵循 IEEE 802.3 标准。下面列出的是 IEEE 802.3 的一些以太网络标准，在这些标准中前面的数字表示传输速度，单位是“Mbit/s”，最后的一个数字表示单段网线长度（基准单位是 100m），Base 表示“基带”，Broad 代表“带宽”。

10Base-5 使用粗同轴电缆，如图 1-5 所示。最大网段长度为 500m，基带传输方法。

10Base-2 使用细同轴电缆，如图 1-6 所示。最大网段长度为 185m，基带传输方法。

图 1-5　10Base-5 粗同轴电缆

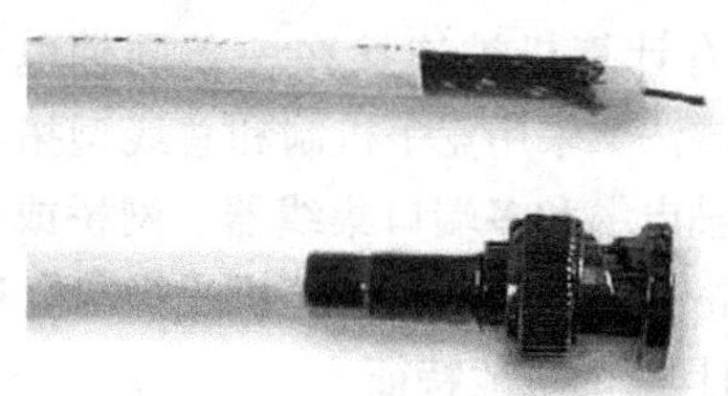

图 1-6　10Base-2 细同轴电缆

10Base-T 使用双绞线电缆，最大网段长度为 100m，如图 1-7 所示。

10Broad-36 使用同轴电缆（RG-59/U CATV），最大网段长度为 3600m，是一种宽带传输介质。

10Base-F 使用光纤传输介质，传输速率为 10Mbit/s，其结构示意图如图 1-8 所示。

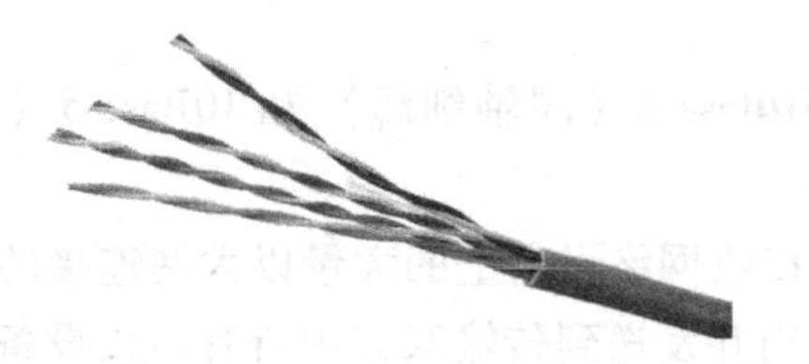

图 1-7　10Base-T 双绞线电缆

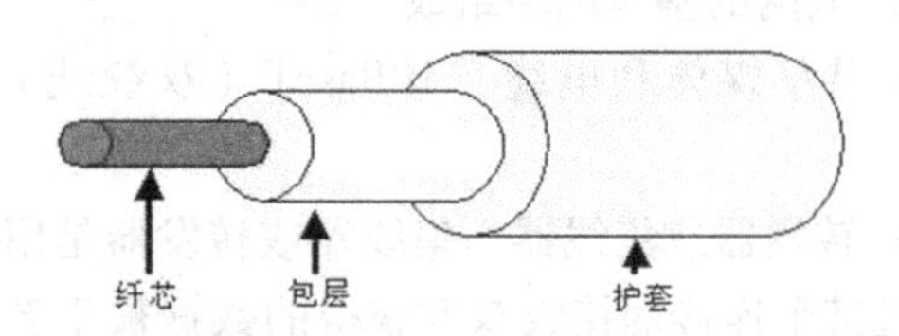

图 1-8　10Base-F 光纤传输介质的结构示意图

1）纤芯：折射率较高，用来传送光。

2）包层：折射率较低，与纤芯一起形成全反射条件。

3）护套：强度大，能承受较大冲击，保护光纤。

4）光纤的颜色：橘色　　MMF

　　　　　　　　黄色　　SMF

1.2.3　高速以太网

速率达到或超过 100Mbit/s 的以太网称为高速以太网。高速以太网系统分为两类：由共享型集线器组成的共享型高速以太网系统和由高速以太网交换机构成的交换型高速以太网系统。

100Base-FX 以太网因使用光缆作为媒体充分发挥了全双工以太网技术的优势。100Base-T 的网卡有很强的自适应性，能够自动识别 10Mbit/s 和 100Mbit/s 的传输速率。10Mbit/s 和 100Mbit/s 的自适应系统是指端口之间 10Mbit/s 和 100Mbit/s 传输速率的自动匹配功能。自适应处理过程具有以下两种情况：

1）原有 10Base-T 网卡具备自动协商功能，即具有 10Mbit/s 和 100Mbit/s 自动适应功能，则双方通过 FLP 信号进行协商和处理，最后协商结果在网卡和 100Base-TX 集线器的相应端口上均形成 100Base-TX 的工作模式。

2）原有 10Base-T 网卡不具备自动协商功能的，当网卡与具备 10Mbit/s 和 100Mbit/s 自动协商功能的集线器端口连接后，集线器端口向网卡端口发出 FLP 信号，而网卡端口不能发出快速链路脉冲（FLP）信号，但由于在以往的 10Base-T 系统中，非屏蔽型双绞线（UTP）媒体的链路正常工作时，始终存在正常链路脉冲（NLP）以检测链路的完整性。所以，在新系统的自动协调过程中，集线器的 10Mbit/s 和 100Mbit/s 自适应端口接收到的信号是 NLP 信号；由于 NLP 信号在自动协调协议中也有说明，FLP 向下兼容 NLP，这样集线器的端口就自动形成了 10Base-T 工作模式与网卡相匹配。

高速以太网的体系结构，如图 1-9 所示。从 OSI 层次模型看，与 10Mbit/s 以太网相同，仍有数据链路层、物理层和物理媒体。从 IEEE 802 模型看，它具有 MAC 子层和物理层的功能。

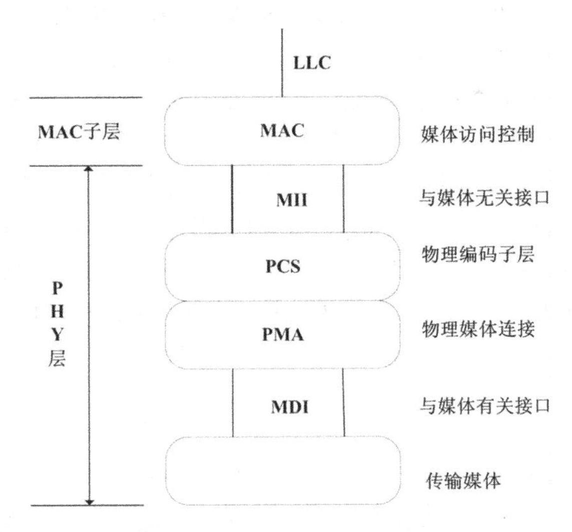

图 1-9　高速以太网的体系结构图

1. **介质访问层**

千兆以太网使用 IEEE 802.3 定义的 10Mbit/s/100Mbit/s 以太网一致的 CSMA/CD 帧格式和 MAC 层协议。以太网交换机（全双工模式）中的千兆端口不能采用共享信道方式访问介质，而只能采用专用信道方式，这是因为在专用信道方式下，数据的收发能够不受干扰地同步进行。由于以太网交换技术的发展，现在不采用 CSMA/CD 协议也能全双工操作。千兆以太网的规范发展完善了 PAUSE 协议，该协议采用不均匀流量控制方法最先应用于 100Mbit/s 以太网中。

2. **物理层**

千兆以太网协议定义了以下四种物理层接口：

（1）1000BASE-LX　较长波长的光纤，支持 550 m 长的多模光纤（62.5μm 或 50μm）或 5 km 长的单模光纤（10μm），波长范围为 1270～1355 nm。

（2）1000BASE-SX　较短波长的光纤，支持 275 m 长的多模光纤（62.5μm）或 550 m 长的多模光纤（50μm），波长范围为 770～860 nm。

（3）1000BASE-CX　支持 25 m 长的短距离屏蔽双绞线，主要用于单个房间内或机架内的端口连接。

（4）1000BASE-T　支持 4 对 100 m 长的 UTP5 线缆，每对线缆传输 250M 数据。

3. **用于千兆以太网的数字信号编码技术**

除非物理层是双绞线方式，千兆以太网的数字信号编码方式均是 8B/10B，这种方式在发送的时候将 8bit 数据转换成 10bit，以提高数据的传输可靠性。8B/10B 方式最初由 IBM 公司发明并应用于 ESCON（200Mbit/s 互联系统）中。

这种编码方式具有以下优点：

1）实现相对简单，并以廉价的方式制造可靠的收发器。

2）对于任何数字序列，相对平衡地产生一样多的 0、1 比特（bit）。

3）提供简便的方式实现时钟的恢复。

4）提供有用的纠错能力。

8B/10B 编码是 mBnB 编码方式的一个特例。所谓 mBnB 编码即在发送端，将 m bit 的基带数据映射成 n bit 数据发送。当 n ＞ m 时，在发送侧就产生了冗余性。对于 8B/10B 编码，即是将 8bit 的基带数据映射成 10bit 的数据进行发送，这种方式也叫作不一致控制。从本质上讲，这种方式防止在基带数据中过多的 0 码流或 1 码流，任何一方过多的码流均造成了这种不一致性。协议中还定义了 12 种非有效数据的序列，主要用于系统同步和其他控制用途。

对于物理层为双绞线的千兆以太网，编码方式为 PAM-5（5 Level Pulse Amplitude Modulation）。PAM-5 采用 5 种不同的信号电平编码来代替简单的二进制编码，可以达到更好的带宽利用。每四个信号电平能够表示 2bit 信息，再加上第五个信号电平用于前向纠错机制。

1.3　局域网硬件设备

1.3.1　网卡

网卡是工作在链路层的网络组件，是局域网中连接计算机和传输介质的接口，不仅能实现与局域网传输介质之间的物理连接和电信号匹配，还涉及帧的发送与接收、帧的封装与拆封、介质访问控制、数据的编码与解码，以及数据缓存的功能等。网卡外观如图 1-10 所示。

网卡上面装有处理器和存储器（包括 RAM 和 ROM）。网卡和局域网之间的通信是通过电缆或双绞线以串行传输方式进行的。而网卡和计算机之间的通信则是通过计算机主板上的 I/O 总线以并行传输方式进行。因此，网卡的一个重要功能就是要进行串行/并行转换。由于网络上的数据率和计算机总线上的数据率并不相同，所以在网卡中必须装有对数据进行缓存的存储芯片。

图 1-10　网卡外观

在安装网卡时必须将管理网卡的设备驱动程序安装在计算机的操作系统中。这个驱动程序以后就会告诉网卡，应当从存储器的什么位置上将局域网传送过来的数据块存储下来。网卡还要能够实现以太网协议。

网卡并不是独立的自治单元，因为网卡本身不带电源而是必须使用所插入的计算机的电源，并受该计算机的控制，因此网卡可看成为一个半自治的单元。当网卡收到一个有差错的帧时，它就将这个帧丢弃而不必通知它所插入的计算机。当网卡收到一个正确的帧时，它就使用中断方式来通知该计算机并交付给协议栈中的网络层。当计算机要发送一个 IP 数据包时，它就由协议栈向下交给网卡组装成帧后发送到局域网。

随着集成度的不断提高，网卡上的芯片的个数不断地减少，虽然各个厂家生产的网卡种类繁多，但其功能大同小异。

1. 主要功能

（1）数据的封装与解封　发送数据时，将上一层交下来的数据加上首部和尾部，成为以太网的帧。接收数据时，将以太网的帧剥去首部和尾部，然后送交上一层。

（2）链路管理　主要是 CSMA/CD（带冲突检测的载波监听多路访问）协议的实现。

（3）编码与译码　即曼彻斯特编码与译码。

2. 属性设置

网卡属性设置步骤如下：

1）将“本地连接 2”改名为“控制网 A”，用于连接过程控制网 A 网。其属性设置：IP 地址为 128.128.1. X（X 为操作节点地址限定范围内的值），其他如 DNS、WINS 等设置为默认。

2）将“本地连接 3”改名为“控制网 B”，用于连接过程控制网 B 网，其属性设置：IP 地址为 128.128.2. X（X 为操作节点地址限定范围内的值），其他同上。

3）将“本地连接”改名为“操作网”，用于连接操作网，其属性设置：IP 地址为 128.128.5. X（X 为操作节点地址限定范围内的值），其他同上。

在设置完本地连接的属性后，需检查网卡是否工作正常，即依次将各网卡连接到网络中，检查该网卡是否工作正常。

3. 网卡的分类

根据网卡所支持的物理层标准与主机接口的不同，网卡可以分为不同的类型，如以太网卡和令牌环网卡等。根据网卡与主板上总线的连接方式、网卡的传输速率和网卡与传输介质连接的接口的不同，网卡分为不同的类型。

1）按照网卡支持的计算机种类分类，主要分为标准以太网卡和 PCMCIA 网卡。标准以太网卡用于台式计算机联网，而 PCMCIA 网卡用于笔记本电脑。

2）按照网卡支持的传输速率分类，主要分为10Mbit/s网卡、100Mbit/s网卡、10Mbit/s/100Mbit/s自适应网卡和1000Mbit/s网卡四类。根据传输速率的要求，10Mbit/s和100Mbit/s网卡仅支持10Mbit/s和100Mbit/s的传输速率，在使用非屏蔽双绞线（UTP）作为传输介质时，通常10Mbit/s网卡与三类UTP配合使用，而100Mbit/s网卡与五类UTP相连接。10Mbit/s/100Mbit/s自适应网卡是由网卡自动检测网络的传输速率，保证网络中两种不同传输速率的兼容性。随着局域网传输速率的不断提高，1000Mbit/s网卡大多被应用于高速服务器中。

3）按网卡所支持的总线类型分类，主要可以分为ISA、EISA、PCI等。

由于计算机技术的飞速发展，ISA总线接口的网卡的使用越来越少。EISA总线接口的网卡能够并行传输32位数据，数据传输速度快，但价格较贵。PCI总线接口网卡的CPU占用率较低，常用的32位PCI网卡的理论传输速率为133Mbit/s，因此支持的数据传输速率可达100Mbit/s。

1.3.2 集线器

集线器的英文名称为“Hub”。“Hub”是“中心”的意思，其外观如图1-11所示。集线器的主要功能是对接收到的信号进行再生整形放大，以扩大网络的传输距离，同时把所有节点集中在以它为中心的节点上。它工作于OSI（开放系统互联参考模型）参考模型第一层，即“物理层”。集线器与网卡、网线等传输介质一样，属于局域网中的基础设备，采用CSMA/CD介质访问控制机制。集线器每个接口简单地收发比特，收到1就转发1，收到0就转发0，不进行碰撞检测。

图1-11 集线器外观

集线器（Hub）属于纯硬件网络底层设备，基本上不具有类似于交换机的“智能记忆”能力和“学习”能力。它也不具备交换机所具有的MAC地址表，所以它发送数据时都是没有针对性的，而是采用广播方式发送。也就是说当它要向某节点发送数据时，不是直接把数据发送到目的节点，而是把数据包发送到与集线器相连的所有节点。

Hub是一个多端口的转发器，当以Hub为中心设备时，网络中某条线路产生了故障，并不影响其他线路的工作，所以Hub在局域网中得到了广泛的应用。大多数的时候它用在星形与树形网络拓扑结构中，以RJ45接口与各主机相连（也有BNC接口），Hub按照不同的说法有很多种类。

集线器的工作过程是非常简单的，可以这样地简单描述：首先是节点发信号到线路，集线器接收该信号，因信号在电缆传输中有衰减，集线器接收信号后将衰减的信号整形放大，最后集线器将放大的信号广播转发给其他所有端口。

1. **Hub的分类**

（1）按照对输入信号的处理方式分类　按照对输入信号的处理方式，Hub可以分为无源Hub、有源Hub、智能Hub和其他Hub。

1）无源Hub是品质最差的一种，不对信号做任何的处理，对介质的传输距离没有扩展，并且对信号有一定的影响。连接在这种Hub上的每台计算机，都能收到来自同一Hub上所有其他电脑发出的信号。

2）有源Hub与无源Hub的区别就在于它能对信号放大或再生，这样就延长了两台主机间的有效传输距离。

3）智能Hub除具备有源Hub的所有功能外，还具有网络管理及路由功能。在智能Hub网络中，不是每台机器都能收到信号，只有与信号目的地址相同地址端口的计算机才能收到。有些智能 Hub 可自行选择最佳路径，这就对网络有很好的管理。

（2）按照结构功能分类　集线器可分为未管理的集线器、堆叠式集线器和底盘集线器三类。

1）未管理的集线器是最简单的集线器，通过以太网总线提供中央网络连接，以星形的形式连接起来，只用于很小型的、至多 12 个节点的网络中（在少数情况下，可以更多一些）。

2）堆叠式集线器是稍微复杂一些的集线器。堆叠式集线器最显著的特征是 8 个转发器可以直接彼此相连，这样只需简单地添加集线器并将其连接到已经安装的集线器上就可以扩展网络，这种方法不仅成本低，而且简单易行。

3）底盘集线器是一种模块化的设备，在其底板电路板上可以插入多种类型的模块。有些集线器带有冗余的底板和电源。同时，有些模块允许用户不必关闭整个集线器便可替换那些失效的模块。

2. **集线器的性质**

集线器属于数据通信系统中的基础设备，具有流量监控功能。它和双绞线等传输介质一样，是一种不需任何软件支持或只需很少管理软件管理的硬件设备，它被广泛应用到各种场合。集线器工作在局域网（LAN）环境，被称为物理层设备。集线器内部采用了电器互联，当维护 LAN 的环境是逻辑总线或环形拓扑结构时，完全可以用集线器建立一个物理上的星形或树形网络拓扑结构。在这方面，集线器所起的作用相当于多端口的中继器。其实，集线器实际上就是中继器的一种，其区别仅在于集线器能够提供更多的端口服务，所以集线器又叫多口中继器。

集线器广播发送数据方式有三方面不足：①用户数据包向所有节点发送，很可能带来数据通信的不安全因素，一些别有用心的人很容易就能非法截获他人的数据包。②由于所有数据包都是向所有节点同时发送，加上其共享带宽方式（如果两个设备共享 10Mbit/s 的集线器，那么每个设备就只有 5Mbit/s 的带宽），就更加可能造成网络塞车现象，严重降低了网络执行效率。③非双工传输，网络通信效率低。集线器的同一时刻每一个端口只能进行一个方向的数据通信，而不能像交换机那样进行双向双工传输，网络执行效率低，不能满足较大型网络通信需求。

3. **集线器的速度**

集线器速度的选择主要决定于以下因素。

（1）上联设备带宽　如果上联设备允许运行 100Mbit/s，自然可购买 100Mbit/s 集线器；否则 10Mbit/s 集线器应是理想选择，对于网络连接设备数较少，而且通信流量不是很大的网络来说，10Mbit/s 集线器就可以满足应用需要。

（2）提供的连接端口数　由于连接在集线器上的所有站点均争用同一个上行总线，所以连接的端口数目越多，就越容易造成冲突。同时，发往集线器任一端口的数据将被发送至与集线器相连的所有端口上，端口数过多将降低设备有效利用率。依据实践经验，一个 10Mbit/s 集线器所管理的计算机数不宜超过 15 个，100Mbit/s 的不宜超过 25 个。如果超过，应使用交换机来代替集线器。

（3）应用需求　集线器传输的内容不涉及语音、图像，传输量相对较小时，选择 10Mbit/s 即可。如果传输量较大，且有可能涉及多媒体应用（注意集线器不适于用来传输时间敏感性信号，如语音信号）时，应当选择 100Mbit/s 或 10Mbit/s/100Mbit/s 自适应集线器。10Mbit/s/100Mbit/s 自适应集线器的价格一般要比 100Mbit/s 的高。

1.3.3 交换机

交换机（Switch）类似传统的桥接器，提供了许多网络互联功能。交换机能经济地将网络分成小的冲突网域，为每个工作站提供更高的带宽。协议的透明性使得交换机在软件配置简单的情况下直接安装在多协议网络中；交换机使用现有的电缆、中继器、集线器和工作站的网卡，不必作高层的硬件升级；交换机对工作站是透明的，这样管理开销低廉，简化了网络节点的增加、移动和网络变化的操作。

交换机意为"开关"，是一种用于电（光）信号转发的网络设备，如图 1-12 所示。它可以为接入交换机的任意两个网络节点提供独享的电信号通路。最常见的交换机是以太网交换机。其他常见的还有电话语音交换机、光纤交换机等。

交换（Switching）是按照通信两端传输信息的需要，用人工或设备自动完成的方法，把要传输的信息送到符合要求的相应路由上的技术的统称。交换机根据工作位置的不同，可以分为广域网交换机和局域网交换机。广域的交换机就是一种在通信系统中完成信息交换功能的设备，它应用在数据链路层。交换机有多个端口，每个端口都具有桥接功能，可以连接一个局域网或一台高性能服务器或工作站。实际上，交换机有时被称为多端口网桥。

图 1-12 交换机

1. 交换机的工作原理

交换机工作于 OSI 参考模型的第二层，即数据链路层。交换机内部的 CPU 会在每个端口成功连接时，通过将 MAC 地址和端口对应，形成一张 MAC 表。在今后的通信中，发往该 MAC 地址的数据包将仅送往其对应的端口，而不是所有的端口。因此，交换机可用于划分数据链路层广播，即冲突域；但它不能划分网络层广播，即广播域。

交换机拥有一条很高带宽的背部总线和内部交换矩阵。交换机的所有端口都挂接在这条背部总线上，控制电路收到数据包以后，处理端口会查找内存中的地址对照表以确定目的 MAC（网卡的硬件地址）的 NIC（网卡）挂接在哪个端口上，通过内部交换矩阵迅速将数据包传送到目的端口；目的 MAC 若不存在，广播到所有的端口，接收端口回应后交换机会"学习"新的 MAC 地址，并把它添入内部 MAC 地址表中。使用交换机也可以把网络"分段"，通过对照 IP 地址表，交换机只允许必要的网络流量通过交换机。通过交换机的过滤和转发，可以有效地减少冲突域，但它不能划分网络层广播，即广播域。

2. 交换机的端口

交换机在同一时刻可进行多个端口对之间的数据传输。每一端口都可视为独立的物理网段（注：非 IP 网段），连接在其上的网络设备独自享有全部的带宽，无需同其他设备竞争使用。当节点 A 向节点 D 发送数据时，节点 B 可同时向节点 C 发送数据，而且这两个传输都享有网络的全部带宽，都有着自己的虚拟连接。假使这里使用的是 10Mbit/s 的以太网交换机，那么该交换机这时的总流通量就等于 2 × 10Mbit/s = 20Mbit/s，而使用 10Mbit/s 的共享式 Hub 时，一个 Hub 的总流通量也不会超出 10Mbit/s。总之，交换机是一种基于 MAC 地址识别，能完成封装转发数据帧功能的网络设备。交换机可以"学习"MAC 地址，并把其存放在内部地址表中，通过在数据帧的始发者和目标接收者之间建立临时的交换路径，使数据帧直接由源地址到达目的地址。

3. **交换机的传输模式**

交换机的传输模式有全双工、半双工、全双工/半双工自适应模式。交换机的全双工是指交换机在发送数据的同时也能够接收数据，两者同步进行，这好像我们平时打电话一样，说话的同时也能够听到对方的声音。交换机都支持全双工。全双工的好处在于迟延小，速度快。

提到全双工，就不能不提与之密切对应的另一个概念，那就是“半双工”，所谓半双工就是指一个时间段内只有一个动作发生。举个简单例子，一条窄窄的马路，同时只能有一辆车通过，当有两辆车对开时，就只能一辆先过，等到头儿后另一辆再开，这个例子就形象地说明了半双工的原理。早期的对讲机及集线器等设备都是半双工的产品。随着技术的不断进步，半双工会逐渐退出历史舞台。

4. **远程配置**

交换机除了可以通过“Console”端口与计算机直接连接，还可以通过普通端口连接。此时配置交换机就不能用本地配置，而是需要通过 Telnet 或者 Web 浏览器的方式实现交换机配置。具体配置方法如下。

（1）Telnet　Telnet 是一种远程访问协议，可以通过它登录到交换机进行配置。

假设交换机 IP 为 192.168.0.1，通过 Telnet 进行交换机配置只需两步。

第一步：单击开始，运行，输入“Telnet 192.168.0.1”。

第二步：输入“好”后，单击“确定”按钮或“回车”键，建立与远程交换机的连接。然后，就可以根据实际需要对该交换机进行相应的配置和管理了。

（2）Web　通过 Web 界面，可以对交换机进行设置。

第一步：运行 Web 浏览器，在地址栏中输入交换机 IP 地址，单击“回车”键，弹出对话框。

第二步：输入正确的用户名和密码。

第三步：连接建立，可进入交换机配置系统。

第四步：根据提示进行交换机设置和参数修改。

5. **交换机的用途**

交换机的主要功能包括物理编址、网络拓扑结构、错误校验、帧序列及流控。交换机还具备了一些新的功能，如对 VLAN（虚拟局域网）的支持、对链路汇聚的支持，甚至有的还具有防火墙的功能。

（1）学习　以太网交换机了解每一端口相连设备的 MAC 地址，并将地址同相应的端口映射起来存放在交换机缓存中的 MAC 地址表中。

（2）转发/过滤　当一个数据帧的目的地址在 MAC 地址表中有映射时，它被转发到连接目的节点的端口而不是所有端口（如该数据帧为广播/组播帧，则转发至所有端口）。

（3）消除回路　当交换机包含一个冗余回路时，以太网交换机通过生成树协议避免回路的产生，同时允许存在后备路径。交换机除了能够连接同种类型的网络之外，还可以在不同类型的网络（如以太网和快速以太网）之间起到互联作用。如今许多交换机都能够提供支持快速以太网或 FDDI 等的高速连接端口，用于连接网络中的其他交换机或者为带宽占用量大的关键服务器提供附加带宽。

1.3.4　路由器

路由器（Router）是连接互联网中各局域网、广域网的设备，它会根据信道的情况自动选择和设定路由，以最佳路径，按前后顺序发送信号。路由器是互联网络的枢纽、“交通警察”，路由器的背面板有各种接口，如图1-13所示。路由器和交换机之间的主要区别就是交换机发生在OSI参考模型第二层（数据链路层），而路由器发生在第三层，即网络层。这一区别决定了路由器和交换机在移动信息的过程中需使用不同的控制信息，所以说两者实现各自功能的方式是不同的。

图1-13　路由器背面板接口

路由器又称网关设备（Gateway），是用于连接多个逻辑上分开的网络。所谓逻辑网络是代表一个单独的网络或者一个子网。当数据从一个子网传输到另一个子网时，可通过路由器的路由功能来完成。因此，路由器具有判断网络地址和选择IP路径的功能，它能在多网络互联环境中建立灵活的连接，可用完全不同的数据分组和介质访问方法连接各种子网。路由器只接受源站或其他路由器的信息，属于网络层的一种互联设备。

1. 路由器的工作原理

路由器是互联网的主要节点设备，通过路由决定数据的转发。转发策略称为路由选择（Routing），这也是路由器名称的由来（Router，转发者）。作为不同网络之间互相连接的枢纽，路由器系统构成了基于TCP/IP的国际互联网络的主体脉络，也可以说，路由器构成了互联网的骨架。它的处理速度是网络通信的主要瓶颈之一，它的可靠性则直接影响着网络互联的质量。

2. 路由器的启动过程

路由器里也有软件在运行，典型的如H3C公司的Comware和思科公司的IOS，可以等同地认为它就是路由器的操作系统，像PC上使用的Windows系统一样。路由器的操作系统完成路由表的生成和维护。同样的，作为路由器来讲，也有一个类似于PC系统中BIOS一样作用的部分，叫作MiniIOS。MiniIOS可以使路由器的FLASH中不存在IOS时，先引导起来，进入恢复模式，来使用TFTP或X-MODEM等方式去给FLASH中导入IOS文件。所以，路由器的启动过程应该是这样的：

路由器在加电后首先会进行POST（Power On Self Test，上电自检，对硬件进行检测的过程）。

POST完成后，首先读取ROM里的BootStrap程序进行初步引导。

初步引导完成后，尝试定位并读取完整的IOS镜像文件。在这里，路由器将会首先在FLASH中查找IOS文件，如果找到了IOS文件的话，那么读取IOS文件，引导路由器。

如果在FLASH中没有找到IOS文件的话，那么路由器将会进入BOOT模式，在BOOT模式下可以使用TFTP上的IOS文件。或者使用TFTP/X-MODEM来给路由器的FLASH中传一个IOS文件（一般我们把这个过程叫作灌IOS）。传输完毕后重新启动路由器，路由器就可以正常启动到CLI模式。

当路由器初始化完成IOS文件后，就会开始在NVRAM中查找STARTUP-CONFIG文件。STARTUP-CONFIG叫作启动配置文件，该文件里保存了我们对路由器所做的所有的配置和修改。

当路由器找到了这个文件后，路由器就会加载该文件里的所有配置，并且根据配置来学习、生成、维护路由表，并将所有的配置加载到RAM（路由器的内存）里后，进入用户模式，最终完成启动过程。

如果在NVRAM里没有STARTUP-CONFIG文件，则路由器会进入询问配置模式，也就是俗称的问答配置模式，在该模式下所有关于路由器的配置都可以以问答的形式进行。不过一般情况下基本上是不用这样的配置模式的，一般都会进入CLI（Comman Line Interface）命令行模式后对路由器进行配置。

3. 信息传输

大部分路由器可以支持多种协议的信息传输，即多协议路由器。由于每一种协议都有自己的规则，要在一个路由器中完成多种协议的算法，势必会降低路由器的性能。路由器的主要工作就是为经过路由器的每个数据帧寻找一条最佳传输路径，并将该数据有效地传送到目的站点。由此可见，选择最佳路径的策略即路由算法是路由器的关键所在。为了完成这项工作，在路由器中保存着各种传输路径的相关数据——路由表（Routing Table），供路由选择时使用。路由表中保存着子网的标志信息、网上路由器的个数和下一个路由器的名字等内容。路由表可以由系统管理员预先设置好。

（1）静态路由表　由系统管理员事先设置好固定的路由表称之为静态（static）路由表。

（2）动态路由表　动态（Dynamic）路由表是路由器根据网络系统的运行情况而自动调整的路由表。

（3）路由　所谓“路由”，是指把数据从一个地方传送到另一个地方的行为和动作，而路由器，正是执行这种行为动作的机器，它的英文名称为Router，是一种连接多个网络或网段的网络设备，它能将不同网络或网段之间的数据信息进行“翻译”，以使它们能够相互“读懂”对方的数据，从而构成一个更大的网络。

4. 配置调试

路由器在计算机网络中有着举足轻重的地位，是计算机网络的桥梁。通过它不仅可以连通不同的网络，还能选择数据传送的路径，并能阻隔非法的访问。

Cisco2501有一个以太网口（AUI）、一个Console口（RJ45）、一个AUX口（RJ45）和两个同步串口，支持DTE和DCE设备，支持EIA/TIA-232、EIA/TIA-449、V.35、X.25和EIA-530接口。

当路由器全部配置完毕后，可进行一次综合调试。

1）首先将路由器的以太网口和所有要使用的串口都激活。方法是进入该口，执行no shutdown。

2）将和路由器相连的主机加上默认路由（中心路由器的以太地址）。方法是在Unix系统的超级用户下执行：router add default XXXX 1（XXXX为路由器的E0口地址）。每台主机都要加默认路由，否则，将不能正常通信。

3）Ping本机的路由器以太网口若不通，可能是以太网口没有被激活或不在一个网段上。Ping广域网口若不通，则可能是没有加默认路由。Ping对方广域网口若不通，则是路由器配置错误。Ping主机以太网口若不通，则是对方主机没有加默认路由。

4）在专线卡X.25主机上加网关（静态路由）。方法是在Unix系统的超级用户下执行：router add X.X.X.X Y.Y.Y.Y 1(X.X.X.X为对方以太网地址,Y.Y.Y.Y为对方广域网地址)。

5）使用Tracert对路由进行跟踪，以确定不通网段。

本章小结

本章我们学习了计算机的发展历程，让我们更加深刻地认识到了计算机对人们的影响，还认识了随着计算机发展而产生的各种设备。千兆以太网是建立在基础以太网标准之上的技术。千兆以太网和大量使用的以太网与快速以太网完全兼容，并利用了原以太网标准所规定的全部技术规范，其中包括 CSMA/CD 协议、以太网帧、全双工模式、流量控制及 IEEE 802.3 标准中所定义的管理对象。为了提高交换机的能力，把交换机的原理组合到路由器中，使路由器成为互联网的主要节点设备。

本章习题

一、选择题

1. 计算机网络是计算机技术和通信技术相结合的产物，这种结合开始于（　　）。
   A. 20 世纪 50 年代　　B. 20 世纪 60 年代初期
   C. 20 世纪 60 年代中期　　D. 20 世纪 70 年代
2. 在下列网络拓扑结构中，中心节点的故障可能造成全网瘫痪的是（　　）。
   A. 星形拓扑结构　　B. 环形拓扑结构
   C. 树形拓扑结构　　D. 网状拓扑结构
3. 下列网络中，传输速度最慢的是（　　）。
   A. 局域网　　B. 城域网　　C. 广域网　　D. 三者速率差不多
4. 以下哪些选项描述的是帧间隙（　　）。
   A. 任何站点在发送另一帧前必须等待的最短时间间隔，以比特时间为测量单位
   B. 任何站点在发送另一帧前必须等待的最长时间间隔，以比特时间为测量单位
   C. 插入帧中的 96 位负载填充位，用于使其达到合法的帧大小
   D. 帧之间传输的 96 位帧填充位，用于实现正确同步
5. 发生以太网冲突之后调用回退算法时，哪种设备优先传输数据（　　）。
   A. 涉入冲突的设备中 MAC 地址最小的设备
   B. 涉入冲突的设备中 IP 地址最小的设备
   C. 冲突域中回退计时器首先过期的任何设备
   D. 同时开始传输的设备
6. 以太网在 TCP/IP 网络模型工作在（　　）。
   A. 物理层　　B. Internet 层　　C. 数据链路层　　D. 网络接入层
7. 局域网的网络硬件主要包括服务器、工作站、网卡和（　　）。
   A. 传输介质　　B. 连接设备　　C. 网络协议　　D. 网络拓扑结构
8. 以下关于无线局域网硬件设备特征的描述中，错误的是（　　）。
   A. 无线网卡是无线局域网中最基本的硬件
   B. 无线接入点 AP 基本功能是集合无线或者有线终端，其作用类似于有线局域网中的集

线器和交换机

C. 无线接入点可以增加更多功能，不需要无线网桥、无线路由器和无线网关

D. 无线路由器和无线网关是具有路由功能的 AP，一般情况下它具有 NAT 功能

9. 在局域网的资源硬件中，不包括（　　）。

A. 工作站　　B. 网络覆盖范围小

C. 使用小型机　　D. 误码率低

二、简答题

1. 按照资源共享的观点定义的计算机网络应具备哪几个主要特征。

2. 简述以太网的基本特征。

3. 组建一个小型的局域网络，需要哪些硬件设备，并简述组建的基本步骤。

第2章　IP

2.1　IPv4地址

2.1.1　IPv4地址的定义与分类

目前的全球互联网所采用的协议族是TCP/IP协议族。IP是TCP/IP协议族中网络层的协议，是TCP/IP协议族的核心协议。目前IP的版本号是4（简称为IPv4，v，version版本），它的下一个版本就是IPv6。IPv6正处在不断发展和完善的过程中，在不久的将来它将取代目前被广泛使用的IPv4。

地址格式

IPv4中规定IP地址长度为32（按TCP/IP参考模型划分），即有$2^{32}-1$个地址。一般的书写法为4个用小数点分开的十进制数。也有人把4位数字化成一个十进制长整数，但这种标示法并不常见。例如，IP地址192.168.1.5，使用点分十进制表示方法如图2-1所示。另一方面，IPv6使用的128位地址所采用的位址记数法，在IPv4也有人用，但使用范围更少。过去LANA IP地址分为A、B、C、D四类，把32位的地址分为两个部分：前面的部分代表网络地址，由LANA分配，后面部分代表局域网地址。如在C类网络中，前24位为网络地址，后8位为局域网地址，可提供254个设备地址（因为有两个地址不能为网络设备使用：255为广播地址，0代表此网络本身）。网络掩码（Netmask）限制了网络的范围，1代表网络部分，0代表设备地址部分，如C类地址常用的网络掩码为255.255.255.0。

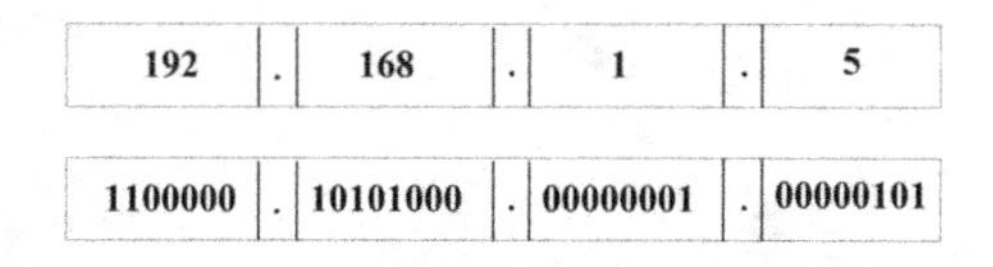

图2-1　点分十进制表示方法

2.1.2　几种特殊的IPv4地址

1. 网络地址

在互联网中，网络地址是指代网络的标准方式。IP地址方案规定，网络地址包含了一个有效的网络号和一个全“0”的主机号。例如，在A类网络中，地址为10.0.0.0就表示该网络的网络地址。而一个IP地址为192.168.1.5的主机所处的网络192.168.1.0，主机号为5。

网络地址不能分配给计算机或网络设备使用，因此不能用于网络通信中的地址，它仅指代一个网络。在网络的IPv4地址范围内，最小地址保留为网络地址，此地址的主机部分的每个主机位均为0。

2. 广播地址

广播地址是用于向网络中的所有主机发送数据的特殊地址。广播地址包含了一个有效的网络号和一个全“1”的主机号。网络中的IPv4广播地址是指定向广播地址，不同于网络地址，此地址用于网络中所有主机的通信。这一特殊的地址允许一个数据包发给网络中的所有主机。广播地址使用该网络范围内的最大地址，即主机部分的各比特位全部为1的地址。在有24个网络位的 192.168.1.0 网络中，其广播地址为 192.168.1.255。

3．回环地址

A 类网络地址 127.0.0.0 是一个保留地址，用于网络软件测试及本地机器进程间通信，这个 IP 地址叫作回环地址（Loopback Address）。IP 规定，当任何程序用回环地址作为目标地址时，计算机上的协议软件不会把该数据包向网络上发送，而是把数据包直接返回给主机。因此网络号为 127 的数据包不能出现在任何网络上，主机和路由器不能为该地址广播任何寻径信息。使用回环地址可以实现对本机网络协议的测试或实现本地进程间的通信。

几种特殊 IP 地址及用途见表 2-1。

表 2-1　几种特殊 IP 地址及用途

网络号字段	主机号字段	源地址使用	目的地址使用	地址类型	用　途
net-id	全“0”	不可以	可以	网络地址	代表一个网段
127	任何数	可以	不可以	回环地址	回环测试
net-id	全“1”	不可	可以	广播地址	特定网段的所有地址
全“0”		可以	不可	网络地址	在本网络上的本主机
全“1”		不可以	可以	广播地址	本网段所有主机

2.1.3　子网掩码与网络前缀

子网掩码（Subnet Mask）又叫网络掩码、地址掩码、子网络前缀，它是一种用来指明一个 IP 地址的哪些位标识的是主机所在的子网，以及哪些位标识的是主机的位掩码。子网掩码不能单独存在，它必须结合 IP 地址一起使用。子网掩码只有一个作用，就是将某个 IP 地址划分成网络地址和主机地址两部分。

子网掩码是一个 32 位地址，用于屏蔽 IP 地址的一部分以区别网络标识和主机标识，并说明该 IP 地址是在局域网上，还是在远程网上。子网掩码——屏蔽一个 IP 地址的网络部分的“全 1”比特模式。对于 A 类地址来说，默认的子网掩码是 255.0.0.0；对于 B 类地址来说，默认的子网掩码是 255.255.0.0；对于 C 类地址来说，默认的子网掩码是 255.255.255.0。

子网掩码的格式同 IP 地址一样，是 32 位的二进制数，由连续的“1”和连续的“0”组成。为了理解的方便，子网掩码也采用点分十进制数表示。A 类、B 类、C 类都有自己默认的子网掩码，标准类的默认子网掩码，如图 2-2 所示。

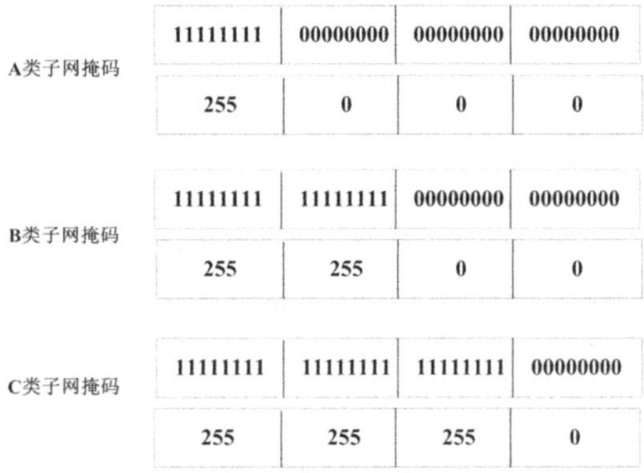

A类子网掩码

11111111	00000000	00000000	00000000
255	0	0	0

B类子网掩码

11111111	11111111	00000000	00000000
255	255	0	0

C类子网掩码

11111111	11111111	11111111	00000000
255	255	255	0

图 2-2　默认子网掩码

子网掩码的定义如下：

1）对应于IP地址的网络ID的所有位才6位，最高位为“1”。“1”必须是连续的，也就是说，在连续的“1”之间不允许有“0”出现。

2）对应于主机ID的所有位都设为“0”。

在这里，特别应该注意的是，一定要把IP地址的类别与子网掩码的关系分清楚。例如，IP地址为2.1.1.1，子网掩码为255.255.255.0，是一个什么类的IP地址？很多有工程经验的技术人员会误认为它是一个C类的地址；正确答案是A类地址。为什么呢？前面在解释分类的时候，用的标准只有一个，那就是看第一个8位数组（这里是2）是在哪一个范围，而根本不是看子网掩码。在这一例子中，子网掩码为255.255.255.0表示为这个A类地址借用了主机ID中的16位来作为子网ID，如图2-3所示。

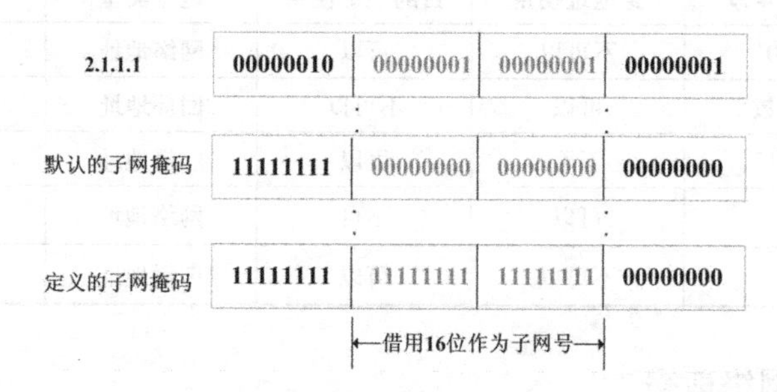

图2-3　借用主机ID中的16位作子网ID

习惯上，有两种方式来表示一个子网掩码。一种就是用点分十进制表示，如255.255.255.0；另一种就是用子网掩码中“1”的位数来标记。因为在进行网络ID和主机ID划分时，网络ID总是从高位数字以连续方式选取的，所以可以用一种简便方式表示子网掩码，即用子网掩码的长度表示：/<位数>表示子网掩码中“1”的位数。例如，A类默认子网掩码表示为255.0.0.0，也可以表示为/8；B类默认子网掩码可以表示为/16；C类默认子网掩码可以表示为/24；172.168.0.0/16就表示它的子网掩码为255.255.0.0。

2.1.4　私有IP与公有IP

1. 私有IP

随着私有IP网络的发展，为节省可分配的注册IP地址，有一组IP地址被拿出来专门用于私有IP网络，称为私有IP地址。私有IP就是在本地局域网上的IP与之对应的是公有IP（在互联网上的IP）。

私有IP地址范围：

（1）A　10.0.0.0~10.255.255.255，即10.0.0.0/8。

（2）B　172.16.0.0~172.31.255.255，即172.16.0.0/12。

（3）C　192.168.0.0~192.168.255.255，即192.168.0.0/16。

这些地址是不会被Internet分配的，它们在Internet上也不会被路由，虽然它们不能直接和Internet连接，但通过技术手段仍旧可以和Internet通信（NAT技术）。我们可以根据需要来选择适当的地址类，在内部局域网中将这些地址像公用IP地址一样地使用。在Internet上，有些不需要与Internet通信的设备，如打印机、可管理集线器等也可以使用这些地址，以节省IP地址资源。

2. 公有 IP

公有 IP 由 Inter NIC（Internet Network Information Center，互联网信息中心）负责，将公有 IP 地址分配给注册并向 Inter NIC 提出申请的组织机构，通过它可直接访问互联网。

3. 公有 IP 和私有 IP 的不同

在 Internet 上有千百万台主机，为了区分这些主机，人们给每台主机都分配了一个专门的地址，称为 IP 地址。通过 IP 地址就可以访问到每一台主机。IP 地址由四部分数字组成，每部分数字对应于 8 位二进制数字，各部分之间用小数点分开。如某一台主机的 IP 地址为：211. 152. 65. 112 ，Internet IP 地址由 NIC（Internet Network Information Center）统一负责全球地址的规划、管理，同时由 Inter NIC、APNIC、RIPE 三大网络信息中心具体负责美国及其他地区的 IP 地址分配。

（1）固定 IP　固定 IP 地址是长期固定分配给一台计算机使用的 IP 地址，一般是特殊的服务器才拥有固定 IP 地址。

（2）动态 IP　因为 IP 地址资源非常短缺，通过电话拨号上网或普通宽带上网用户一般不具备固定 IP 地址，而是由 ISP 动态分配暂时的一个 IP 地址。普通人一般不需要去了解动态 IP 地址，这些都是计算机系统自动完成的。

（3）公有地址　由 Inter NIC 负责，将公有 IP 地址分配给注册并向 Inter NIC 提出申请的组织机构。通过它可直接访问因特网。

（4）私有地址（Private Address）属于非注册地址，专门为组织机构内部使用。以下列出留用的内部私有地址：

1）A 类　10. 0. 0. 0 ~ 10. 255. 255. 255。

2）B 类　172. 16. 0. 0 ~ 172. 31. 255. 255。

3）C 类　192. 168. 0. 0 ~ 192. 168. 255. 255。

2.1.5　IP 地址的规划与分配

1. IP 地址的划分

（1）A 类 IP 地址　一个 A 类 IP 地址由 1B 的网络地址和 3B 的主机地址组成，网络地址的最高位必须是“0”，地址范围 1. 0. 0. 1 ~ 126. 255. 255. 254（二进制表示为：00000001 00000000 00000000 00000001 ~ 01111110 11111111 11111111 11111110）。可用的 A 类网络有 126 个，每个网络能容纳 1600 多万台主机。

（2）B 类 IP 地址　一个 B 类 IP 地址由 2B 的网络地址和 2B 的主机地址组成，网络地址的最高位必须是“10”，地址范围 128. 1. 0. 1 ~ 191. 254. 255. 254（二进制表示为：10000000 00000001 00000000 00000001 ~ 10111111 1111111011111111 11111110）。可用的 B 类网络有 16382 个，每个网络能容纳 6 万多台主机。

（3）C 类 IP 地址　一个 C 类 IP 地址由 3B 的网络地址和 1B 的主机地址组成，网络地址的最高位必须是“110”。地址范围 192. 0. 1. 1 ~ 223. 255. 255. 254（二进制表示为：11000000 00000000 00000001 00000001 ~ 11011111 1111111111111110 11111110）。C 类网络可达 209 万余个，每个网络能容纳 254 台主机。

（4）D 类地址用于多点广播（Multicast）　D 类 IP 地址第一个字节以“1110”开始，它是一个专门保留的地址，地址范围 224. 0. 0. 1 ~ 239. 255. 255. 254。它并不指向特定的网络，目前这一类地址被用在多点广播（Multicast）中。多点广播地址用来一次寻址一组计算机，它标识共享同一协议的一组计算机。

（5）E 类 IP 地址　以“11110”开始，为将来使用保留。E 类地址保留，仅做实验和开发用。全零（“0.0.0.0”）地址指任意网络。全“1”的 IP 地址（“255.255.255.255”）是当前子网的广播地址。

1）A 类 8 位，0XXXXXXX.X.X.X　1～126。

2）B 类 16 位，10XXXXXX.X.X.X　128～191。

3）C 类 24 位　110xxxxx.x.x.x　192～223。

2. **IP 地址的分配实例**

一个单位有四个物理网络，其中一个物理网络为中型网络，三个物理网络为小型网络，现在通过路由器将这四个网络组成专用的 IP 互联网。

在具体为每台计算机分配 IP 地址之前，首先需要按照每个物理网络的规模为它们选择 IP 地址类别。小型网络选择 C 类地址，中型网络选择 B 类地址，大型网络选择 A 类地址。在实际应用中，由于一般物理网络的主机数不会超过 6 万台，因此，A 类地址很少用到。

根据具体网络物理结构，我们为三个小型网络分配三个 C 类 IP 地址，分别为 192.168.1.0、192.168.2.0 和 192.168.3.0，为一个中型网络分配一个 B 类地址，为 172.16.0.0，使用两台路由器将这四个物理网络进行连接。具体的网络拓扑图，如图 2-4 所示。

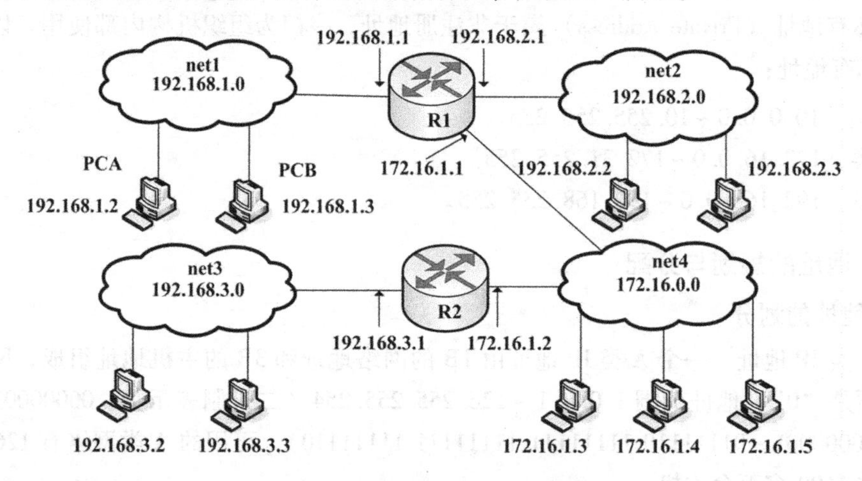

图 2-4　IP 编址实例（网络拓扑图）

在为互联网上的主机和路由器分配具体的 IP 地址时需要注意：

1）连接到同一网络中所有主机的 IP 地址共享同一网络号。如图 2-4 所示，计算机 A 和计算机 B 都接入了物理网络 1，由于网络 1 的网络地址是 192.168.1.0，所以，计算机 A 和 B 的网络地址都是 192.168.1.0。

2）路由器用于连接多个物理网络，所以，应该具有至少两个以上的网络接口。每个接口拥有自己的 IP 地址，而且该 IP 地址的网络号应该与其连接的物理网络的网络号相同。如图 2-4 所示，路由器 R1 分别连接 192.168.1.0、192.168.2.0 和 172.16.0.0 三个网络，因此，该路由器被分配为三个不同的 IP 地址，分别是 192.168.1.1、192.168.2.1 和 172.16.1.1，分别属于所连接的三个网络。

2.1.6 子网划分技术

子网划分（Sub Networking）是指由网络管理员将一个给定的网络分为若干个更小的部分，这些更小的部分被称为子网（Subnet）。当网络中的主机总数未超出所给定的某类网络可容纳的最大主机数，但内部又要划分成若干个分段（Segment）进行管理时，就可以采用子网划分的方法。为了创建子网，网络管理员需要从原有 IP 地址的主机位中借出连续的若干高位作为子网络标识，如图 2-5 所示。

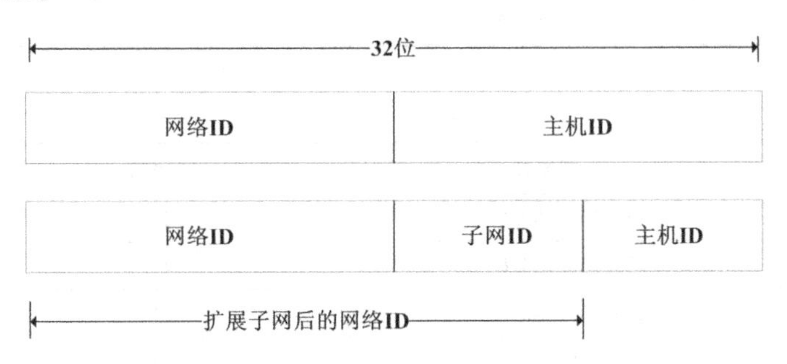

图 2-5 主机 ID 划分为子网 ID 和主机 ID

也就是说，经过划分后的子网因为其主机数量减少，已经不需要原来那么多位作为主机标识了，从而可以将这些多余的主机位用作子网标识。

划分子网是一个单位内部的事情，本单位以外的网络看不见这个网络有多少个子网。当有数据到达该网络时，路由器将 IP 地址与子网掩码进行“与”运算，得到该网络 ID 和子网 ID，看它是发往哪个子网的数据，一旦找到匹配对象，路由器就知道该使用哪一个接口，以向目的主机发送数据。如图 2-6 所示，划分子网后，路由器 RA 看到的网络仍是子网划分前的 172. 16. 0. 0。

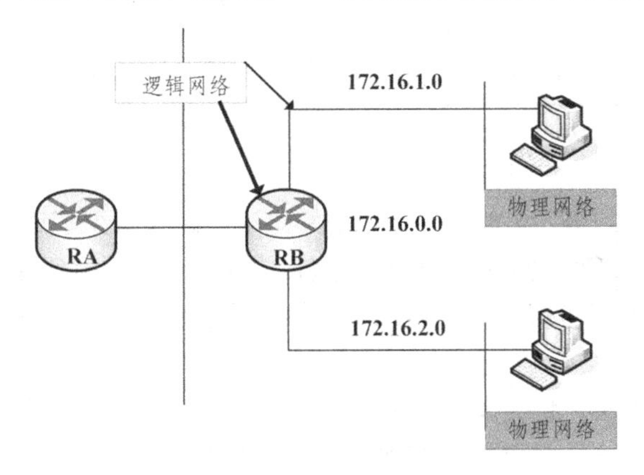

图 2-6 划分子网

虽然用主机位进行子网划分是一个很容易理解的概念，但子网划分的实际操作却要略微复杂一些。它需要分析网络上的通信量形式，以确定哪些主机应该分在同一个子网中；要有多少个子网，通常要考虑发展的因素，而留下一些空间；同时也要考虑现在每个子网中支持主机的总数等。

在子网划分过程中，主要考虑的就是需要支持多少个子网。一个 IP 地址，总共是 32 位，当选择了子网掩码后，子网的数量和每个子网所具有的最大的主机数量也随之确定下来了。

C 类地址子网划分，见表 2-2，其中列出了所有划分的可能。查看这张表，可以试着找到合适的掩码。B 类地址子网划分，见表 2-3。A 类地址的划分，这里就不再给出了。

表 2-2 C 类子网表

子网位数	子网掩码	子网数	主机数
2	255. 255. 255. 192	2	62
3	255. 255. 255. 224	6	30
4	255. 255. 255. 240	14	14
5	255. 255. 255. 248	30	6
6	255. 255. 255. 252	62	2

表 2-3 B 类子网表

子网位数	子网掩码	子网数	主机数
2	255. 255. 192. 0	2	16382
3	255. 255. 224. 0	6	8190
4	255. 255. 240. 0	14	4094
5	255. 255. 248. 0	30	2046
6	255. 255. 252. 0	62	1022
7	255. 255. 254. 0	126	510
8	255. 255. 255. 0	254	254
9	255. 255. 255. 128	510	126
10	255. 255. 255. 192	1022	62
11	255. 255. 255. 224	2046	30
12	255. 255. 255. 240	4094	14
13	255. 255. 255. 248	8190	6
14	255. 255. 255. 252	16382	2

2.1.7 CIDR

按照类划分 IP 地址在 1982 年被认为是一个好想法，因为减少了用 IP 地址发送掩码信息的工作，但也因现在正逐渐耗尽注册的 IP 地址，这将成为一个严重地致使 IP 地址浪费的因素。对那些有大量地址需求的大型组织，通常可以提供两种办法来解决：①直接提供一个 B 类地址。②提供多个 C 类地址。

但是，采用第一种方法，将会大量浪费 IP 地址，因为一个 B 类网络地址有能力分配 2^{16} = 65535 个不同的本地 IP 地址。如果只有 3000 个用户，则大约有 62000 个 IP 地址被浪费了。若采用第二种方法，虽然有助于节约 B 类网络 ID，但它也导致了一个新问题，那就是 Internet 上的路由器在它们的路由表中必须有多个 C 类网络 ID 表项才能把 IP 包路由到这个企业，这样就会导致 Internet 上的路由表迅速扩大，最后的结果可能是路由表将大到使路由机制崩溃。

为了解决这些问题，IETF 制定了短期和长期的两套解决方案。一种彻底的办法就是扩充 IP 地址的长度，开发全新的 IP 协议，该方案被称为 IP 版本 6（IPv6）；另一种方法则是解决当前燃眉之急，在现有 IPv4 的条件下，改善地址分类带来的低效率，以充分利用剩余不多的地址资源，CIDR 由此而产生。

CIDR（Classless Inter Domain Routing，无类别域间路由）改进了传统的 IPv4 地址分类。传

统的 IP 分类将 IP 地址直接对应为默认的分类，从而将 Internet 分割为网络。CIDR 在路由表中增加了子网掩码（Subnet Masking），从而可以更细分网络。利用 CIDR，可以灵活地将某个范围的 IP 地址分配给某个网络。

CIDR 正如它的名称，它不再受地址类别划分的约束，与任何有效的 IP 地址一样，区别网络 ID 仅仅依赖于子网掩码。采用 CIDR 后，可以根据实际需要合理地分配网络地址空间。这个分配的长度可以是任意长度，而不仅是 A 类的 8 位，B 类的 16 位或 C 类的 24 位等预定义的网络地址空间中作分割。

举例来说，202. 125. 61. 8/24 按照类的划分，它属于 C 类地址，网络 ID 为 202. 125. 61. 0。主机 ID 为 0. 0. 0. 80。使用 CIDR 地址，8 位边界的结构限制就不存在了，可以在任意位置划分网络 ID。例如，它可以将前缀设置为 20，202. 125. 61. 8/20。前 20 位表示网络 ID，则网络 ID 为 202. 125. 48. 0。

图 2-7 展示了这个地址被分割的情况。后 12 位用于主机识别，可支持 4094 – 2 个可用的主机地址。

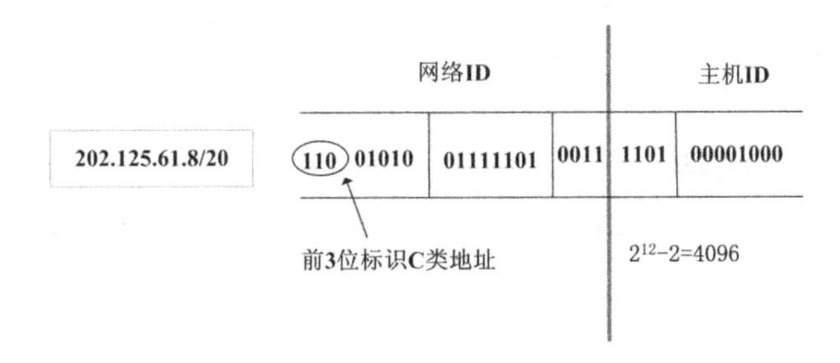

图 2-7　CIDR 地址完全抛弃了类的概念

CIDR 确定了三个网络地址范围保留为内部网络使用，即公网上的主机不能使用这三个地址范围内的 IP 地址。这三个范围分别包括在 IPv4 的 A、B、C 类地址内。

2. 2　IPv6 技术

2. 2. 1　IPv6 基础

IPv6 是“Internet Protocol Version 6”的缩写，也被称作下一代互联网协议，它是由 IETF 设计的用来替代现行的 IPv4 的一种新的 IP。IPv6 是为了解决 IPv4 所存在的一些问题和不足而提出的，同时它还在许多方面做了改进，如路由方面、自动配置方面。经过一个较长的 IPv4 和 IPv6 共存的时期，IPv6 最终会完全取代 IPv4 在互联网上占据统治地位。对比 IPv4，IPv6 有以下特点，这些特点也可以称作是 IPv6 的优点。

1. 简化的报头和灵活的扩展

IPv6 对数据报头做了简化，以减少处理器开销并节省网络带宽。

2. 层次化的地址结构

IPv6 将现有的 IP 地址长度扩大 4 倍，由当前 IPv4 的 32 位扩充到 128 位，以支持大规模数量的网络节点。

3. **即插即用的连网方式**

IPv6把自动将IP地址分配给用户的功能作为标准功能，只要机器一连接上网络便可自动设定地址。它有两个优点：一是最终用户用不着花精力进行地址设定，二是可以大大减轻网络管理者的负担。IPv6有两种自动设定功能：一种是和IPv4自动设定功能一样的名为“全状态自动设定”功能，另一种是“无状态自动设定”功能。

4. **网络层的认证与加密**

安全问题始终是与Internet相关的一个重要话题。由于在IP协议设计之初没有考虑安全性，因而在早期的Internet上时常发生诸如企业或机构网络遭到攻击、机密数据被窃取等不幸的事情。为了加强Internet的安全性，从1995年开始，IETF着手研究制定了一套用于保护IP通信的IP安全（IPSec）协议。IPSec是IPv4的一个可选扩展协议，是IPv6的一个必须组成部分。

5. **服务质量的满足**

基于IPv4的Internet在设计之初只有一种简单的服务质量，即采用“尽最大努力”（Best effort）传输，从原理上讲服务质量QoS是无保证的。文本、静态图像等的传输对QoS并无要求。随着IP网上多媒体业务增加，如IP电话、VoD、电视会议等的实时应用，对传输延时和延时抖动均有严格的要求。

6. **对移动通信更好的支持**

移动通信与互联网的结合将是网络发展的大趋势之一。移动互联网将成为我们日常生活的一部分，改变我们生活的方方面面。

2.2.2　IPv6地址

1. **IPv6地址简介**

IPv6的128位地址通常写成8组，每组为四个16进制数的形式，如AD80：0000：0000：0000：ABAA：0000：00C2：0002是一个合法的IPv6地址。这个地址比较长，看起来不方便也不易于书写。零压缩法可以用来缩减其长度。如果几个连续段位的值都是0，那么这些0就可以简单地以：：来表示，上述地址就可写成AD80：：ABAA：0000：00C2：0002。这里要注意的是只能简化连续的段位的0，其前后的0都要保留，如AD80的最后的这个0不能被简化。再有，这样的方式只能用一次，在上例中的ABAA后面的0000就不能再次简化。当然也可以在ABAA后面使用::，这样的话前面的12个0就不能压缩了。这个限制的目的是为了能准确还原被压缩的0，不然就无法确定每个：：代表了多少个0。

2. **IPv6寻址模式**

IPv6寻址模式分为三种，即单播地址、组播地址和泛播地址。

单播地址又叫单目地址，就是传统的点对点通信，单播表示一个单接口的标识符。IPv6单播地址的类型又分为全球单播地址、链路本地单播地址和站点本地单播地址。

1）全球单播地址相当于IPv4的公有地址，这类地址由供应商或交换局提供。地址的前3位格式前缀用于区分其他地址类型，TLA ID表示顶级聚合体，NLA ID表示下级聚合体，这两个都是由运营商管理的路由；SLA ID表示节点级聚合体，是本地站点管理的16位子网ID，8位的Res字节段是以备将来TLA或NLA扩充之用的保留位。64位接口ID是用于识别SLA网络中某个接口的唯一性。

2）链路本地单播地址是处于可聚集全球单播地址外的，只限于直连链路，是单网络链路上给的主机编号，其作用是进行链路上主机的通信。当配置一个单播 IPv6 地址的时候，接口上会自动配置一个链路本地单播地址，格式为 1111111010（前 10 位为这个定值，换成 16 进制为 FE80）00000…… 00000（接着这 54 位为 0），剩下的 64 位为接口地址。网络中路由器对具有链路本地地址的包是不处理的，即路由器不支持链路本地地址的通信。

3）站点本地单播地址用于对特定范围的通信，也可说成是规定站点内的通信，不能与站点外地址通信，也不能直接连接到全球 Internet。类似于 IPv4 的企业专用地址 Intranet，站点本地单播地址格式为 111111011（ 前 100 位为这个定值，换成 16 进制为 FEC0）00000…… 00000（接着这 38 位为 0），后 16 位为子网标识符，剩下的 64 位为接口地址。站点本地单播地址又称为多点传送地址或者多播地址，即一组接口的标识符，只要存在合适的多点传输的路由拓扑就可将设有多播地址的包传输到这个地址识别的那组接口。

多播地址开始的前 8 位标识一般都是 1111 1111。旗标（Flags）由 4 位组成：前面 3 位为保留位，初始设置为 0，后 1 位为 T，当 T = 0，旗标指出的多播地址是 Internet Assigned Numbers Authority（IANA）配置的永久分配（知名）的多播地址；当 T = 1 旗标指出的多播地址是一个非永久分配（临时）的多播地址。领域（Scope）字节段为 4 位，是用来识别多播传输的 IPv6 网络范围。

2.2.3 IPv6 的部署进程和过渡技术

IPv6 过渡技术大体上可以分为以下三类。

1. 隧道技术

在 IPv6 网络流行之前，总有一些网络首先具有 IPv6 的协议栈，但是这些 IPv6 网络被运行 IPv4 的骨干网络隔离开来。这时，这些 IPv6 网络就像 IPv4 海洋中的小岛，而连接这些孤立的“IPv6 岛”就必须使用隧道技术。

2. 双协议栈

双协议栈指在单个节点同时支持 IPv4 和 IPv6 两种协议栈。由于 IPv6 和 IPv4 是功能相近的网络层协议，两者都应用于相同的物理平台，而且加载于其上的传输层协议 TCP 和 UDP 也没有任何区别，因此，支持双协议栈的节点既能与支持 IPv4 协议的节点通信，又能与支持 IPv6 的节点通信。

3. 网络地址转换/协议转换技术 NAT-PT

网络地址转换/协议转换技术将协议转换、传统的 IPv4 下的动态地址翻译（NAT）及适当的应用层网关（ALG）几种技术结合起来，将 IPv4 地址和 IPv6 地址分别看作 NAT 技术中的内部地址和全局地址，同时根据协议不同对分组做相应的语义翻译，从而实现纯 IPv4 和纯 IPv6 节点之间的相互通信。

NAT-PT 简单易行，它不需要 IPv4 或 IPv6 节点进行任何更换或升级，它唯一需要做的是在网络交界处安装 NAT-PT 设备，如图 2-8 所示。它有效地解决了 IPv4 节点与 IPv6 节点互通的问题。但该技术在应用上有一些限制，首先，在拓扑结构上要求一次会话中所有报文的转换都在同一个路由器上，因此地址/协议转换方法较适用于只有一个路由器出口的 Stub 网络（末梢网络）；其次，一些协议字段在转换时不能完全保持原有的含义；另外，协议转换方法缺乏端到端的安全性。

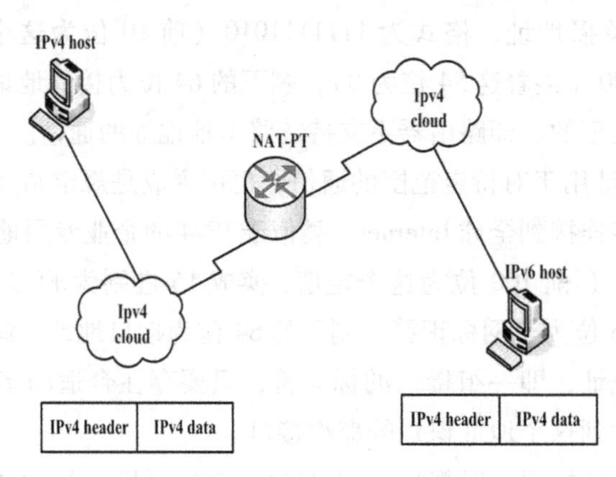

图 2-8　NAT－PT 技术示意图

2.2.4　双协议栈

双协议栈技术就是指在一台设备上同时启用 IPv4 协议栈和 IPv6 协议栈。这样的话，这台设备既能和 IPv4 网络通信，又能和 IPv6 网络通信。如果这台设备是一个路由器，那么这台路由器的不同接口上，分别配置了 IPv4 地址和 IPv6 地址，并很可能分别连接了 IPv4 网络和 IPv6 网络。如果这台设备是一台计算机，那么它将同时拥有 IPv4 地址和 IPv6 地址，并具备同时处理这两个协议地址的功能。

双协议栈的工作方式

双协议栈是指在单个节点上同时支持 IPv4 和 IPv6 两种协议栈。由于 IPv6 和 IPv4 是功能相近的网络层协议，两者都基于相同的物理平台，而且加载于其上的传输层协议 TCP 和 UDP 也基本没有区别，因此，支持双协议栈的节点既能与支持 IPv4 的节点通信，又能与支持 IPv6 的节点通信。可以相信，网络中主要服务商在网络全部升级到 IPv6 之前必将支持双协议栈的运行。

（1）接收数据包　双栈节点与其他类型的多栈节点的工作方式相同。链路层接收到数据段，拆开并检查包头。如果 IPv4/IPv6 包头中的第一个字段，即 IP 包的版本号是 4，该数据包就由 IPv4 栈来处理；如果版本号是 6，则由 IPv6 栈处理；如果建立了自动隧道机制，则采用相应的技术将数据包重新整合为 IPv6 数据包，由 IPv6 栈来处理。

（2）发送数据包　由于双栈主机同时支持 IPv4 和 IPv6 两种协议栈，所以当其在网络中通信的时候需要根据情况确定使用其中的一种协议栈进行通信，这就需要制定双协议栈的工作方式。在网络通信过程中，目的地址是作为路由选择的主要参数。

2.2.5　IPv6 隧道

1．建立隧道的方法

用于连接处于 IPv4 海洋中的各个孤立的“IPv6 岛”。此方法要求隧道两端的 IPv6 节点都是双栈节点，即也能够发送 IPv4 包。将 IPv6 封装在 IPv4 中的过程与其他协议封装相似：隧道一端的节点把 IPv6 数据包作为要发送给隧道另一端节点的 IPv4 包中的净荷数据，这样就产生了包含 IPv6 数据包的 IPv4 数据包流。例如，节点 A 和节点 B 都是只支持 IPv6 的 节点，如果节点 A 要向节点 B 发送数据包，A 只是简单地把 IPv6 包的目的地址设为 B 的 IPv6 地址，然后传递给路由器 X；X 对 IPv6 包进行封装，然后将 IPv4 包的目的地址设为路由器 Y 的 IPv4 地址；若路由器 Y 收到此 IPv4 包，则首先拆包，如果发现被封装的 IPv6 包是发给节点 B 的，Y 就将此包正确地转发给 B。

2. **配置隧道和自动隧道**

配置隧道和自动隧道的主要区别在于：只有执行隧道功能的节点的 IPv6 地址是 IPv4 兼容地址时，自动隧道才是可行的。在为执行隧道功能的节点建立 IP 地址时，自动隧道方法无须进行配置；而配置隧道方法则要求隧道末端节点使用其他机制来获得其 IPv4 地址，如采用DHCP、人工配置或其他 IPv4 的配置机制。

2.2.6　配置地址 IPv6

配置拓扑图如图 2-9 所示。客户机、服务器等 IPv6 配置如图 2-10 ~ 图 2-13 所示。

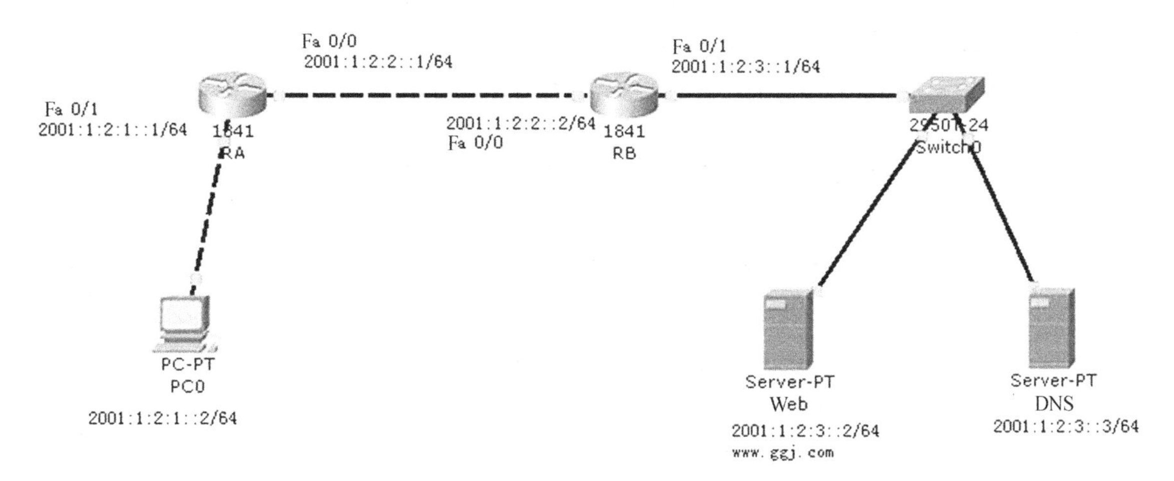

图 2-9　配置拓扑图

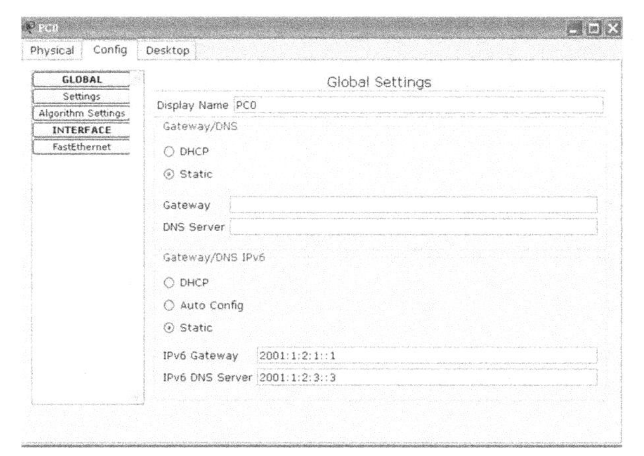

图 2-10　客户机 PC0 配置 IPv6 地址、网关和 DNS

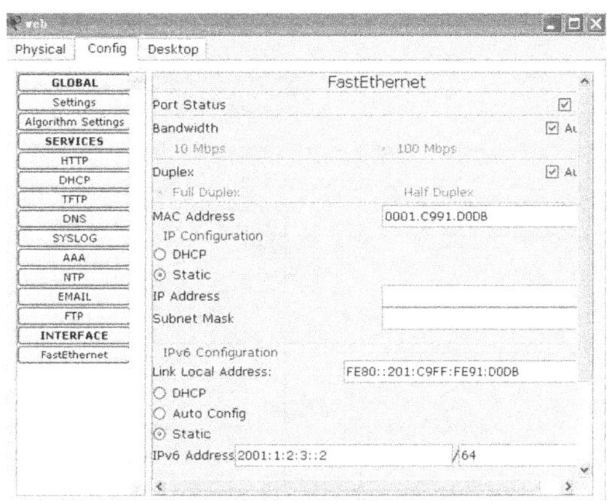

图 2-11　Web 服务器和 IPv6 地址配置

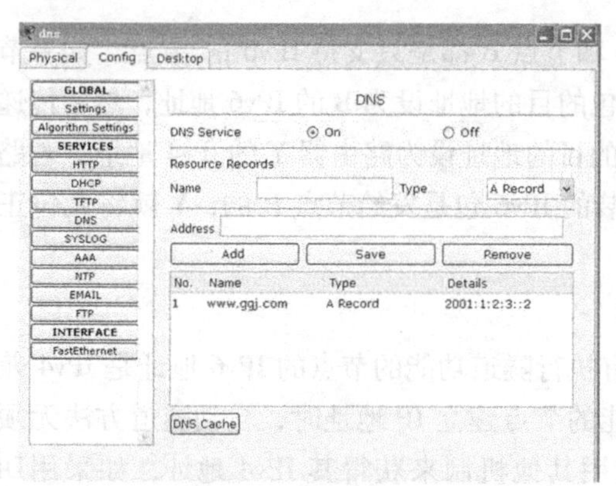

图 2-12　DNS 服务器和 IPv6 地址配置

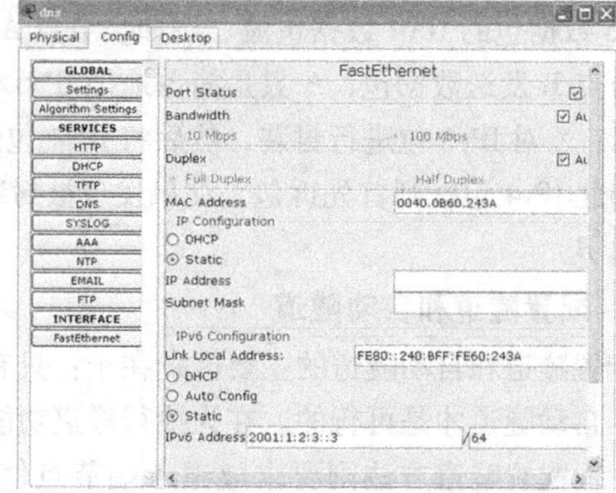

图 2-13　在 DNS 上增加一条 DNS 映射

在路由器上配置 IPv6 静态路由：

```
RB(config)#ipv6 route 2001:1:2:1::0/64 2001:1:2:2::1
RA(config) #ipv6 route 2001:1:2:3::0/64 2001:1:2:2::2
```

查看路由表信息如图 2-14、图 2-15 所示。

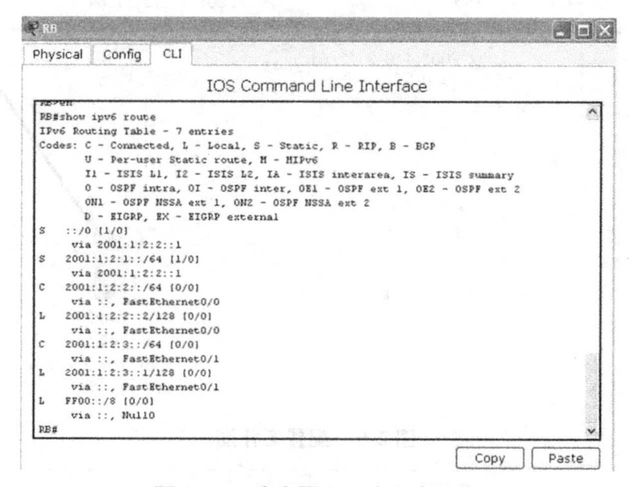

图 2-14　路由器 RB 路由表信息

RA

Physical　Config　CLI

IOS Command Line Interface

```
RA>en
RA>en
RA#show ipv6 route
IPv6 Routing Table - 6 entries
Codes: C - Connected, L - Local, S - Static, R - RIP, B - BGP
       U - Per-user Static route, M - MIPv6
       I1 - ISIS L1, I2 - ISIS L2, IA - ISIS interarea, IS - ISIS summary
       O - OSPF intra, OI - OSPF inter, OE1 - OSPF ext 1, OE2 - OSPF ext 2
       ON1 - OSPF NSSA ext 1, ON2 - OSPF NSSA ext 2
       D - EIGRP, EX - EIGRP external
C   2001:1:2:1::/64 [0/0]
     via ::, FastEthernet0/1
L   2001:1:2:1::1/128 [0/0]
     via ::, FastEthernet0/1
C   2001:1:2:2::/64 [0/0]
     via ::, FastEthernet0/0
L   2001:1:2:2::1/128 [0/0]
     via ::, FastEthernet0/0
S   2001:1:2:3::/64 [1/0]
     via 2001:1:2:2::2
L   FF00::/8 [0/0]
     via ::, Null0
RA#
```

Copy　Paste

图 2-15　路由器 RA 路由表信息

在 PC0 上 pingDNS、Web 服务器地址和域名，可访问 Web 服务器如图 2-16 和图 2-17 所示。

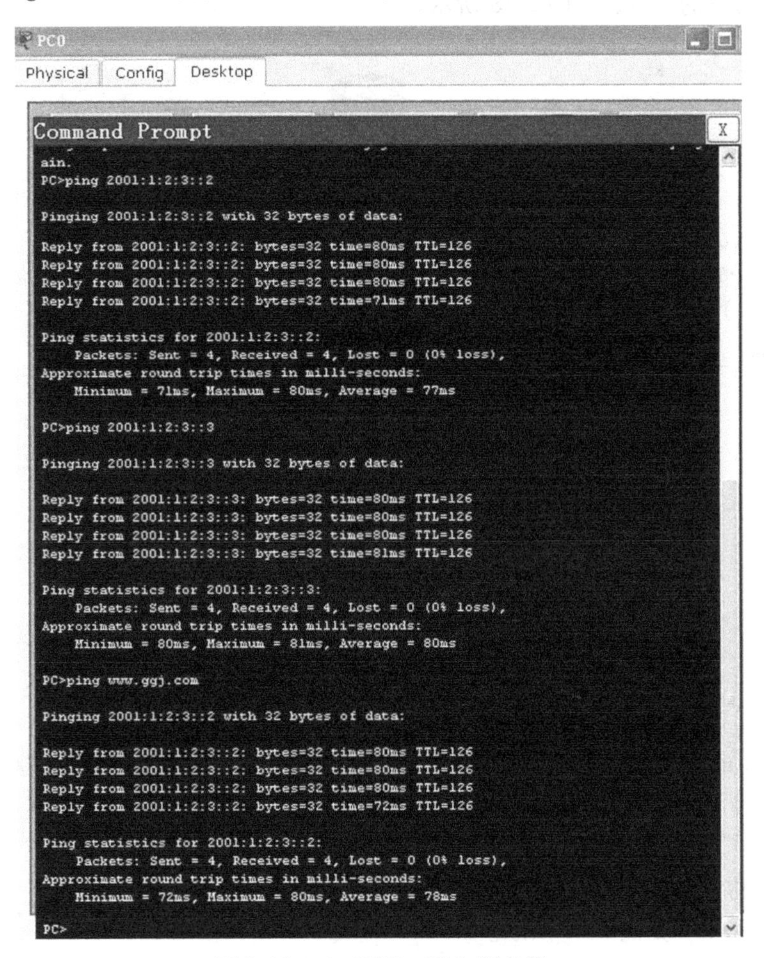

图 2-16　pingDNS、Web 服务器

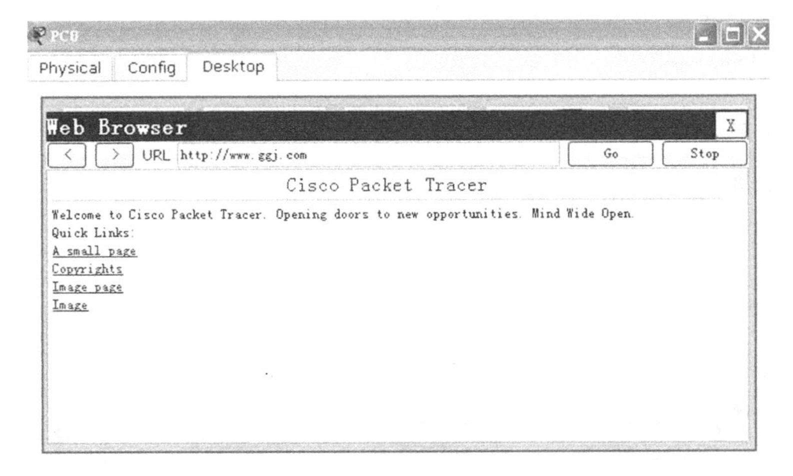

图 2-17　访问 Web 服务器

2.2.7　IPv6 路由协议

Ripng 路由协议的配置，如图 2-18 所示。

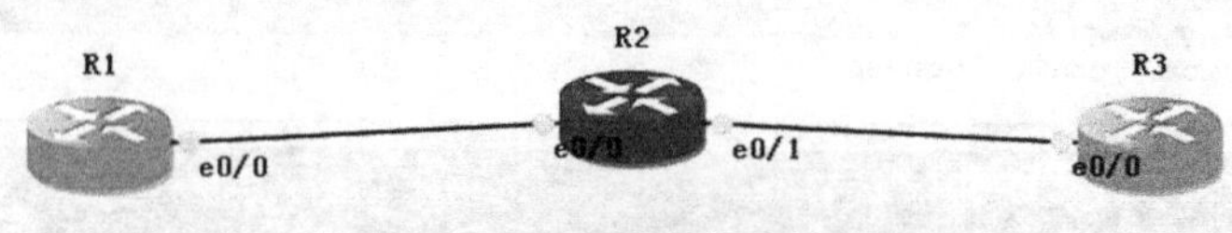

图 2-18　Ripng 路由协议的配置

```
(config)Ipv6 unicast-routing
(config)Ipv6 router rip aa              //启用 ripng,aa 标示进程名,类似于 ospf
(config-if)Ipv6 rip aa enable
```

汇总，如图 2-19 所示。

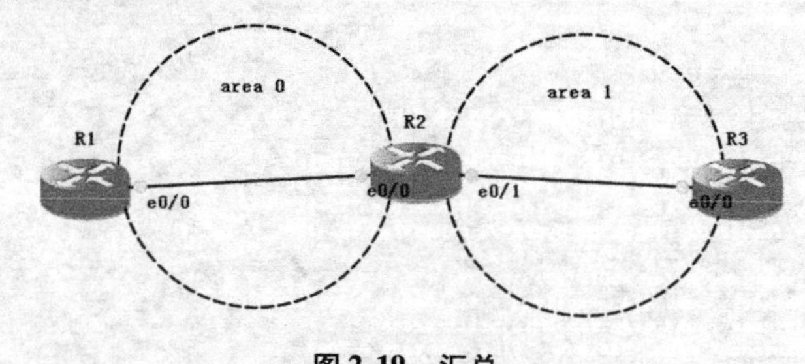

图 2-19　汇总

```
R1:
Int e0/0
Ipv6 rip aa summary-address 2001::/16     //在 R1 的出接口做汇总,R2 学习汇总路由
Int e0/0
Ip summary-address rip 192.168.0.0 255.255.0.0    //ipv4 时汇总 rip
```

Ospfv3 路由协议的配置：

区域间汇总路由，如图 2-20 所示。

```
R1:
Ipv6 router ospf 1
Router-id 1.1.1.1
Int e0/0
Ipv6 ospf 1 area 0
Int e0/0
Ipv6 ospf 1 area 0
R2:
Ipv6 router ospf 1
Area 0 range 2001::/16          //ospf 区域间汇总路由
```

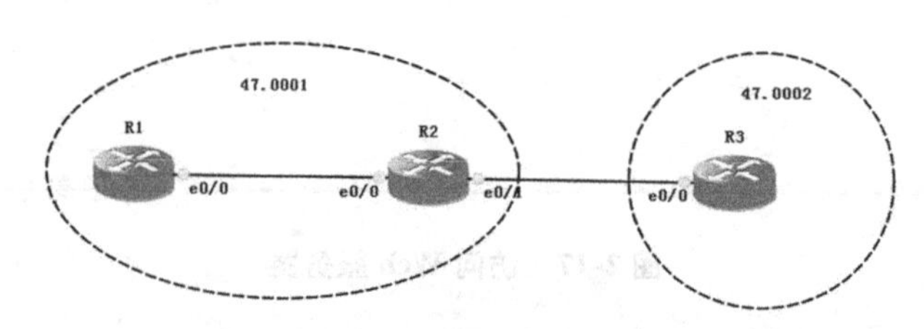

图 2-20　区域间汇总路由

ISIS 路由协议的配置：

```
R1(R2/R3):
router isis
net 47.0001.0001.0001.0001.00
int e0/0
ipv6 router isis
int lo0
ipv6 router isis
```

区域汇总：

```
R2:
Router isis
Address - family ipv6
Summary - prefix 2001::/16
```

本章小结

在本章中学习了 IPv4 和 IPv6，其中 IPv4 第一个被广泛使用，构成现今互联网技术的基础协议。在 RFC 791 中定义了 IP，IPv4 可以运行在各种各样的底层网络上，如端对端的串行数据链路（PPP 和 SLIP）、卫星链路等。局域网中最常用的是以太网。当然 IPv6 的使用，不仅能解决网络地址资源数量的问题，而且也清除了多种接入设备连入互联网的障碍。IP 地址是 IP 提供的一种统一的地址格式，它为互联网上的每一个网络和每一台主机分配一个逻辑地址，以此来屏蔽物理地址的差异。

本章习题

一、选择题

1. 192.168.1.0/24 使用掩码 255.255.255.240 划分子网，其可用子网数为（　　），每个子网内可用主机地址数为（　　）。

   A. 14　14　　B. 16　14　　C. 254　6　　D. 14　62

2. 子网掩码为 255.255.0.0，下列哪个 IP 地址不在同一网段中（　　）。

   A. 172.25.15.201　　B. 172.25.16.15　　C. 172.16.25.16　　D. 172.25.201.15

3. B 类地址子网掩码为 255.255.255.248，则每个子网内可用主机地址数为（　　）。

   A. 10　　B. 8　　C. 6　　D. 4

4. 对于 C 类 IP 地址，子网掩码为 255.255.255.248，则能提供子网数为（　　）。

   A. 16　　B. 32　　C. 30　　D. 128

5. 规划一个 C 类网，需要将网络分为 9 个子网，每个子网最多 15 台主机，下列哪个是合适的子网掩码（　　）。

   A. 255.255.224.0　　B. 255.255.255.224

C. 255. 255. 255. 240　　　　D. 没有合适的子网掩码

6. 与 10. 110. 12. 29 mask 255. 255. 255. 224 属于同一网段的主机 IP 地址是（　　）。

A. 10. 110. 12. 0　B. 10. 110. 12. 30　C. 10. 110. 12. 31　D. 10. 110. 12. 32

7. IP 地址 190. 233. 27. 13/16 的网络部分地址是（　　）。

A. 190. 0. 0. 0　B. 190. 233. 0. 0　C. 190. 233. 27. 0　D. 190. 233. 27. 1

8. 网络地址 192. 168. 1. 0/24，选择子网掩码为 255. 255. 255. 224，以下说法正确的是（　　）。

A. 划分了 4 个有效子网　　　　B. 划分了 6 个有效子网

C. 每个子网的有效主机数是 30 台　　　　D. 每个子网的有效主机数是 31 台

E. 每个子网的有效主机数是 32 台

9. IP 地址：192. 168. 12. 72，子网掩码为 255. 255. 255. 192，该地址所在网段的网络地址和广播地址为（　　）。

A. 192. 168. 12. 32，192. 168. 12. 127　　B. 192. 168. 0. 0，255. 255. 255. 255

C. 192. 168. 12. 43，255. 255. 255. 128　　D. 192. 168. 12. 64，192. 168. 12. 127

二、简答题

1. 现要对 C 类 192. 168. 10. 0 网络划分 13 个子网，求各子网的子网掩码、网络地址、广播地址及可容纳的最多主机数。

2. 现要在 IP 地址为 10. 32. 0. 0、子网掩码为 255. 224. 0. 0 的子网上再进行子网划分，把它划分成 8 个子网，求重新划分子网后的子网掩码和各子网的网络地址和广播地址。

3. 把 A 类地址为 10. 10. 1. 0 的网络划分成 16 个子网，求新子网的子网掩码、网络地址和广播地址，然后再把前面的 6 个新子网聚合成一个大的子网，求大子网的子网掩码。

第3章　交换技术

3.1　交换机技术基础

3.1.1　交换机的分类

由于交换机具有许多优越性，所以它的应用和发展速度远远高于集线器，出现了各种类型的交换机，主要是为了满足各种不同应用环境的需求。交换机的分类标准多种多样，根据网络覆盖范围分为局域网交换机和广域网交换机。

1. 局域网交换机

局域网交换机是常见的交换机，也是学习的重点。局域网交换机应用于局域网络，用于连接终端设备，如服务器、工作站、集线器、路由器和网络打印机等网络设备，提供高速独立通信通道。其实局域网交换机中又可以划分为多种不同类型的交换机。

2. 广域网交换机

1）广域网交换机主要是应用于电信城域网互联、互联网接入等领域的广域网中，提供通信用的基础平台。

2）根据交换机使用的网络传输介质和传输速度的不同一般可以将局域网交换机分为以太网交换机、快速以太网交换机、千兆（G位）以太网交换机、10千兆（10G位）以太网交换机、FDDI交换机、ATM交换机和令牌环交换机等。

3）根据交换机应用网络层次划分有企业级交换机、校园网交换机、部门级交换机、工作组交换机和桌机型交换机。

4）根据交换机端口结构划分有固定端口交换机和模块化交换机。

5）根据工作协议层划分有第二层交换机、第三层交换机和第四层交换机。

6）根据是否支持网管功能划分有网管型交换机和非网管理型交换机。

3.1.2　交换机的工作原理

随着网络信息系统由小型到中型再到大型的发展趋势，交换技术也由原来最初的基于MAC地址的交换，发展到基于IP地址的交换，进一步发展到基于IP+端口的交换，本文对第四层交换技术做了一个比较全面的介绍，如今更有产品提出了第七层交换（基于内容的交换）。可见，网络交换技术的不断发展使得原来由基于数据的交换变成了基于应用的交换，不仅提高了网络的访问速度，而且不断地优化了网络的整体性能。

1. 地址表

端口地址表记录了端口下包含主机的MAC地址，是交换机上电后自动建立的，保存在RAM中，并且自动维护。交换机隔离冲突域的原理是根据其端口地址表和转发决策决定的。

2. 转发决策

交换机的转发决策有三种操作：丢弃、转发和扩散。

（1）丢弃　当本端口下的主机访问已知本端口下的主机时丢弃。

（2）转发　当某端口下的主机访问已知某端口下的主机时转发。

（3）扩散　当某端口下的主机访问未知端口下的主机时扩散。

每个操作都要记录下发包端的 MAC 地址，以备其他主机的访问。

3. **生存期**

生存期是端口地址列表中表项的寿命。每个表项在建立后开始进行倒计时，每次发送数据都要刷新计时。对于长期不发送数据的主机，其 MAC 地址的表项在生存期结束时删除。所以端口地址表记录的总是最活跃的主机的 MAC 地址。应该说交换机有很多值得学习的地方，这里主要介绍交换机结构及组网方式，21 世纪 10 年代以来网络应用越来越广泛，交换机作为网络中的纽带发挥了越来越大的作用。简单地说，交换机就是将它与用户计算机相连就行了，完成各个计算机之间的数据交换。复杂来说，交换机针对在整个网络中的位置而言，一些高层交换机，如三层交换、网管型的产品，在交换机结构方面就没这么简单了。

3.1.3　交换机的启动与基本配置

1. **通过 Console 口登录交换机**

第一步：如图 3-1 所示，建立本地配置环境，只需将计算机（或终端）的串口通过配置电缆与以太网交换机的 Console 口连接即可。

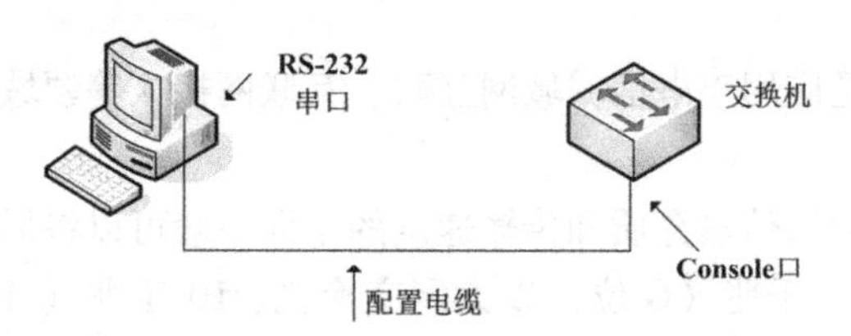

图 3-1　通过 Console 口搭建本地配置环境

第二步：在计算机上运行终端仿真程序（如 Windows 3. X 的 Terminal 或 Windows 9X 的超级终端等），设置终端通信参数为：波特率 9600bit/s、8 位数据位、1 位停止位、无校验和无流控，并选择终端类型为 VT100。

第三步：以太网交换机上电，终端上显示以太网交换机自检信息，自检结束后提示用户键入“回车”，之后将出现命令行提示符（如 Switch > ）。

第四步：键入命令，配置以太网交换机或查看以太网交换机运行状态。需要帮助可以随时键入“?”。

2. **通过 Telnet 登录交换机**

如果用户已经通过 Console 口正确配置以太网交换机管理 VLAN 接口的 IP 地址（在 VLAN 接口视图下使用 ip address 命令），并已指定与终端相连的以太网端口属于该管理 VLAN（在 VLAN 视图下使用 port 命令），这时可以利用 Telnet 登录以太网交换机，然后对以太网交换机进行配置。

第一步：在通过 Telnet 登录以太网交换机之前，需要通过 Console 口在交换机上配置欲登录的 Telnet 用户名和认证口令。

Telnet 用户登录时，默认需要进行口令认证，如果没有配置口令而通过 Telnet 登录，则系统会提示“password required, but none set.”。

```
Switch>enable    (从用户模式进入特权模式)
Switch#configure terminal    (从特权模式进入全局配置模式)
Switch(config)#hostname SW1    (将交换机命名为"SW1")
SW1(config)#interface vlan1    (进入交换机的管理 VLAN)
SW1(config-if)#ip address 192.168.1.1  255.255.255.0
(为交换机配置 IP 地址和子网掩码)
SW1(config-if)#no shutdown    (激活该 VLAN)
SW1(config-if)#exit    (从当前模式退到全局配置模式)
SW1(config)#line console 0    (进入控制台模式)
SW1(config-line)#password 123    (设置控制台登录密码为"123")
SW1(config-line)#login    (登录时使用此验证方式)
SW1(config-if)#exit    (从当前模式退到全局配置模式)
SW1(config)#line vty 0 4    (进入 Telnet 模式)
SW1(config-line)#password 456    (设置 Telnet 登录密码为"456")
SW1(config-line)#login    (登录时使用此验证方式)
SW1(config-if)#exit    (从当前模式退到全局配置模式)
SW1(config)#enable secret 789    (设置特权口令密码为"789")
SW1#copy  running-config startup-config
(将正在运行的配置文件保存到系统的启动配置文件)
Destination filename [startup-config]?(系统默认的文件名"startup-config")
Building configuration...
[OK](系统显示保存成功)
```

第二步：如图 3-2 所示，建立配置环境，只需将计算机以太网口通过局域网与以太网交换机的以太网口连接即可。

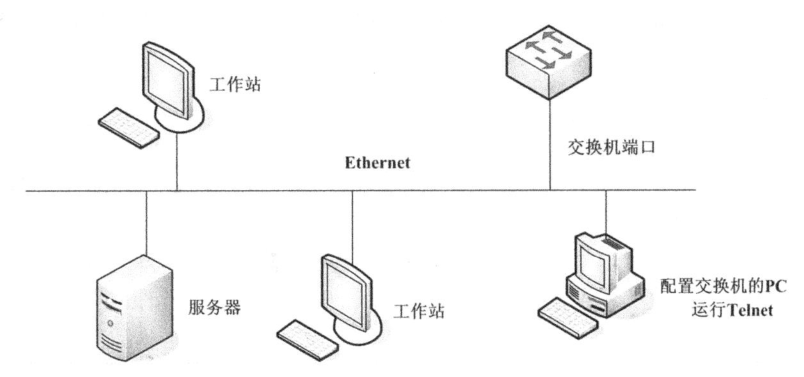

图 3-2　通过局域网搭建本地配置环境

第三步：在计算机上运行 Telnet 程序，输入与计算机相连的以太网口所属 VLAN 的 IP 地址，如图 3-3 所示。

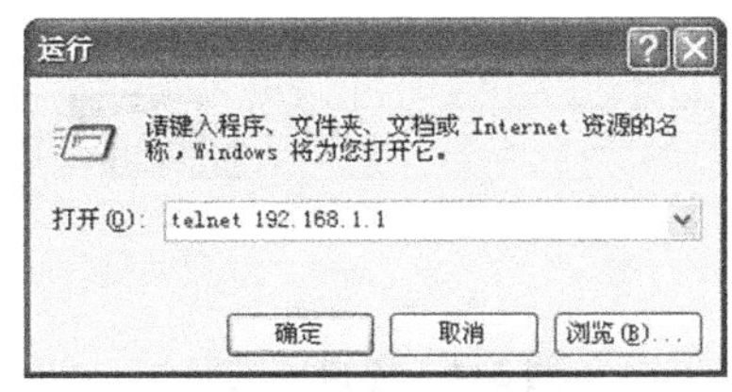

图 3-3　运行 Telnet 程序

第四步：终端上显示“User Access Verification”，并提示用户输入已设置的登录口令，口令输入正确后则出现命令行提示符（如 Switch >）。如果出现“Too many users!”的提示，表示当前 Telnet 登录以太网交换机的用户过多，请稍候再连（通常情况下以太网交换机最多允许 5 个 Telnet 用户同时登录）。

第五步：使用相应命令配置以太网交换机或查看以太网交换机运行状态。需要帮助可以随时键入“?”。

通过 Telnet 配置交换机时，不要删除或修改对应本 Telnet 连接的交换机上的 VLAN 接口的 IP 地址，否则会导致 Telnet 连接断开。Telnet 用户登录时，默认可以访问命令级别为 0 级的命令。

3.2　虚拟局域网技术

3.2.1　虚拟局域网的定义

在标准以太网出现后，同一个交换机下不同的端口已经不再在同一个冲突域中，所以连接在交换机下的主机进行点到点的数据通信时，也不再影响其他主机的正常通信。但是，后来我们发现应用广泛的广播报文仍然不受交换机端口的局限，而是在整个广播域中任意传播，甚至在某些情况下，单播报文也被转发到整个广播域的所有端口。这样一来，大大地占用了有限的网络带宽资源，使得网络效率低下。

总体上来说，VLAN 技术划分广播域有着无与伦比的优势。虚拟局域网（VLAN）逻辑上把网络资源和网络用户按照一定的原则进行划分，把一个物理上的网络划分成多个小的逻辑网络。这些小的逻辑网络形成各自的广播域，也就是虚拟局域网。如图 3-4 所示，几个部门都使用一台中心交换机，但是各个部门属于不同的 VLAN，形成各自的广播域，广播报文不能跨越这些广播域传送。

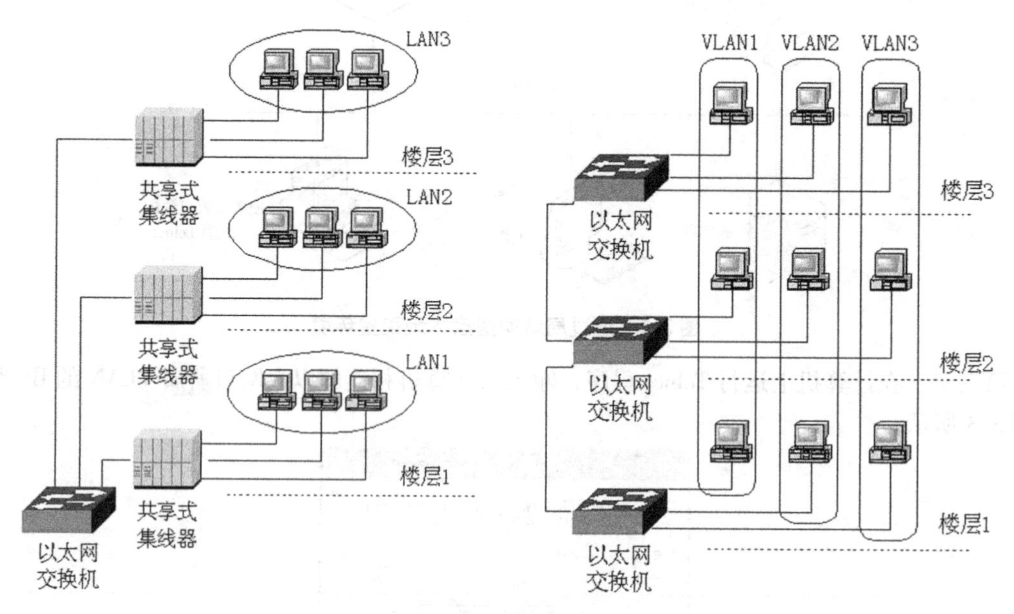

图 3-4　虚拟局域网

虚拟局域网将一组位于不同物理网段上的用户在逻辑上划分在一个局域网内，在功能和操作上与传统 LAN 基本相同，可以提供一定范围内终端系统的互联。

3.2.2　虚拟局域网的划分方法

VLAN 从逻辑上对网络进行划分，组网方案灵活，配置管理简单，降低了管理维护的成本。VLAN 的主要目的就是划分广播域，那么我们在建设网络时，如何确定这些广播域呢？根据物理端口、MAC 地址，下面让我们逐一介绍几种 VLAN 的划分方法。

1. 基于端口的 VLAN 的划分

基于端口的 VLAN 划分方法是用以太网交换机的端口来划分广播域，也就是说，交换机某些端口连接的主机在一个广播域内，而另一些端口连接的主机在另一个广播域，VLAN 和端口连接的主机无关。我们假设指定交换机的端口 1、2、6 和 7 属于 VLAN2，端口 3、4 和 5 属于 VLAN3，见表 3-1。

表 3-1　基于端口划分 VLAN 的 VLAN 映射简化表

端　口	VLAN　ID
Port1	VLAN2
Port2	VLAN2
Port6	VLAN2
Port7	VLAN2
Port3	VLAN3
Port4	VLAN3
Port5	VLAN3

此时，主机 A 和主机 C 在同一 VLAN，主机 B 和主机 D 在另一个 VLAN 下，如果将主机 A 和主机 B 交换连接端口，则 VLAN 表仍然不变，而主机 A 变成与主机 D 在同一 VLAN（广播域），而主机 B 和主机 C 在另一 VLAN 下，如果网络中存在多个交换机，还可以指定交换机的端口和交换机 2 的端口属于同一 VLAN，这样同样可以实现 VLAN 内部主机的通信，也隔离广播报文的泛滥，如图 3-5 所示。所以这种 VLAN 划分方法的优点是定义 VLAN 成员非常简单，只要指定交换机的端口即可；但是如果 VLAN 用户离开原来的接入端口，而连接到新的交换机端口，就必须重新指定新连接的端口所属的 VLAN ID。

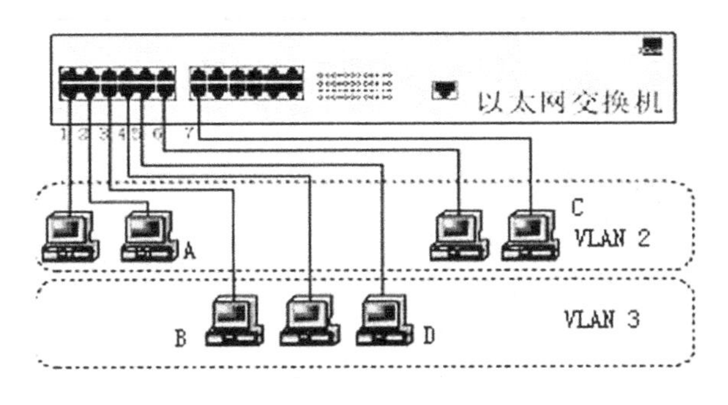

图 3-5　基于端口的 VLAN 的划分

2. 基于 MAC 地址的 VLAN 划分

基于 MAC 地址的 VLAN 划分方法是根据连接在交换机上主机的 MAC 地址来划分广播域的，也就是说，某个主机属于哪一个 VLAN 只和它的 MAC 地址有关，和它连接在哪个端口或者 IP 地址没有关系。在交换机上配置完成后，会形成一张 VLAN 映射简化表，见表 3-2。

表 3-2 基于 MAC 地址划分 VLAN 的 VLAN 映射简化表

MAC 地址	VLAN ID
MAC A	VLAN2
MAC B	VLAN3
MAC C	VLAN2
MAC D	VLAN3
……	……

这种划分 VLAN 的方法的最大优点在于当用户改变物理位置（改变接入端口）时，不用重新配置。但是我们明显可以感觉到这种方法的初始配置量很大，要针对每台主机进行 VLAN 设置，并且对于那些容易更换网络接口卡的便携计算机用户，会经常使交换机配置更改。

3.2.3 虚拟局域网的配置过程

搭建虚拟局域网拓扑图，如图 3-6 所示。

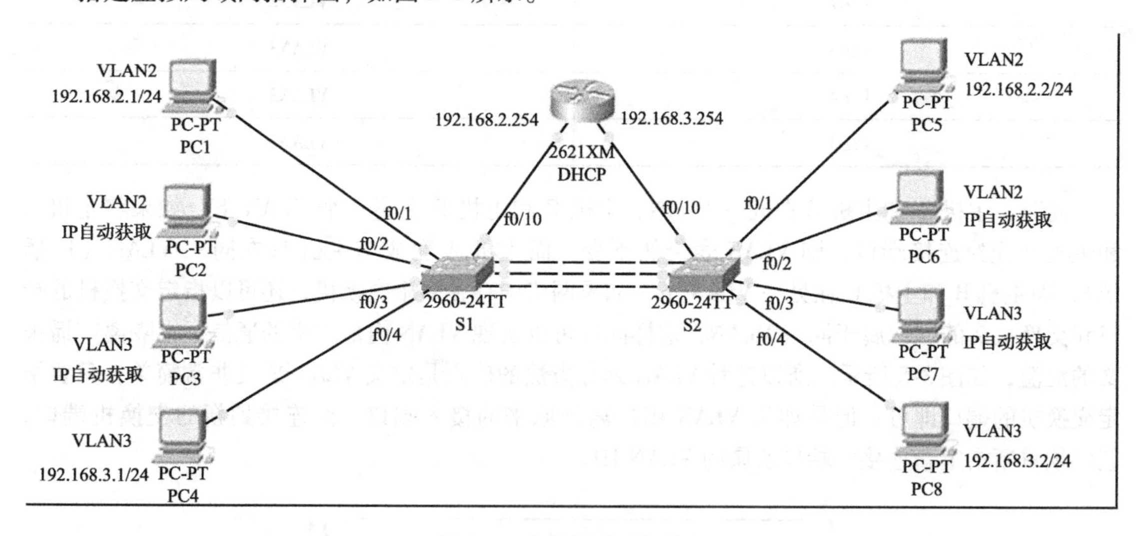

图 3-6 虚拟局域网拓扑图

配置步骤：

（1）按照拓扑图连接链路

（2）划分 VLAN

1）在 S1 上划分 VLAN2 和 VLAN3。

```
S1(config)#vlan 2
S1(config-vlan)#exit
S1(config)#vlan 3
```

```
S1(config-vlan)#exit
S1(config)#int range f0/1-2
S1(config-if-range)#switchport mode access
S1(config-if-range)#switchport access vlan 2
S1(config-if-range)#exit
S1(config)#int range f0/3-4
S1(config-if-range)#switchport mode access
S1(config-if-range)#switchport access vlan 3
```

2）在S2上划分VLAN2和VLAN3。

```
S2(config)#vlan 2
S2(config-vlan)#exit
S2(config)#vlan 3
S2(config-vlan)#exit
S2(config)#int ran f0/1-2
S2(config-if-range)#swi m a
S2(config-if-range)#sw ac vlan 2
S2(config-if-range)#exit
S2(config)#int ran f0/3-4
S2(config-if-range)#sw m a
S2(config-if-range)#sw ac vlan 3
S2(config-if-range)#exit
```

（3）配置以太网通道　在S1和S2之间的链路配置以太网通道，实现冗余备份，负载均衡。

1）在S1上配置Trunk，并配置EthernetChannel。

```
S1(config)#int range f0/22-24
S1(config-if-range)#sw mode trunk
S1(config-if-range)#channel-group 1 mode on
S1(config-if-range)#no shutdown
```

2）在S2上配置Trunk，并配置EthernetChannel。

```
S2(config)#int range f0/22-24
S2(config-if-range)#sw mod trunk
S2(config-if-range)#channel-group 1 mode on
S2(config-if-range)#no shutdown
```

（4）配置IP地址　在PC1上配置IP为192.168.2.1/24；在PC5上配置IP为192.168.2.2/24，在PC4上配置IP为192.168.3.1/24；在PC8上配置IP为192.168.3.2/24。经过ping测试，相同VLAN间可以通信。

3.3 端口安全技术

3.3.1 端口-MAC地址表的形成

MAC（Media Access Control，介质访问控制）地址是识别LAN（局域网）节点的标识。网卡的物理地址通常是由网卡生产厂家烧入网卡的EPROM（一种闪存芯片，通常可以通过程序擦写），它存储的是传输数据时真正赖以标识发出数据的电脑和接收数据的主机的地址。

交换机技术在转发数据前必须知道它的每一个端口所连接的主机的MAC地址，构建出一个MAC地址表。当交换机从某个端口收到数据帧后，读取数据帧中封装的目的地MAC地址信息，然后查阅事先构建的MAC地址表，找出和目的地地址相对应的端口，从该端口把数据转发出去，其他端口则不受影响，这样避免了与其他端口上的数据发生碰撞。因此，构建MAC地址表是交换机的首要工作。下面举例说明交换机建立地址表的过程。

假设主机A向主机C发送一个数据帧（每一个数据帧中都包含有源MAC地址和目的MAC地址），当该数据帧从E0端口进入交换机后，交换机通过检查数据帧中的源MAC地址字段，将该字段的值（主机A的MAC地址）放入MAC地址表中，并把它与E0端口对应起来，表示E0端口所连接的主机是A。此时，由于在MAC地址表中没有关于目的地MAC地址（主机C的MAC地址）的条目，交换机技术将此帧向除了E0端口以外的所有端口转发，从而保证主机C能收到该帧（这种操作叫Flooding）。

同理，当交换机收到主机B、C、D的数据后也会把它们的地址学习到，写入地址表中，并将相应的端口和MAC地址对应起来。最终会把所有的主机地址都学习到，构建出完整的地址表。此时，若主机A再向主机C发送一个数据帧，应用交换机技术则根据它的MAC地址表中的地址对应关系，将此数据帧仅从它的E2端口转发出去，从而仅使主机C接收到主机A发送给它的数据帧，不再影响其他端口。那么在主机A和主机C通信的同时其他主机（比如主机B和主机D）之间也可以通信。

当交换机建立起完整的MAC地址表之后，对数据帧的转发是通过查找MAC地址表得到对应的端口，从而将数据帧通过特定的端口发送出去的。但是，对于从一个端口进入的广播数据及在地址表中找不到地址条目的数据，交换机会把该数据帧从除了进入端口之外的所有端口转发出去。从这个角度来说，交换机互联的设备处于同一个广播域内，但它们处于不同的碰撞域内，并且处于不同区域。

3.3.2　端口-MAC地址表的配置过程

```
switch#conf t
switch#interface ethernet 0/1
(进入第1个端口)
switch#description switch-e0/1-pc1
(给端口写入注释信息)
switch#duplex auto/full/full-flow-control/half
(设置端口的工作模式)
switch#port secure
(启用端口安全性)
switch#port secure max-mac-count 1
(设置该端口允许对应的MAC地址数,默认132个)
switch#sh mac-address-table security
(查看端口安全性)
switch#mac-address-table aging-time 600
(设置动态地址超时时间)
switch#mac-address-table permanent 0000.0cdd.5a4d e0/3
(定义永久MAC地址,绑定MAC地址)
switch#mac-address-table restricted static 0000.0cdd.aaed e0/6 e0/7
```

（定义受限 MAC 地址）

```
switch#address - violation disable/ignore/suspend
```

（定义地址安全违规）

```
switch#show mac - address - table
```

（查看上述配置）

```
switch#clear mac - addr restric static
```

（清除受限 MAC 地址表项）

3.3.3　端口-MAC 地址表配置实例

假如你是某公司的网络管理员，公司要求对网络进行严格控制。为了防止公司内部用户的 IP 地址冲突，防止公司内部的网络攻击和破坏行为，为每一位员工分配了固定的 IP 地址，并且只允许公司员工的主机使用网络，不得随意连接其他主机。具体的绑定情况，见表 3-3。

表 3-3　端口-MAC 地址表的绑定情况

交换机的端口号	计算机的 MAC 地址	IP 地址
6	0040. 0bdc. 6622	192. 168. 1. 5
7	000a. 411e. 949a	192. 168. 1. 6
8	0001. c928. 99a5	192. 168. 1. 7
9	00d0. bab6. d85e	192. 168. 1. 8

掌握静态端口和 MAC 地址绑定的配置方法，验证端口和 MAC 地址绑定的功能。MAC 地址绑定，可将用户的使用权限和机器的 MAC 地址绑定起来，限制用户只能在固定的机器上网，保障安全，防止账号被盗用。由于 MAC 地址可以修改，因此这个方法可以起到一定的作用，但仍有漏洞。

1. 设备与配线

交换机（一台）、兼容 VT - 100 的终端设备或能运行终端仿真程序的计算机（两台）、RS-232 电缆、RJ45 接头的网线（若干）。端口 - MAC 地址绑定组网环境拓扑结构，如图 3-7 所示。

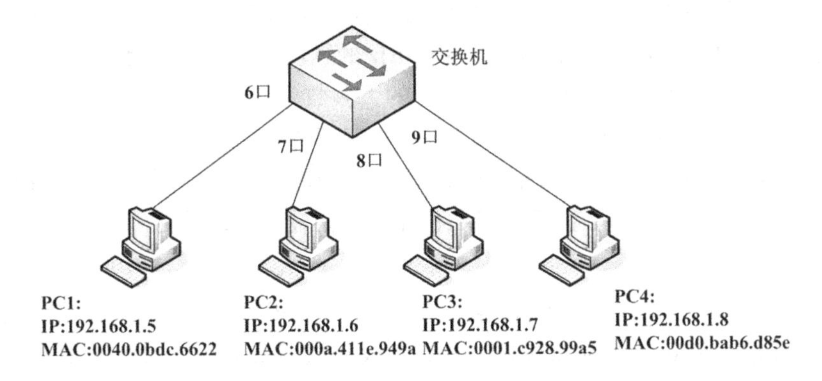

图 3-7　端口-MAC 地址绑定组网环境拓扑结构

注：在实践中我们用运行终端仿真的计算机来代替终端设备。

2. 具体的配置命令

1）将 PC0 绑定于交换机的 6 口。

```
Switch>enable
Switch#configure terminal
Switch(config)#interface fastethernet 0/6    (进入交换机的 6 口)
Switch(config-if)#switch mode access
(将交换机的端口设置为访问模式,即用来接入计算机)
Switch(config-if)#switchport port-security    (打开交换机的端口安全功能)
Switch(config-if)#switchport port-security maximum 1
(只允许该端口下的 MAC 条目最大数量为 1,即只允许接入一个设备)
Switch(config-if)#switchport port-security violation shutdown (违反规则就关闭端口)
Switch(config-if)#switchport port-security mac-address 0040.0bdc.6622
(将计算机 PC0 绑定于交换机的 6 口)
```

2）其他端口的配置方法与此类似。

3）查看交换机的端口 - MAC 地址表，见表 3-4。

```
Switch#show mac-address-table
```

表 3-4　端口 - MAC 地址表

VLAN 编号	Mac Address	Type	Ports
1	0001. c928. 99a5	STATIC	Fa0/8
1	000a. 411e. 949a	STATIC	Fa0/7
1	0040. 0bdc. 6622	STATIC	Fa0/6
1	00d0. bab6. d85e	STATIC	Fa0/9

3.4　无线局域网

3.4.1　无线局域网的技术标准

WLAN 技术的成熟和普及是一个不断磨合的过程，原因是多方面的，其中包括技术标准、安全保密和性能。最早的 WLAN 产品运行在 900MHz 的频段上，速度只有 1 ~ 2Mbit/s。1992 年，工作在 2.4GHz 频段上的 WLAN 产品问世，之后的大多数 WLAN 产品也都在此频段上运行。运行产品所采用的技术标准主要包括 IEEE 802.11、IEEE 802.11b、HomeRF、IrDA 和蓝牙。由于 2.3GHz 的频段是对所有无线电系统都开放的频段，因此使用其中的任何一个频段都有可能遇到不可预测的干扰源，如某些家电、无绳电话、汽车房开门器、微波炉等。

1. IEEE 802.11

1997 年 6 月，IEEE 推出了第一代无线局域网标准——IEEE 802.11。该标准定义了物理层和介质访问控制子层（MAC）的协议规范，允许无线局域网及无线设备制造商在一定范围内设立互操作网络设备。任何 LAN、网络操作系统或协议（包括 TCP/IP、Novell NetWare）在遵守 IEEE 802.11 标准的无线 LAN 上运行时，就像它们运行在以太网上一样容易。

2. IEEE 802.11b

为了支持更高的数据传输速率，IEEE 于 1999 年 9 月批准了 IEEE 802.11b 标准。IEEE 802.11b 标准对 IEEE 802.11 标准进行了修改和补充，其中最重要的改进就是在 IEEE 802.11 的基础上增加了两种更高的通信速率：5Mbit/s 和 11Mbit/s。

3. HomeRF

HomeRF 是专门为家庭用户设计的一种 WLAN 技术标准。HomeRF 利用跳频扩频方式，既可以支持语音通信，又能通过载波监听多重访问/冲突避免（CSMA/CA）协议提供数据通信服务。同时，HomeRF 提供了与 TCP/IP 良好的集成，支持广播、多播和 48 位 IP 地址。目前，HomeRF 标准工作在 2.4GHz 的频段上，跳频带宽为 1MHz，最大传输速率为 2Mbit/s，传输范围超过 100m。

4. **蓝牙技术**（Blue tooth）

蓝牙技术是一种用于各种固定与移动的数字化硬件设备之间的低成本、近距离的无线通信连接技术。这种连接是稳定的、无缝的，其程序写在一个 9mm×9mm 的微型芯片上，可以方便地嵌入设备之中。这项技术能够非常广泛地应用于我们的日常生活中。

5. **红外线数据标准协会**（IrDA）

IrDA（Infrared Data Association）成立于 1993 年，是非营利性组织，致力于建立无线传播连接的国际标准，目前在全球拥有 160 个会员，参与的厂商包括计算机、通信硬件、软件及电信公司等。IrDA 提出一种利用红外线进行点对点通信的技术，其相应的软件和硬件技术都已比较成熟。

3.4.2 无线网卡

无线网卡是终端无线网络的设备，是不通过有线连接，采用无线信号进行数据传输的终端。无线网卡根据接口不同，主要有 PCMCIA 无线网卡、PCI 无线网卡、MiniPCI 无线网卡、USB 无线网卡、CF/SD 无线网卡几类产品。

无线网卡的作用、功能跟普通电脑网卡一样，是用来将主机连接到局域网上的。它只是一个信号收发的设备，只有在找到上互联网的出口时才能实现与互联网的连接，所有无线网卡只能局限在已布有无线局域网的范围内。无线网卡就是不通过有线连接，采用无线信号进行连接的网卡。而主流应用的无线网络分为 GPRS 手机无线网络上网和无线局域网两种方式。

1. **无线网卡的设置**

首先正确安装无线网卡的驱动，然后选择控制面板—网络连接—选择无线网络连接，右键选择属性。在无线网卡连接属性中选择配置，选择属性中的 AD Hoc 信道，在值中选择 6，其值应与路由器无线设置频段的值一致，单击“确定”按钮。

一般情况下，无线网卡的频段不需要设置，系统会自动搜索。好的无线网卡即可自动搜索到频段，因此如果你设置好无线路由后，无线网卡无法搜索到无线网络时，一般多是频段设置的问题，请按上面所述设置正确的频段即可。

设置完成后，选择控制面板—网络连接—鼠标双击无线网络连接，在正确情况下，无线网络应正常连接。如果无线网络连接状态中，没有显示连接，单击查看无线网络，然后选择刷新网络列表，在系统检测到可用的无线网络后，单击连接，即可完成无线网络连接。其实无线网络设置与有线网站设置基本差不多，只是比有线网络多了个频段设置，如果只是简单的设置无线网络，以上设置过程即可完成。上述只是介绍了一台便携计算机与无线路由器连接，如是多台机器，与单机设置是一样的。因为在路由器中设置了 DHCP 服务，因此不用指定 IP 地址，即可完成多台机器的网络配置。如果要手动指定每台机器的 IP 地址，只要在网卡 TCP/IP 设置中，指定IP地址即可。但一定要注意，IP地址的设置要与路由器在同一网段中，网关和DNS全部设置成路由器的IP地址即可。

2. 无线网卡分类

从速度来看，无线上网卡主流的速率为54Mbit/s、108Mbit/s、150Mbit/s、300Mbit/s、450Mbit/s，速率性能与环境有很大的关系。

（1）54Mbit/s　其WLAN的传输速率一般在16～30Mbit/s之间，换算成MB也就是每秒传输速度在2～4MB。取其中间值3MB，这样的速度要传输100MB的文件需要35s左右，要传输1GB的文件，则需要4min以上。

（2）108Mbit/s　其WLAN传输速率一般在24～50Mbit/s之间，换算成MB也就是每秒传输速度在3～6MB。取其中间值4.5MB，这样的速度要传输100MB的文件需要25s左右，要传输1GB的文件，则需要2.5min以上。

3.4.3　无线接入点

无线接入点即无线AP（无线局域网收发器），是一个无线网络的接入点，俗称“热点”。主要由路由交换接入一体设备和纯接入点设备，一体设备执行接入和路由工作，纯接入设备只负责无线客户端的接入。纯接入设备通常作为无线网络扩展使用，与其他AP或者主AP连接，以扩大无线网络覆盖范围，而一体设备一般是无线网络的核心。

1. 无线接入点原理

无线AP是使用无线设备（手机等移动设备及便携计算机等无线设备）用户进入有线网络的接入点，主要用于宽带家庭、大楼内部、校园内部、园区内部、仓库及工厂等需要无线监控的地方，典型距离覆盖几十米至上百米，也有可以用于远距离传送的，目前最远的可以达到30km左右，主要技术为IEEE 802.11系列。大多数无线AP还带有接入点客户端模式（AP Client），可以和其他AP进行无线连接，延伸网络的覆盖范围。

一般的无线AP，其作用有两个：

1）作为无线局域网的中心点，供其他装有无线网卡的计算机通过它接入该无线局域网。

2）通过对有线局域网络提供长距离无线连接，或对小型无线局域网络提供长距离有线连接，从而达到延伸网络覆盖范围的目的。

2. 无线接入点技术要点

无线AP用于无线网络的无线Hub，是无线网络的核心，是计算机用户进入有线以太网的骨干接入点。要想有效提高无线网络的整体性能，用好无线AP就成了不可或缺的一个重要环节。如何更好地用好无线AP，享受到共享上网的真正乐趣，需要把握以下几个方面：

（1）安装位置应当较高　由于无线AP在无线网络中扮演着集线器的角色，它其实就是无线网络信号的发射“基站”，因此它的安装位置必须选择好，才能不影响整个无线网络信号的传输稳定。

（2）覆盖范围少量重叠　借助以太网，我们可以将多个无线AP有效地连接起来，从而搭建一个无线漫游网络，这样用户就能随意在整个网络中进行无线漫游了。

（3）控制带宽确保速度　在理论状态下，无线AP的带宽可以达到11Mbit/s或54Mbit/s这样的大小，不过该带宽的大小却是与其他无线工作站所共享的，换句话说，如果无线AP同时与较多的无线工作站进行连接时，那么每一台无线工作站所能分享得到的网络带宽就会逐步变小。

（4）通信信号拒绝穿墙　如果其信号穿越了墙壁或受到了其他干扰的话，它的通信距离将会大大缩短。为了避免通信信号遭受到不必要的削弱，你一定要控制好无线 AP 的摆放位置，让其信号尽量不要穿越墙壁，更不能穿越浇注的钢筋混凝土墙壁。

（5）摆放位置居于中心　由于无线 AP 的信号覆盖范围呈圆形区域，为了确保与之相连的每一台无线工作站都能有效地接收到通信信号，最好将无线 AP 放在所接工作站的中心位置。

3.5　交换型以太网的组建

3.5.1　网络拓扑布局搭建

某企业计划实现数字化办公，首先需要搭建企业内部局域网，实现企业内部网络互联，资源共享；二是实现企业内部的行政、生产、财务、销售部门的网络分离，防止企业内部信息泄露。本次工作任务即是完成企业内部网络的搭建。

根据设计要求，网络互联的拓扑结构如图 3-8 所示。请按图示要求完成相关网络设备的连接、安装与配置。

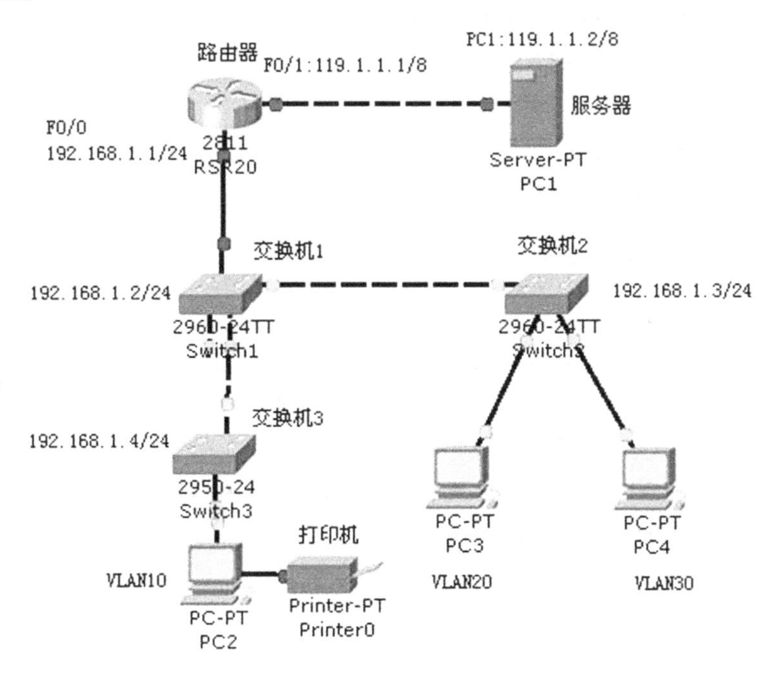

图 3-8　网络互联的拓扑结构图

1）用交叉双绞线的一端连接到 RSR20 的以太网端口 F0/1，另一端连接到计算机 PC1 的网卡上。

2）用直通双绞线的一端连接到 RSR20 的以太网端口 F0/0，另一端连接到 Switch1 的以太网端口 F0/20。

3）用两根交叉双绞线，一端分别连接到 Switch1 的以太网端口 F0/10、F0/11，另一端分别连接到 Switch2 的以太网端口 F0/10、F0/11。

4）用两根交叉双绞线，一端分别连接到 Switch1 的以太网端口 F0/23、F0/24，另一端分别连接到 Switch3 的以太网端口 F0/23、F0/24。

5）用直通双绞线的一端连接到 Switch1 的以太网端口 F0/1，另一端连接到计算机 PC2 的网卡上，PC2 再连接一台打印机。

6）用两根直通双绞线，一端分别连接到 Switch2 的以太网端口 F0/1、F0/6，另一端连接到计算机 PC3、PC4 的网卡上。

3.5.2　交换机的基本配置

网络设备配置：

1）在交换机 Switch3 上创建 VLAN10，端口 F0/1 ~ 5 在 VLAN10 上；在 Switch2 上创建 VLAN20、VLAN30，端口 F0/1 ~ 5 在 VLAN20 上，端口 F0/6 ~ 10 在 VLAN30 上。

2）配置 Switch3 与 Switch1 之间两条交换机间的链路。

3）将 PC2 绑定于交换机 Switch3 的第一个端口上，此交换机的每个端口最多只允许绑定一台 PC，违反规则自动关闭。

4）对所有的交换机配置 VTY，密码统一为“123”，要求能实现远程管理。

3.5.3　虚拟局域网划分技术

1）在交换机 Switch3 上创建 VLAN10，端口 F0/1 ~ 5 在 VLAN10 上。

① 设置交换机的系统名、VLAN。

```
Switch >enable
Switch#configure terminal
Switch(config)#hostname Switch3
Switch3(config)#vlan 10
Switch3(config - vlan)#exit
```

② 向 VLAN 中添加端口。

```
Switch3(config)#interface range fastethernet 0 /1 -5
Switch3(config - if - range)#switch  mode access
Switch3(config - if - range)#switchport access vlan 10
```

③ 在 Swich2 上创建 VLAN20、VLAN30，端口 F0/ 1 ~ 5 在 VLAN20 上，端口 F0/ 6 ~ 10 在 VLAN30 上。设置交换机的系统名、VLAN。

```
Switch >enable
Switch#configure terminal
Switch(config)#hostname Switch2
Switch2(config)#vlan 20
Switch2(config - vlan)#exit
Switch2(config)#vlan 30
Switch2(config - vlan)#exit
```

④ 向 VLAN 中添加端口。

```
Switch2(config)#interface range fastethernet 0 /1 -5
Switch2(config - if - range)#switch  mode access
Switch2(config - if - range)#switchport access vlan 20
Switch2(config - if - range)#exit
Switch2(config)#interface range fastethernet 0 /6 -10
Switch2(config - if - range)#switch  mode access
```

```
Switch2(config-if-range)#switchport access vlan 30
```

2）配置Switch3与Switch1之间两条交换机间的链路。

```
Switch3(config)#interface range fastethernet 0/23-24
Switch3(config-if-range)#switch  mode trunk
Switch1(config)#interface range fastethernet 0/23-24
Switch1(config-if-range)#switch  mode trunk
```

3.5.4 端口-MAC地址表的绑定

1）将PC2绑定于交换机Swich3的第一个端口上，此交换机的每个端口最多只允许绑定一台PC，违反规则自动关闭。

```
Switch3(config)#interface  fastethernet 0/1-22
(进入交换机连接计算机的所有端口)
Switch3(config-if)#switch  mode  access
(将交换机的端口设置为访问模式,即用来接入计算机)
Switch3(config-if)#switchport  port-security  (打开交换机的端口安全功能)
Switch3(config-if)#switchport  port-security  maximum 1
(只允许该端口下的MAC条目最大数量为1,即只允许接入一个设备)
Switch3(config-if)# switchport  port-security  violation  shutdown
(违反规则就自动关闭端口)
```

2）对所有的交换机配置VTY，密码统一为“123”，要求能实现远程管理。（Switch1、Switch2、Switch3的配置基本相同，但要注意IP地址不能冲突，这里只介绍Swich1的配置。）

```
Switch1(config)#interface  vlan 1  (进入交换机的管理VLAN)
Switch1(config-if)#ip address 192.168.1.2  255.255.255.0
(为交换机配置IP地址和子网掩码)
Switch(config-if)#no  shutdown(激活该VLAN)
Switch1(config-if)#exit(从当前模式退到全局配置模式)
Switch1(config)#line  vty 0 4  (进入Telnet模式)
Switch1(config-line)#password 123  (设置Telnet登录密码为"123")
Switch1(config-line)#login  (登录时使用此验证方式)
Switch1#copy  running-config startup-config
(将正在运行的配置文件保存到系统的启动配置文件)
Destination filename [startup-config]?  (系统默认的文件名"startup-config")
Building configuration...
[OK](系统显示保存成功)
```

本章小结

本章学习了交换机工作的基本原理，无线局域网却是使用无线通信技术将计算机设备互联，构成可以互相通信和资源共享的局域网络。了解到WLAN具有构建灵活、接入方便、支持多种终端接入、终端移动灵活等特点。以太网是交换机则是基于以太网传输数据的交换机，以太网是采用共享总线型传输媒体方式的局域网。

本章习题

一、选择题

1. 用户交换机（PBX）具有自动交换功能时称为（　　）。

A. PABX　　B. DID　　C. PSDN　　D. CS

2. 面向连接网络建立的连接有（　　）。

A. 实连接和虚连接　　B. 实连接

C. 虚连接　　D. 有线连接

3. 下列属于信息传送方式的是（　　）。

A. 实连接和虚连接　　B. 复用、传输和交换

C. 终端、传输和交换

4. 如采用中继器来扩展网络，则以太网最多可用（　　）个中继器。

A. 3　　B. 4　　C. 5　　D. 6

5. 在以太网的帧结构中，前导码的作用主要是（　　）。

A. 建立同步　　B. 信息数据　　C. 保证传输　　D. 应答信息

6. FastIP 的主要技术基础是采用（　　）。

A. NHRP　　B. RARP　　C. HROP　　D. ICMP

7. PKI 的全称是（　　）。

A. Private Key Intrusion　　B. Public Key Intrusion

C. Private Key Infrastructure　　D. Public Key Infrastructure

8. 下面哪个是为局域网（WWW）上计算机之间传送加密信息而设计的标准通信协议（　　）。

A. SSL　　B. HTTPS　　C. HTTP　　D. TSL

9. PPTP 是建立在哪两种已经建立的通信协议基础上的（　　）。

A. PPP&UDP　　B. PPP&TCP/IP　　C. LDAP&PPP　　D. TCP/IP&UDP

10. 在两座大楼之间设无线网桥，应该使用（　　）天线。

A. 室内　　B. 室外　　C. 全向　　D. 定向

11. 无线局域网技术中，按传输速率比较，最快的是（　　）。

A. RFIP　　B. Blue tooth　　C. Zigbee　　D. UWB

12. 下列（　　）命令的作用是显示所有主机的端口号。

A. Netstat - r　　B. Netstat - a　　C. Netstat - s　　D. Netstat - n

13. 以太网交换机是按照（　　）进行转发的。

A. MAC 地址　　B. IP 地址　　C. 协议类型　　D. 端口号

14. 交换机如何知道将帧转发到哪个端口（　　）。

A. 用 MAC 地址表　　B. 用 ARP 地址表　　C. 读取源 ARP 地址　　D. 读取源 MAC 地址

15. 当交换机检测到一个数据包携带的目的地址与源地址属于同一个端口时，交换机会怎样处理（　　）。

A. 把数据转发到网络上的其他端口　　B. 不再把数据转发到其他端口

C. 在两个端口间传送数据　　D. 在工作在不同协议的网络间传送数据

二、简答题

1. 数字程控交换机的主要优点有哪些？
2. 信息系统包括哪些内容？
3. 在网络通信中，端口的基本用途是什么？
4. 比较 IEEE 802.11 系列标准，写出各标准所占频段、最高速率、调制技术。
5. A 型机以 PSM 接入 B 型机系统后，其自身模块需要更换哪些板子和 PP 程序？

第4章　路由技术

4.1　路由器技术基础

4.1.1　路由器简介

路由器（Router）又称网关设备（Gateway），是用于连接多个逻辑上分开的网络。所谓逻辑网络是代表一个单独的网络或者一个子网。当数据从一个子网传输到另一个子网时，可通过路由器的路由功能来完成。因此，路由器具有判断网络地址和选择IP路径的功能，它能在多网络互联环境中，建立灵活的连接；可用完全不同的数据分组和介质访问方法连接各种子网。路由器只接受源站或其他路由器的信息，属网络层的一种互联设备。

路由器是一种具有多个输入端口和多个输出端口的专用计算机，其任务是转发分组。也就是说，路由器将某个端口收到的分组，按照其目的网络，将该分组从某个合适的输出端口转发给下一个路由器（也称为下一跳）。下一个路由器按照同样方法处理，直到该分组到达目的网络为止。路由器的转发分组正是网络层的主要工作。

路由器结构分为两大部分：路由选择部分和分组转发部分。路由选择部分也叫控制部分，其核心部件是路由选择处理机。路由选择处理机的任务是根据所选定的路由选择协议构造出路由表，同时经常或定期地和相邻路由器交换信息而不断地更新和维护路由表。

4.1.2　路由选择

在确定最佳路径的过程中，路由选择算法需要初始化和维护路由表（ Routing Table ）。路由表中包含的路由选择信息根据路由选择算法的不同而不同。一般在路由表中包括这样一些信息：目的网络地址、相关网络节点、对某条路径满意程度及预期路径信息等。

路由器之间传输多种信息来维护路由表，修正路由消息就是最常见的一种。修正路由消息通常是由全部或部分路由表组成，路由器通过分析来自所有其他路由器的最新消息构造一个完整的网络拓扑结构详图。链路状态广播便是一种路由修正信息。

路由选择是指选择通过互联网络从源节点向目的节点传输信息的通道，而且信息至少通过一个中间节点。路由选择工作在OSI参考模型的网络层。路由选择包括两个基本操作：最佳路径的判定和网间信息包的传送（交换）。两者之间，路径的判定相对复杂。

4.1.3　路由器的基本配置

1. 通过Console口登录路由器

一般情况下配置路由器的基本思路如下。

第一步：在配置路由器之前，需要将组网需求具体化、详细化，包括组网目的，路由器在网络互联中的角色、子网的划分、广域网类型和传输介质的选择、网络的安全策略和网络可靠性需求等。

第二步：根据以上要素绘出一个清晰完整的组网图。

第三步：配置路由器的广域网接口。首先根据选择的广域网传输介质，配置接口的物理工作参数（如串口的同/异步、波特率和同步时钟等），对于拨号口，还需要配置 DCC 参数；然后根据选择的广域网类型，配置接口封装的链路层协议及相应的工作参数。

第四步：根据子网的划分，配置路由器各接口的 IP 地址或 IPX 网络号。

第五步：配置路由，如果需要启动动态路由协议，还需配置相关动态路由协议的工作参数。

第六步：如果有特殊的安全需求，则需进行路由器的安全性配置。

第七步：如果有特殊的可靠性需求，则需进行路由器的可靠性配置。

（1）连接路由器到配置终端　通过 Console 口搭建本地配置环境，如图 4-1 所示。只需将配置口电缆的 RJ-45 一端与路由器的配置口相连，DB25 或 DB9 一端与计算机的串口相连即可。

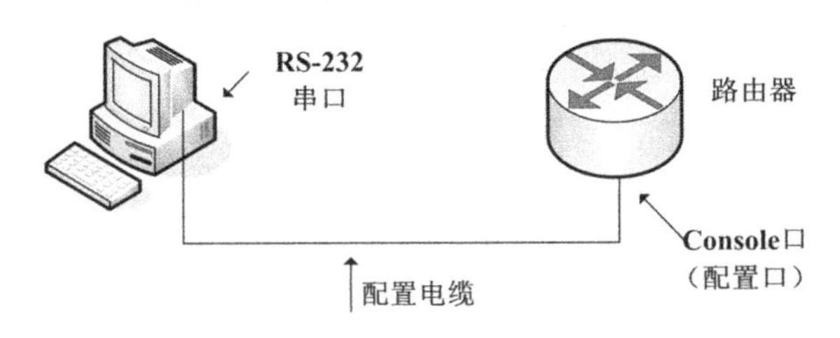

图 4-1　通过 Console 口进行本地配置

（2）设置配置终端的参数　基本步骤如下。

第一步：打开配置终端，建立新的连接。如果使用计算机进行配置，则需要在计算机上运行终端仿真程序（如 Windows3.1 的 Terminal、WindowsXP/Windows 2000/Windows NT 的超级终端），建立新的连接。

第二步：设置终端参数。WindowsXP 超级终端参数设置方法如下：

1）选择连接端口。在“连接时使用”一栏选择连接的串口（注意选择的串口应该与配置电缆实际连接的串口一致）。

2）设置串口参数。在串口的“属性”对话框中设置波特率为“9600”，数据位为“8”，奇偶校验为“无”，停止位为“1”，流量控制为“无”，单击“确定”按钮，返回超级终端窗口。

3）配置超级终端属性。在超级终端中选择“属性/设置”一项，进入“属性”设置窗口。选择终端仿真类型为“VT100”或“自动检测”，单击“确定”按钮，返回超级终端窗口。

（3）路由器上电前检查　路由器上电之前应进行检查：① 电源线和地线连接是否正确；② 供电电压与路由器的要求是否一致；③ 配置电缆连接是否正确，配置用计算机或终端是否已经打开，并设置完毕。

1）⚠警告。上电之前，要确认设备供电电源开关的位置，以便在发生事故时，能够及时切断供电电源。

2）路由器上电：① 打开路由器供电电源开关；② 打开路由器电源开关（将路由器电源开关置于 ON 位置）。

3）路由器上电后，要进行检查：① 路由器前面板上的指示灯显示是否正常；② 上电后自检过程中的点灯顺序是：首先 SLOT1-3 点亮，然后若 SLOT2、3 点亮表示内存检测通过；若 SLOT1、2 点亮表示内存检测不通过。

4）配置终端显示是否正常。对于本地配置，路由器上电后可在配置终端上直接看到启动界面。启动（即自检）结束后将提示用户键入“回车”。当出现命令行提示符“Router >”时即可进行配置了。

（4）启动过程　路由器上电开机后，将首先运行 Boot ROM 程序，终端屏幕上显示以下系统信息，如图 4-2 所示。

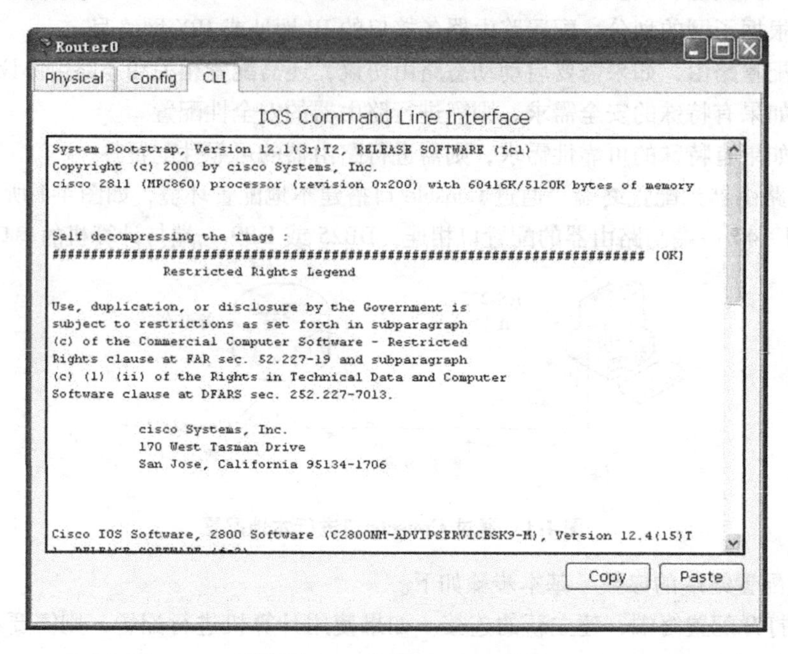

图 4-2　路由器登录界面

📖说明：

对于不同版本的 Boot ROM 程序，终端上显示的界面可能会略有差别。

cisco 2811 (MPC860) processor (revision 0x200) with 60416K/5120K bytes of memory(内存的大小)

Processor board ID JAD05190MTZ (4292891495)

M860 processor: part number 0, mask 49

2 FastEthernet/IEEE 802.3 interface(s)(两个以太网接口)

2 Low-speed serial(sync/async) network interface(s)(两个低速串行接口)

239K bytes of non-volatile configuration memory.(NVRAM 的大小)

62720K bytes of ATA CompactFlash (Read/Write)(FLASH 卡的大小)

Cisco IOS Software, 2800 Software (C2800NM-ADVIPSERVICESK9-M), Version 12.4(15)T1, RELEASE SOFTWARE (fc2)

Technical Support: http://www.cisco.com/techsupport

Copyright (c) 1986-2007 by Cisco Systems, Inc.

Compiled Wed 18-Jul-07 06:21 by pt_rel_team

---System Configuration Dialog---

Continue with configuration dialog? [yes/no]:

(提示是否进入配置对话模式，以“no”结束该模式)

📖说明：

如果超级终端无法连接到路由器，请按照以下顺序进行检查。

① 检查计算机和路由器之间的连接是否松动，并确保路由器已经开机。

② 确保计算机选择了正确的 COM 口及默认登录参数。

③ 如果还是无法排除故障，而路由器并不是出厂设置，可能是路由器的登录速率不是 9600bit/s，应逐一进行检查。

④ 使用计算机的另一个 COM 口和路由器的 Console 口连接，确保连接正常，输入默认参数进行登录。

2. **通过 Telnet 登录路由器**

如果路由器不是第一次上电，而且用户已经正确配置了路由器各接口的 IP 地址，并配置了正确的登录验证方式和呼入呼出受限规则，在配置终端与路由器之间有可达路由前提下，可以用 Telnet 通过局域网或广域网登录到路由器，然后对路由器进行配置。

第一步：建立本地配置环境。只需将计算机以太网口通过局域网与路由器的以太网口连接，如图 4-3 所示。

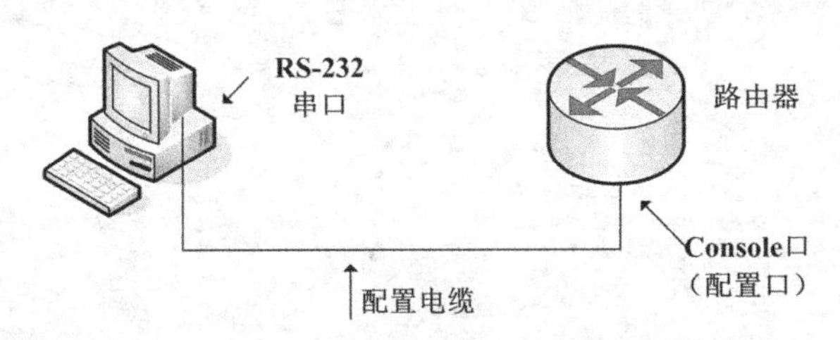

图 4-3 通过局域网搭建本地配置环境

第二步：配置路由器以太网接口 IP 地址。

```
Router>enable  （由用户模式转换为特权模式）
Router#configure terminal  （由特权模式转换为全局配置模式）
Router(config)#interface fastEthernet 0/0  （进入以太网接口模式）
Router(config-if)#ip address 192.168.1.1 255.255.255.0
（为此接口配置 IP 地址，此地址为计算机的默认网关）
Router(config-if)#no shutdown
（激活该接口，默认为关闭状态，与交换机有很大区别）
%LINK-5-CHANGED: Interface FastEthernet0/0, changed state to up
%LINEPROTO-5-UPDOWN: Line protocol on Interface FastEthernet0/0, changed
state to up（系统信息显示此接口已激活）
```

第三步：配置路由器密码。

```
Router(config)#line vty 0 4
（进入路由器的 vty 虚拟终端下，"vty0 4"表示 vty0 到 vty4，共 5 个虚拟终端）
Router(config-line)#password 123  （设置 Telnet 登录密码为"123"）
Router(config-line)#login  （登录时进行密码验证）
Router(config-line)#exit  （由线路模式转换为全局配置模式）
Router(config)#enable password 123  （设置进入路由器特权模式的密码）
Router(config)#exit  （由全局配置模式转换为特权模式）
Router#copy running-config startup-config
（将正在运行的配置文件保存到系统的启动配置文件）
Destination filename [startup-config]?  （默认文件名为 startup-config）
Building configuration...
```

[OK]　（系统提示保存成功）

第四步：在计算机上运行 Telnet 程序，访问路由器。

配置计算机的 IP 地址为 192. 168. 1. 5（只要在 192. 168. 1. 2 ~ 192. 168. 1. 254 的范围内，不冲突就可以），子网掩码为 255. 255. 255. 0，默认网关为 192. 168. 1. 1。首先要测试计算机与路由器的连通性，确保 ping 通，再进行 Telnet 远程登录，如图 4-4 所示。

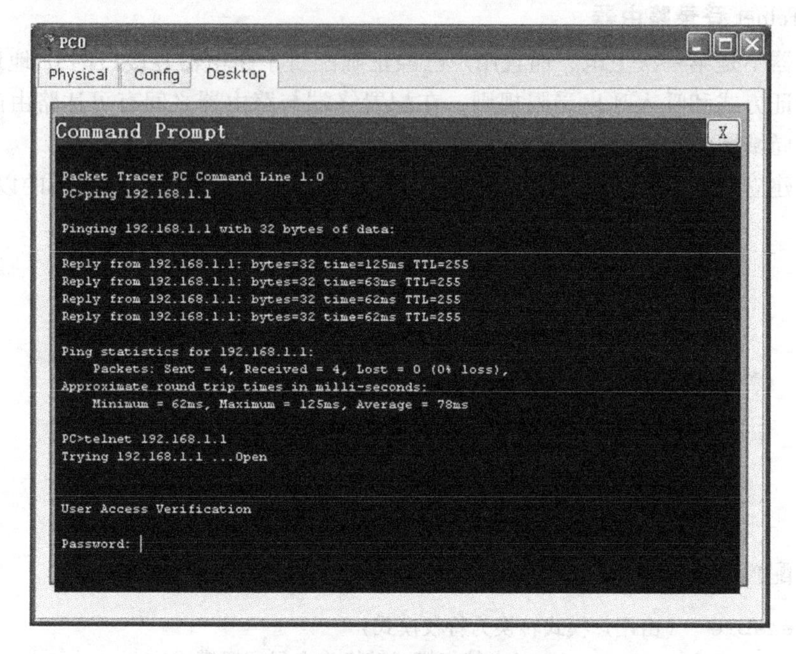

图 4-4　与路由器建立 Telnet 连接

通过 Telnet 配置路由器时，请不要轻易改变路由器的 IP 地址（由于修改可能会导致 Telnet 连接断开）。如有必要修改，需输入路由器的新 IP 地址，重新建立连接。

4.2　静态路由

4.2.1　静态路由简介

路由器根据路由转发数据包，路由可通过手动配置和使用动态路由算法计算产生，其中，手动配置产生的路由就是静态路由。静态路由比动态路由使用更少的带宽，并且不占用 CPU 资源来计算和分析路由更新。但是当网络发生故障或者拓扑发生变化后，静态路由不会自动更新，必须手动重新配置。

静态路由有五个主要的参数：目的地址、掩码、出接口、下一跳和优先级。

1. 目的地址和掩码

IPv4 的目的地址为点分十进制格式，掩码可以用点分十进制表示，也可用掩码长度（即掩码中连续“1”的位数）表示。当目的地址和掩码都为 0 时，表示静态默认路由。

2. 出接口和下一跳地址

在配置静态路由时，根据不同的出接口类型，指定出接口和下一跳地址。

3. 指定出接口

对于点到点类型的接口指定发送接口，即隐含指定了下一跳地址，这时认为与该接口相连的对端接口地址就是路由的下一跳地址。如 10GE 封装 PPP（Point - to - Point Protocol），通过 PPP 协商获取对端的 IP 地址，这时可以不指定下一跳地址。

4. 配置下一跳

对于 NBMA（Non Broadcast Multiple Access）类型的接口（如 ATM 接口），除了配置 IP 路由外，还需在链路层建立 IP 地址到链路层地址的映射。

5. 指定通过该接口发送时对应的下一跳地址

对于广播类型的接口（如以太网接口）和 VT（Virtual - template）接口，必须指定通过该接口发送时对应的下一跳地址。因为以太网接口是广播类型的接口，而 VT 接口下可以关联多个虚拟访问接口（Virtual Access Interface），这都会导致出现多个下一跳，无法唯一确定下一跳。

6. 静态路由优先级

对于不同的静态路由，可以为它们配置不同的优先级，优先级数字越小优先级越高。配置到达相同目的地的多条静态路由，如果指定相同优先级，则可实现负载分担；如果指定不同优先级，则可实现路由备份。

4.2.2　策略路由管理

策略路由，是一种比基于目标网络进行路由更加灵活的数据包路由转发机制。路由器将通过路由表决定如何对需要路由的数据包进行处理，路由表决定了一个数据包的下一跳转发路由器。

应用策略路由，必须要指定策略路由使用的路由表，并且要创建路由表。一个路由表由很多条策略组成，每个策略都定义了一个或多个的匹配规则和对应操作。一个接口应用策略路由后，将对该接口接收到的所有包进行检查，不符合路由表任何策略的数据包将按照通常的路由转发进行处理，符合路由表中某个策略的数据包就按照该策略中定义的操作进行处理。

策略路由可以使数据包按照用户指定的策略进行转发。对于某些管理目的，如 QoS 需求或 VPN 拓扑结构，要求某些路由必须经过特定的路径，就可以使用策略路由。例如，一个策略可以指定从某个网络发出的数据包只能转发到某个特定的接口。

4.2.3　路由表的形成与数据包的转发

路由器转发分组的关键是路由表。每个路由器中都保存着一张路由表，表中每条路由项都指明分组到某子网或某主机应通过路由器的哪个物理端口发送，然后就可到达该路径的下一个路由器，或者不再经过别的路由器而传送到直接相连的网络中的目的主机。

1. 路由表中的关键项

(1) 目的地址　用来标识 IP 包的目的地址或目的网络。

(2) 网络掩码　与目的地址一起来标识目的主机或路由器所在的网段的地址。将目的地址和网络掩码“逻辑与”后可得到目的主机或路由器所在网段的地址。例如：目的地址为 129.102.8.10，掩码为 255.255.0.0 的主机或路由器所在网段的地址为 129.102.0.0。掩码由若干个连续“1”构成，既可以点分十进制表示，也可以用掩码中连续“1”的个数来表示。

(3) 输出接口　说明 IP 包将从该路由器哪个接口转发。

(4) 下一跳 IP 地址　说明 IP 包所经由的下一个路由器。

(5) 本条路由加入 IP 路由表的优先级　针对同一目的地，可能存在不同下一跳的若干条路由，这些不同的路由可能是由不同的路由协议发现的，也可以是手工配置的静态路由。优先级高（数值小）将成为当前的最优路由。

（6）路由的划分

1）根据路由的目的地不同，可以划分为：

① 子网路由。目的地为子网。

② 主机路由。目的地为主机。

2）另外，根据目的地与该路由器是否直接相连，又可分为：

① 直接路由。目的地所在网络与路由器直接相连。

② 间接路由。目的地所在网络与路由器不是直接相连。

为了不使路由表过于庞大，可以设置一条默认路由。凡遇到查找路由表失败后的数据包，就选择默认路由转发。

2. 静态路由的其他属性

（1）可达路由　正常的路由都属于这种情况，即 IP 报文按照目的地标示的路由被送往下一跳，这是静态路由的一般用法。

（2）目的地不可达的路由　当到某一目的地的静态路由具有“reject”属性时，任何去往该目的地的 IP 报文都将被丢弃，并且通知源主机目的地不可达。

（3）目的地为黑洞的路由　当到某一目的地的静态路由具有“blackhole”属性时，任何去往该目的地的 IP 报文都将被丢弃，并且不通知源主机。

4.2.4　静态路由配置实例

1. 拓扑结构

静态路由配置的拓扑结构，如图 4-5 所示。三台路由器分别命名为 R1、R2 和 R3，所使用的接口和相应的 IP 地址分配如图 4-5 中的标注。图中的“/24”表示子网掩码为 24 位，即 255.255.255.0。实验中，应使用静态路由的设置，实现 R2 到 R3 在 IP 层的连通性，即要求从 R2 可以 ping 通 R3，反之亦然。

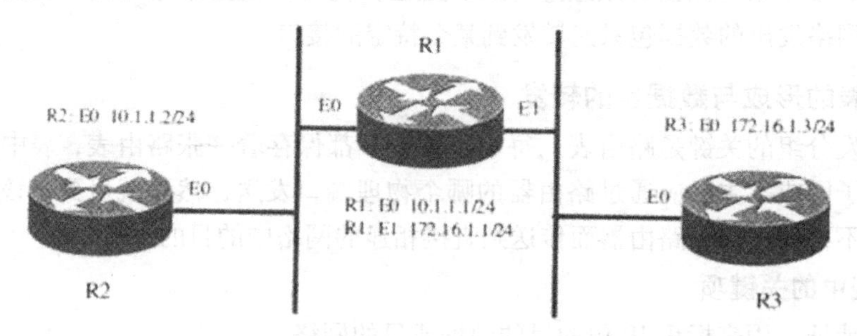

图 4-5　静态路由配置的拓扑结构

2. 工具/原料

三台 Cisco 808 路由器，具有两个以太网接口。

两台 Hub，四条双绞线（也可以用两条交叉网线直接把三台路由器连接起来）。

一台带有超级终端程序的 PC、Console 电缆及转接器。

3. 步骤/方法

根据拓扑结构图的要求，正确配置各路由器的以太网接口。

路由器 R1 的接口配置如下：

```
R1 >enable
R1#config terminal
R1(config)#interface ethernet 0/0
R1(config-if)#ip address 10.1.1.1 255.255.255.0
R1(config-if)#no shutdown
R1(config-if)#exit
R1(config)#interface ethernet 0/1
R1(config-if)#ip address 172.16.1.1 255.255.255.0
R1(config-if)#no shutdown
R1(config-if)#end
```

路由器 R2 的接口配置如下：

```
R2 >enable
R2#config terminal
R2(config)#interface ethernet 0/0
R2(config-if)#ip address 10.1.1.2 255.255.255.0
R2(config-if)#no shutdown
R2(config-if)#end
```

路由器 R3 的接口配置如下：

```
R3 >enable
R3#config terminal
R3(config)#interface ethernet 0/0
R3(config-if)#ip address 172.16.1.3 255.255.255.0
R3(config-if)#no shutdown
R3(config-if)#end
```

检查路由表：

```
    R1#show ip route
Gateway of last resort is not setrout
C 10.1.1.0/24 is directly connected, 10.1.1.1
C 172.16.1.0/24 is directly connected, 172.16.1.1
    R2#show ip route
Gateway of last resort is not set
C 10.1.1.0/24 is directly connected, 10.1.1.2
    R3#show ip route
Gateway of last resort is not set
C 172.16.1.0/24 is directly connected, 172.16.1.3
```

加入静态路由并测试连通性：

```
    R2#config terminal
    R2(config)#ip route 172.16.1.0 255.255.255.0 10.1.1.1
    R2(config)#end
    R2#show ip route

C10.1.1.0/24 is directly connected, 10.1.1.2
```

```
S   172.16.1.0/24 [1/0] via 10.1.1.1
    R2#ping 172.16.1.1
    Type escape sequence to abort.
Sending 5, 100-byte ICMP Echos to 172.16.1.1, timeout is 2 seconds:
!!!!!
Success rate is 100 percent (5/5), round-trip min/avg/max = 1/2/4 ms
    R2#ping 172.16.1.3
    Type escape sequence to abort.
Sending 5, 100-byte ICMP Echos to 172.16.1.3, timeout is 2 seconds:
!!!!!
Success rate is 0 percent (0/5)
    R3#config terminal
    R3(config)#ip route 10.1.1.0 255.255.255.0 172.16.1.1
    R3(config)#end
    R3#show ip route

C172.16.1.0/24 is directly connected, 172.16.1.3
S   10.1.1.0/24 [1/0] via 172.16.1.1
    R3#ping 10.1.1.1
    Type escape sequence to abort.
Sending 5, 100-byte ICMP Echos to 10.1.1.1, timeout is 2 seconds:
!!!!!
Success rate is 100 percent (5/5), round-trip min/avg/max = 1/2/4 ms
    R3#ping 10.1.1.2
    Type escape sequence to abort.
Sending 5, 100-byte ICMP Echos to 10.1.1.2, timeout is 2 seconds:
!!!!!
Success rate is 100 percent (5/5), round-trip min/avg/max = 1/2/4 ms
    R1#show ip route
    C 10.1.1.0/24 is directly connected, 10.1.1.1
C 172.16.1.0/24 is directly connected, 172.16.1.1
```

4.3 动态路由

4.3.1 动态路由简介

动态路由是与静态路由相对的一个概念，指路由器能够根据路由器之间交换的特定路由信息自动地建立自己的路由表，并且能够根据链路和节点的变化适时地进行自动调整。当网络中节点或节点间的链路发生故障，或存在其他可用路由时，动态路由可以自行选择最佳的可用路由并继续转发报文。动态路由机制的运作依赖路由器的两个基本功能：路由器之间适时地交换路由信息和对路由表的维护。

1. 路由器之间适时地交换路由信息

动态路由之所以能根据网络的情况自动计算路由、选择转发路径，是由于当网络发生变化时，路由器之间彼此交换的路由信息会告知对方网络的这种变化，通过信息扩散使所有路由器都能得知网络变化。

2. **路由表的维护**

在网络发生变化时，收集到最新的路由信息后，路由算法重新计算，从而可以得到最新的路由表。需要说明的是，路由器之间的路由信息交换在不同的路由协议中的过程和原则是不同的。交换路由信息的最终目的在于通过路由表找到一条转发 IP 报文的“最佳”路径。每一种路由算法都有其衡量“最佳”的一套原则，大多是在综合多个特性的基础上进行计算，这些特性有：路径所包含的路由器节点数（Hop Count）、网络传输费用（Cost）、带宽（Bandwidth）、延迟（Delay）、负载（Load）、可靠性（Reliability）和最大传输单元 MTU（Maximum Transmission Unit）。

常见的动态路由协议有：RIP、OSPF、IS - IS、BGP、IGRP/EIGRP。每种路由协议的工作方式、选路原则等都有所不同。

1）RIP（路由信息协议）是内部网关协议 IGP 中最先得到广泛使用的协议，是一种分布式的基于距离向量的路由选择协议，是互联网的标准协议，其最大优点就是实现简单，开销较小。

2）OSPF（Open Shortest Path First，开放式最短路径优先）协议是一个内部网关协议（Interior Gateway Protocol，IGP），用于在单一自治系统（Autonomous System，AS）内决策路由。

3）IS - IS（Intermediate System - to - Intermediate System，中间系统到中间系统）路由协议最初是 ISO（the International Organization for Standardization，国际标准化组织）为 CLNP（Connection Less Network Protocol，无连接网络协议）设计的一种动态路由协议。

4）BGP（边界网关协议）是运行于 TCP 上的一种自治系统的路由协议。BGP 是唯一一个用来处理像互联网大小的网络的协议，也是唯一能够妥善处理好不相关路由域间的多路连接的协议。

4.3.2　RIP 与距离—矢量算法

RIP 是一种较为简单的内部网关协议，主要用于规模较小的网络中。由于 RIP 的实现较为简单，协议本身的开销对网络的性能影响比较小，并且在配置和维护管理方面也比 OSPF 或 IS - IS 容易，因此在实际组网中仍有广泛的应用。

1. **距离—矢量路由选择算法**

距离—矢量路由选择算法，也称为 Bellman—Ford 算法。其基本思想是路由器周期性地向其相邻路由器广播自己知道的路由信息，用于通知相邻路由器自己可以到达的网络及到达该网络的距离（通常用“跳数”表示），相邻路由器可以根据收到的路由信息修改和刷新自己的路由表。距离—矢量路由选择算法基本思想如图 4-6 所示。

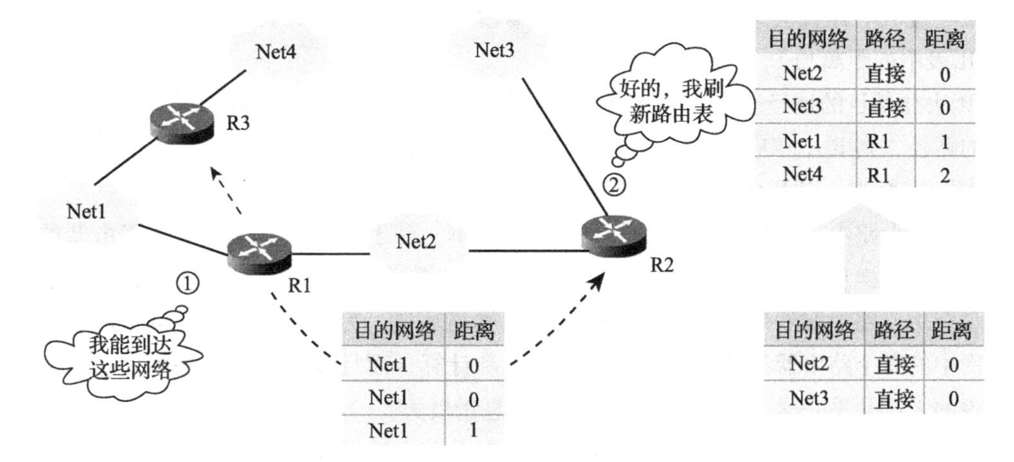

图 4-6　距离—矢量路由选择算法基本思想

路由器 R1 向相邻的路由器（如 R2）广播自己的路由信息，通知 R2 自己可以到达 Net1、Net2 和 Net4。由于 R1 送来的路由信息包含了两条 R2 不知的路由（到达 Net1 和 Net4 的路由），于是 R2 将 Net1 和 Net4 加入自己的路由表，并将下一站指定 R1。也就是说，如果 R2 收到目的网络为 Net1 和 Net4 的 IP 数据包，它将转发给路由器 R1，由 R1 进行再次投递。由于 R1 到达网络 Net1 和 Net4 的距离分别为 0 和 1，因此，R2 通过 R1 到达这两个网络的距离分别是 1 和 2。

下面，对距离—矢量路由选择算法进行具体描述。首先，路由器启动时对路由表进行初始化，该初始路由表包含所有去往与本路由器直接相连的网络路径。因为去往直接相连的网络不经过之间路由器，所以初始化的路由表中各路径的距离均为 0。图 4-7a 显示了路由器 R1 附近的互联网拓扑结构，图 4-7b 给出了路由器 R1 的初始路由表。

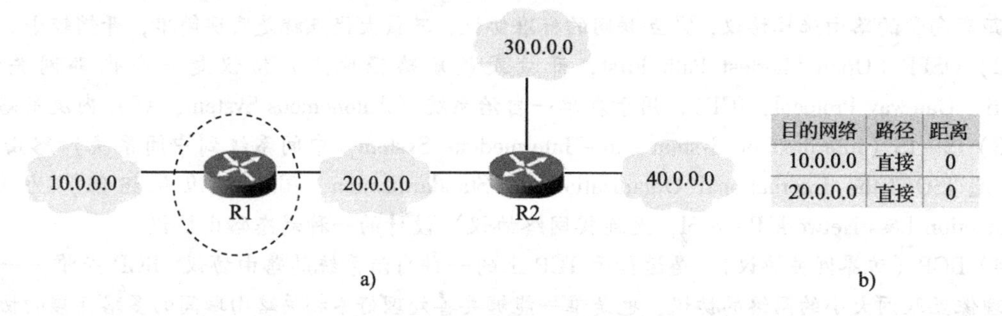

目的网络	路径	距离
10.0.0.0	直接	0
20.0.0.0	直接	0

图 4-7　路由器启动是初始化路由表

a）路由器 R1 附近的互联网拓扑结构　b）路由器 R1 的初始路由表

然后，各路由器周期性地向其相邻路由器广播自己的路由表信息。与该路由器直接相连（位于同一物理网络）的路由器收到该路由表报文后，据此对本地路由表进行刷新。刷新时，路由器逐项检查来自相邻路由器的路由信息报文，遇到下列项目，需修改本地路由表（假设路由器 R_i 收到的路由信息报文）。

1）R_j 列出的某项目 R_i 路由表中没有。则 R_i 路由表中增加相应项目，其“目的网络”是 R_j 表中的“目的网络”，其“距离”为 R_j 表中的距离加 1，而“路径”则为 R_j。

2）R_j 去往某目的地的距离比 R_i 去往该目的地的距离减 1 还小。这种情况说明 R_i 去往某目的网络如果经过 R_j，距离会更短。于是，R_i 需要修改本表中的内容，其“目的网络”不变，“距离”为 R_j 表中的距离加 1，“路径”为 R_j。

3）R_i 去往某目的地经过 R_j，而 R_j 去往该目的地的路径发生变化。则如果 R_j 不再包含去往某目的地的路径，则 R_i 中相应路径需删除；如果 R_j 去往某目的地的距离发生变化，则 R_i 表中相应的“距离”需修改，以 R_j 中的“距离”加 1 取代之。

距离—矢量路由选择算法的最大优点是算法简单、易于实现。但是，由于路由器的路径变化需要像波浪一样从相邻路由器传播出去，过程非常缓慢，有可能造成慢收敛等问题，因此，它不适合应用于路由剧烈变化的或大型的互联网网络环境。另外，距离—矢量路由选择算法要求互联网中的每个路由器都参与路由信息的交换和计算，而且需要交换的路由信息报文和自己的路由表的大小几乎一样，因此，需要交换的信息量极大。

表 4-1 假设 R_i 和 R_j 为相邻路由器，对距离—矢量路由选择算法给出了直观说明。

表 4-1　按照距离—矢量路由选择算法更新路由表

R_i原路由表			R_j广播的路由信息		R_i刷新后的路由表		
目的网络	路径	距离	目的网络	距离	目的网络	路径	距离
10.0.0.0	直接	0			10.0.0.0	直接	0
30.0.0.0	R_n	7	10.0.0.0	4	30.0.0.0	R_j	5
40.0.0.0	R_j	3	30.0.0.0	4	40.0.0.0	R_j	3
45.0.0.0	R_l	4	40.0.0.0	2	41.0.0.0	R_j	4
180.0.0.0	R_j	5	41.0.0.0	3	45.0.0.0	R_l	4
190.0.0.0	R_m	10	180.0.0.0	5	180.0.0.0	R_j	6
199.0.0.0	R_j	6			190.0.0.0	R_m	10

2. RIP

距离—矢量路由选择算法在局域网上直接实现，它规定了路由器之间交换路由信息的时间、交换信息的格式、错误的处理等内容。

在通常情况下，RIP 规定路由器每 30s 与其相邻的路由器交换一次路由信息，该信息来源于本地的路由表，其中，路由器到达目的网络的距离以“跳数（Hop Count）”计算，称为路由权（Routing Cost）。在 RIP 中，路由器到与它直接相连网络的跳数为 0，通过一个路由器可达的网络的跳数为 1，其余依此类推。

RIP 除严格遵守距离—矢量路由选择算法进行路由广播与刷新外，在具体实现过程中还做了某些改进，主要包括：

1）对相同开销路由的处理。在具体应用中，可能会出现有若干条距离相同的路径可以到达同一网络的情况。对于这种情况，通常按照先入为主的原则解决，如图 4-8 所示。

2）由于路由器 R1 和 R2 都与 Net1 直接相连，所以它们都向相邻路由器 R3 发送到达 Net1 距离为 0 的路由信息。R3 按照先入为主的原则是，先收到哪个路由器的路由信息报文，就将去往 Net1 的路径定为哪个路由器，直到该路径失效或被新的更短的路径代替。

3）对过时路由的处理。根据距离—矢量路由选择算法，路由表中的一条路径被刷新是因为出现了一条开销更小的路径，否则该路径会在路由表中保持下去。按照这种思想，一旦某条路径发生故障，过时的路由表项会在互联网中长期存在下去。如图 6-29 所示，假如 R3 到达 Net1 经过 R1，如果 R1 发生故障后不能向 R3 发送路由刷新报文，那么，R3 关于到达 Net1 需要经过 R1 的路由信息将永远保持下去，尽管这是一条坏路由。

4）为了解决这个问题，RIP 规定，参与 RIP 选路的所有机器都要为其路由表的每个表目增加一个定时器，在收到相邻路由器发送的路由刷新报文中如果包含此路径的表目，则将定时器清零，重新开始记时。如果在规定时间内一直没有收到关于该路径的刷新信息，定时器时间一到，说明该路径已经失效，需要将它从路由表中删除。RIP 规定路径的超时时间为 180s，相当于 6 个刷新周期。

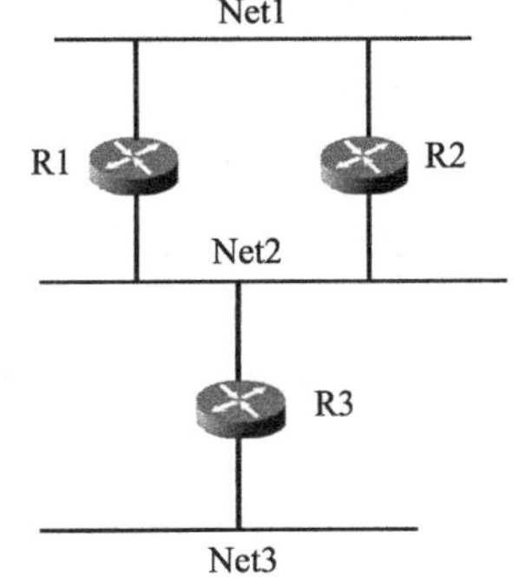

图 4-8　相同开销路由的处理

3. 慢收敛问题及对策

慢收敛问题是 RIP 的一个严重缺陷。那么，慢收敛问题是怎样产生的呢？

图 4-9 所示是一个正常的互联网拓扑结构，从 R1 可直接到达 Net1，从 R2 经 R1（距离为 1）也可到达 Net1。指出情况下，R2 收到 R1 广播的刷新报文后，会建立一条距离为 1、经 R1 到达 Net1 的路由。

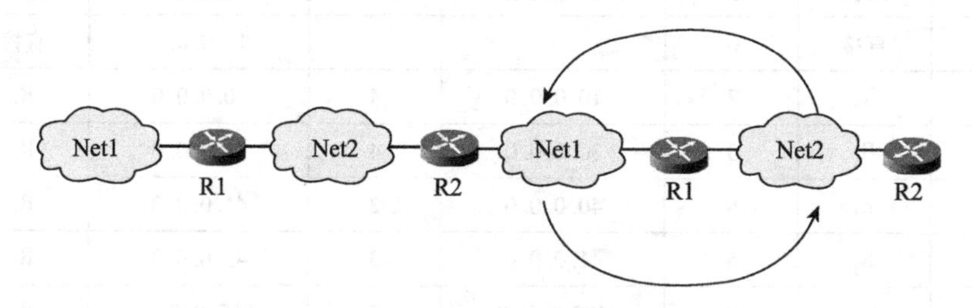

图 4-9　慢收敛问题的产生

现在，假设从 R1 到 Net1 的路径因故障而崩溃，但 R1 仍然可以正常工作。当然，R1 一旦检测到 Net1 不可到达，会立即将去往 Net1 的路由废除，然后会发生两种情况：

1）在收到来自 R2 的路由刷新报文之前，R1 将修改后的路由信息广播给相邻的路由器 R2，于是 R2 修改自己的路由表，将原来经 R1 去往 Net1 的路由删除，这没有什么问题。

2）R2 赶在 R1 发送新的路由刷新报文之前，广播自己的路由刷新报文。该报文中必然包含一条说明 R2 经过一个路由器可以到达 Net1 的路由。由于 R1 已经删除了到达 Net1 的路由，按照距离—矢量路由选择算法，R1 会增加通过 R2 到达 Net1 的新路径，不过路径的距离变为 2。这样，在路由器 R1 和 R2 之间就形成了环路。R2 认为通过 R1 可以到达 Net1，R1 则认为通过 R2 可以到达 Net1。尽管路径的“距离”会越来越大，但该路由信息不会从 R1 和 R2 的路由表中消失。这就是慢收敛问题产生的原因。

为了解决慢收敛问题，RIP 采用以下解决对策。

1）限制路径最大“距离”对策　产生路由环以后，尽管无效的路由不会从路由表中消失，但是其路径的“距离”会变得越来越大。为此，可以通过限制路径的最大“距离”来加速路由表的收敛。一点“距离”到达某一最大值，就说明该路由不可达，需要从路由表中删除。为限制收敛时间，RIP 规定 Cost 取值 0 ~ 15 之间的整数，大于或等于 16 的跳数被定义为无穷大，即目的网络或主机不可达。在限制路径最大距离为 16 的同时，也限制了应用 RIP 的互联网规模。在使用 RIP 的互联网中，每条路径经过的路由器数目不应超过 15 个。

2）水平分割对策（Split Horizon）　当路由器从某个网络接口发送 RIP 路由刷新报文时，其中不能包含从该接口获取的路由信息，这就是水平分割政策的基本原理。在图 4-9 中，如果 R2 不把从 R1 获得的路由信息再广播给 R1，R1 和 R2 之间就不可能出现路由环，这样就可避免慢收敛问题的发生。

3）保持对策（Hold Down）　仔细分析慢收敛的原因，会发现崩溃路由的信息传播比正常路由的信息传播慢了许多。针对这种现象，RIP 的保持对策规定在得知目的网络不可达后的一定时间内（RIP 规定为 60s），路由器不接收关于此网络的任何可到达性信息。这样，可以给路由崩溃信息以充分的传播时间，使它尽可能赶在路由环形成之前传出去，防止慢收敛问题的出现。

4）带触发刷新的毒性逆转对策（Posion Reverse）　当某路径崩溃后，最早广播此路由的路由器将原路由保留在若干路由刷新报文中，但指明该路由的距离为无限长（距离为 16）。与此同时，还可以使用触发刷新技术，一旦检测到路由崩溃，立即广播刷新报文，而不必等待下一个刷新周期。

4. RIP 与子网路由

RIP 的最大优点是配置和部署相当简单。早在 RIP 的第一个版本被正式颁布之前，它已经被写成各种程序并被广泛使用。但是，RIP 的第一个版本是以标准的 IP 互联网为基础的，它使用标准的 IP 地址，并不支持子网路由。直到第二个版本的出现，才结束了 RIP 不能为子网选路的历史。与此同时，RIP 的第二个版本还具有身份验证、支持多播等特性。

4.3.3　OSPF 协议与链路－状态算法

OSPF 协议是链路状态算法路由协议的代表，能适应中大型规模的网络，在当今 Internet 中的路由结构就是在自治系统内部采用 OSPF 协议，在自治系统间采用 BGP。大家要掌握的是 OSPF 协议的思想，简单地配置，要能够在中小企业网中简单地采用 OSPF 路由协议。它是 IETF 组织开发的一个基于链路状态的自治系统内部路由协议 IGP，如图 4-10 所示。

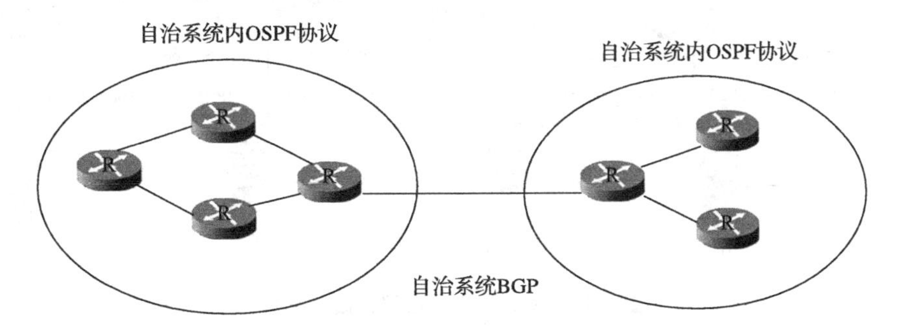

图 4-10　OSPF 在自治系统内工作

在 IP 网络上，它通过收集和传递自治系统的链路状态来动态地发现并传播路由：OSPF 协议支持 IP 子网和外部路由信息的标记引入；OSPF 协议使用 IP Multicasting 方式发送和接收报文，地址为 224.0.0.5 和 224.0.0.60（粗略），每个支持 OSPF 协议的路由器都维护着一份描述整个自治系统拓扑结构的数据库，这一数据库是收集所有路由器的链路状态广播而得到的。每一台路由器总是将描述本地状态的信息（如可用接口信息、可达邻居信息等）广播到整个自治系统中去。根据链路状态数据库，各路由器构建一棵以自己为根的最短路径树，这棵树给出了到自治系统中各节点的路由。具体过程可查阅有关书籍。

OSPF 协议允许自治系统的网络被划分成区域来管理，区域间传送的路由信息被进一步抽象，从而减少了占用网络的带宽。在同一区域内的所有路由器都应该一致同意该区域的参数配置。OSPF 的区域由 BackBone（骨干区域）进行连接，该区域以 0.0.0.0 标识。所有的区域都必须在逻辑上连续，为此，骨干区域上特别引入了虚连接的概念以保证即使在物理上分割的区域仍然在逻辑上具有连通性，如图 4-11 所示。

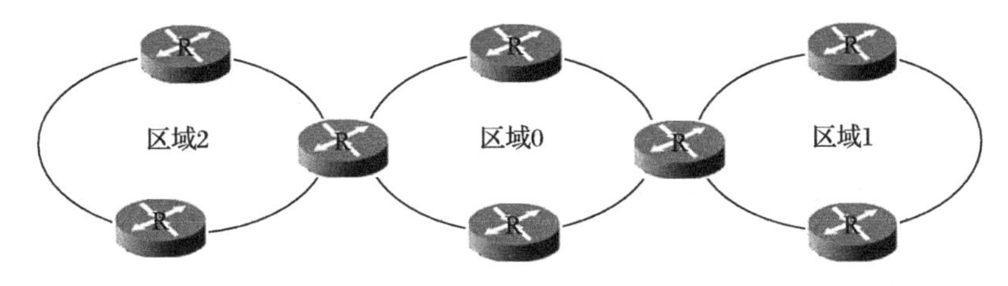

图 4-11　OSPF 区域管理

4.3.4　动态路由配置实例

1. 实验内容

RIP 动态路由配置拓扑结构如图 4-12 所示。

2. 实验目的

1）掌握 RIP 动态路由的配置。

2）知道什么情况下适合使用 RIP 动态路由。

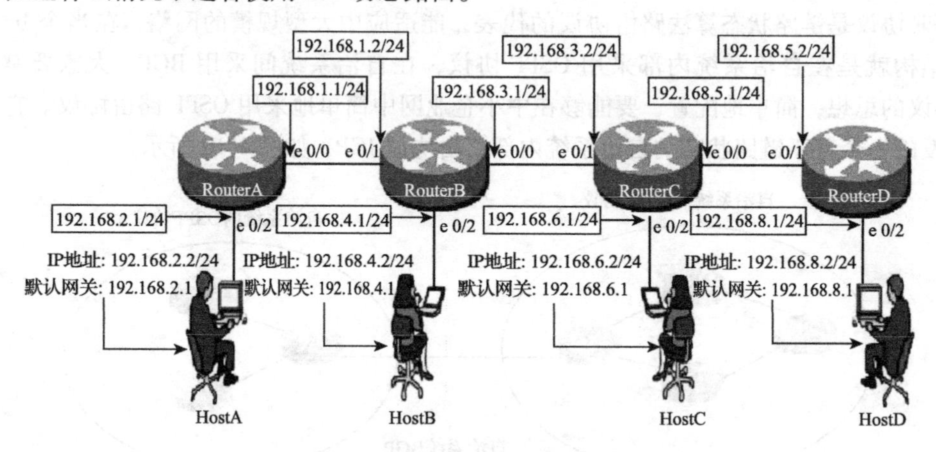

图 4-12　RIP 动态路由配置拓扑结构

3. 实验设备

1）四台思科（Cisco）3620 路由器（配置四个以太网接口）。

2）四台思科（Cisco）2950 交换机。

3）四台安装有 Windows 98/XP/2000 操作系统的主机。

4）若干交叉网线。

5）思科（Cisco）专用控制端口连接电缆。

4. 实验过程（需要将相关命令写入实验报告）

1）将路由器、交换机、主机根据图 4-12 所示进行连接。

2）设置主机的 IP 地址、子网掩码和默认网关。

3）路由器 A 接口配置。

```
Router > enable
Router# configure terminal
Router(config)# hostname RouterA
RouterA(config)# interface ethernet 0/0
RouterA(config - if)# ip address 192.168.1.1 255.255.255.0
RouterA(config - if)# no shutdown
RouterA(config - if)# exit
RouterA(config)# interface ethernet 0/2
RouterA(config - if)# ip address 192.168.2.1 255.255.255.0
RouterA(config - if)# no shutdown
RouterA(config - if)# exit
```

4）路由器B接口配置。

```
Router > enable
Router# configure terminal
Router(config)# hostname RouterB
RouterB(config)# interface ethernet 0/0
RouterB(config-if)# ip address 192.168.3.1 255.255.255.0
RouterB(config-if)# no shutdown
RouterB(config-if)# interface ethernet 0/1
RouterB(config-if)# ip address 192.168.1.2 255.255.255.0
RouterB(config-if)# no shutdown
RouterB(config-if)# exit
RouterB(config)# interface ethernet 0/2
RouterB(config-if)# ip address 192.168.4.1 255.255.255.0
RouterB(config-if)# no shutdown
RouterB(config-if)# exit
```

5）路由器C接口配置。

```
Router > enable
Router# configure terminal
Router(config)# hostname RouterC
RouterC(config)# interface ethernet 0/0
RouterC(config-if)# ip address 192.168.5.1 255.255.255.0
RouterC(config-if)# no shutdown
RouterC(config-if)# exit
RouterC(config)# interface ethernet 0/1
RouterC(config-if)# ip address 192.168.3.2 255.255.255.0
RouterC(config-if)# no shutdown
RouterC(config-if)# exit
RouterC(config)# interface ethernet 0/2
RouterC(config-if)# ip address 192.168.6.1 255.255.255.0
RouterC(config-if)# exit
```

6）路由器D接口配置。

```
Router > enable
Router# configure terminal
Router(config)# hostname RouterD
RouterD(config)# interface ethernet 0/1
RouterD(config-if)# ip address 192.168.5.2 255.255.255.0
RouterD(config-if)# no shutdown
RouterD(config-if)# exit
RouterD(config)# interface ethernet 0/2
RouterD(config-if)# ip address 192.168.8.1 255.255.255.0
RouterD(config-if)# no shutdown
RouterD(config-if)# exit
```

7）路由器A的RIP的配置。

```
RouterA# configure terminal
RouterA(config)# router rip
RouterA(config - router)# network 192.168.1.0
RouterA(config - router)# network 192.168.2.0
RouterA(config - router)# exit
```

8）路由器 B 的 RIP 的配置。

```
RouterB# configure terminal
RouterB(config)# router rip
RouterB(config - router)# network 192.168.1.0
RouterB(config - router)# network 192.168.3.0
RouterB(config - router)# network 192.168.4.0
RouterB(config - router)# exit
```

9）路由器 C 的 RIP 的配置。

```
RouterC# configure terminal
RouterC(config)# router rip
RouterC(config - router)# network 192.168.3.0
RouterC(config - router)# network 192.168.5.0
RouterC(config - router)# network 192.168.6.0
RouterC(config - router)# exitt
```

10）进行主机间 ping 测试。

11）跟踪 Hostaà Hostd 的数据包转发过程。

```
C:> tracert 192.168.8.2
```

12）查看路由器 A 路由表信息。

```
RouterA# show ip route
C     192.168.1.0 is directly connected, Ethernet0/0
C     192.168.2.0 is directly connected, Ethernet0/2
R     192.168.4.0 [120/1] via 192.168.1.2, 00:09:28, Ethernet0/0
R     192.168.3.0 [120/1] via 192.168.1.2, 00:04:24, Ethernet0/0
R     192.168.5.0 [120/2] via 192.168.1.2, 00:01:30, Ethernet0/0
R     192.168.6.0 [120/2] via 192.168.1.2, 00:08:30, Ethernet0/0
R     192.168.8.0 [120/3] via 192.168.1.2, 00:08:44, Ethernet0/0
```

13）查看路由器 B 路由表信息。

```
RouterB# show ip route
C     192.168.3.0 is directly connected, Ethernet0/0
C     192.168.1.0 is directly connected, Ethernet0/1
C     192.168.4.0 is directly connected, Ethernet0/2
R     192.168.2.0 [120/1] via 192.168.1.1, 00:010:19, Ethernet0/1
R     192.168.5.0 [120/1] via 192.168.3.2, 00:010:24, Ethernet0/0
R     192.168.6.0 [120/1] via 192.168.3.2, 00:04:27, Ethernet0/0
R     192.168.8.0 [120/2] via 192.168.3.2, 00:07:25, Ethernet0/0
```

14）查看路由器C路由表信息。

```
RouterC# show ip route
C     192.168.5.0 is directly connected, Ethernet0/0
C     192.168.3.0 is directly connected, Ethernet0/1
C     192.168.6.0 is directly connected, Ethernet0/2
R     192.168.1.0 [120/1] via 192.168.3.1, 00:05:37, Ethernet0/1
R     192.168.4.0 [120/1] via 192.168.3.1, 00:08:18, Ethernet0/1
R     192.168.2.0 [120/2] via 192.168.3.1, 00:010:24, Ethernet0/1
R     192.168.8.0 [120/1] via 192.168.5.2, 00:09:32, Ethernet0/0
```

15）查看路由器D路由表信息。

```
RouterD# show ip route
   C     192.168.5.0 is directly connected, Ethernet0/1
C     192.168.8.0 is directly connected, Ethernet0/2
R     192.168.3.0 [120/1] via 192.168.5.1, 00:09:27, Ethernet0/1
R     192.168.6.0 [120/1] via 192.168.5.1, 00:06:40, Ethernet0/1
R     192.168.1.0 [120/2] via 192.168.5.1, 00:01:17, Ethernet0/1
R     192.168.4.0 [120/2] via 192.168.5.1, 00:05:28, Ethernet0/1
R     192.168.2.0 [120/3] via 192.168.5.1, 00:010:40, Ethernet0/1
```

4.4 中小型企业网的组建与维护

4.4.1 网络拓扑布局的搭建

1. 组网需求

如图4-13所示，采用两台路由器、四台交换机，PC作为控制台终端，通过路由器的Console登录路由器，即用路由器随机携带的标准配置线缆的水晶头，一端插在路由器的Console口上，另一端的9针接口插在PC的COM口上。同时，为了实现Telnet配置，用一根网线的一端连接交换机的以太网口，另一端连接PC的网口。然后两台路由器使用V35专用电缆通过同步串口（WAN口）连接在一起，使用一台PC进行试验结果并验证（与控制台使用同一台PC），同时配置静态路由使之相互通信。

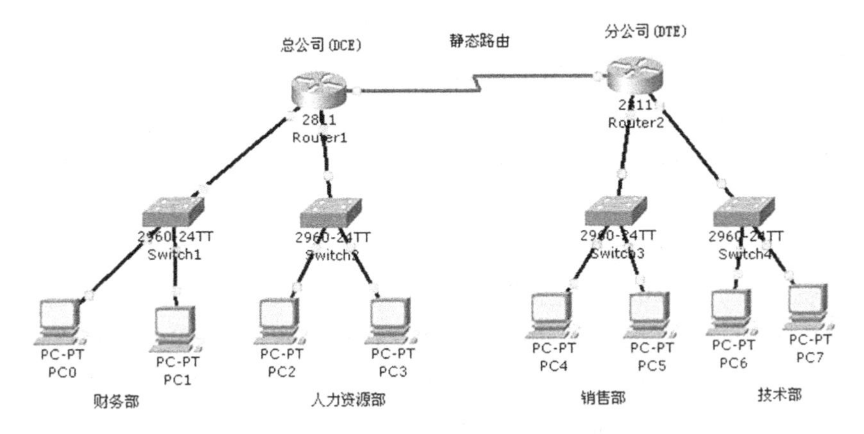

图4-13 静态路由配置拓扑结构图

2. IP 地址的规划与分配

针对工作任务进行 IP 地址的规划与分配，见表 4-2。

表 4-2　IP 地址的规划与分配

设备名称	接　口	IP 地址	子网掩码	默认网关
Router1	F0/0	192.168.1.1	255.255.255.0	无
	F0/1	192.168.2.1	255.255.255.0	
	S0/0/0	1.1.1.1	255.0.0.0	
Router2	F0/0	192.168.3.1	255.255.255.0	无
	F0/1	192.168.4.1	255.255.255.0	
	S0/0/0	1.1.1.2	255.0.0.0	
Switch1	VLAN1	192.168.1.2	255.255.255.0	192.168.1.1
Switch2	VLAN1	192.168.2.2	255.255.255.0	192.168.2.1
Switch3	VLAN1	192.168.3.2	255.255.255.0	192.168.3.1
Switch4	VLAN1	192.168.4.2	255.255.255.0	192.168.4.1
PC0、PC1	NIC	192.168.1.3 192.168.1.4	255.255.255.0	192.168.1.1
PC2、PC3	NIC	192.168.2.3 192.168.2.4	255.255.255.0	192.168.2.1
PC4、PC5	NIC	192.168.3.3 192.168.3.4	255.255.255.0	192.168.3.1
PC6、PC7	NIC	192.168.4.3 192.168.4.4	255.255.255.0	192.168.4.1

3. 完成网络拓扑的搭建

1）将广域网电缆的 DCE 端连接路由器 Router1 的广域网接 S0/0/0 口，DTE 端连接路由器 Router2 的广域网接 S0/0/0 口。

2）将 PC0、PC1 连接交换机 Switch1 的 F0/2 口和 F0/3 口；将 PC2、PC3 连接交换机 Switch2 的 F0/2 口和 F0/3 口；将 PC4、PC5 连接交换机 Switch3 的 F0/2 口和 F0/3 口；将 PC6、PC7 连接交换机 Switch4 的 F0/2 口和 F0/3 口。

3）将交换机 Switch1 的 F0/1 口连接路由器 Router1 的局域网 F0/0 口；将交换机 Switch2 的 F0/1 口连接路由器 Router1 的局域网 F0/1 口；将交换机 Switch3 的 F0/1 口连接路由器 Router2 的局域网 F0/0 口；将交换机 Switch4 的 F0/1 口连接路由器 Router2 的局域网 F0/1 口。

4）确保所有计算机和网络设备电源已打开。

4.4.2　静态路由的配置与应用

1）路由器 Router1 的配置。

Router >enable　（由用户模式转到特权模式）

Router#configure terminal　（进入全局配置模式）

Router(config)#hostname Router1　（设置系统名为“Router1”）

Router1(config)#interface fastEthernet 0/0　（进入 F0/0 接口）

Router1(config-if)#ip address 192.168.1.1 255.255.255.0　（为 F0/0 口指定 IP 地址）

Router1(config-if)#no shutdown　（激活该端口）

% LINK-5-CHANGED: Interface FastEthernet0/0, changed state to up

% LINEPROTO-5-UPDOWN: Line protocol on Interface FastEthernet0/0, changed state to up　（系统显示该端口已被激活）

Router1(config-if)#exit　（由接口模式退到全局配置模式）

Router1(config)#interface fastEthernet 0/1　（进入 F0/1 接口）

Router1(config-if)#ip　address 192.168.2.1 255.255.255.0　（为 F0/1 口指定 IP 地址）

Router1(config-if)#no shutdown　（激活该端口）

% LINK-5-CHANGED: Interface FastEthernet0/1, changed state to up

% LINEPROTO-5-UPDOWN: Line protocol on Interface FastEthernet0/1, changed state to up　（系统显示该端口已被激活）

Router1(config-if)#exit

Router1(config)#interface serial 0/0/0　（进入广域网 S0/0/0 接口）

Router1(config-if)#ip　address 1.1.1.1 255.0.0.0

Router1(config-if)#clock rate 64000

（DCE 端需要在广域网接口配置时钟，时钟通常为 64000，DTE 端不需要配置时钟）

Router1(config-if)#no shutdown

% LINK-5-CHANGED: Interface Serial0/0/0, changed state to down

（系统显示该接口仍然处于关闭状态，此时属于正常状态，当路由器 Router2 的广域网接口配置好后，该接口自动转换为 UP 的状态）

Router1(config-if)#exit　（只能在全局配置模式下配置路由）

Router1(config)#ip route 192.168.3.0 255.255.255.0 1.1.1.2

（配置到达 192.168.3.0 网络的路由，下一跳段为 1.1.1.2）

Router1(config)#ip route 192.168.4.0 255.255.255.0 1.1.1.2

（配置到达 192.168.4.0 网络的路由，下一跳段为 1.1.1.2）

Router1(config)#exit

Router1#　（只能在特权模式下对系统设置进行保存）

% SYS-5-CONFIG_I: Configured from console by console

Router1#copy　running-config　startup-config

（将正在配置的运行文件保存到系统的启动配置文件）

Destination filename [startup-config]?　（系统默认文件名为“startup-config”）

Building configuration...

[OK]

Router1#show ip route　（只有当所有的路由器都配置完成后才能查看到完整的路由表）

```
Codes: C - connected, S - static, I - IGRP, R - RIP, M - mobile, B - BGP
    D - EIGRP, EX - EIGRP external, O - OSPF, IA - OSPF inter area
    N1 - OSPF NSSA external type 1, N2 - OSPF NSSA external type 2
    E1 - OSPF external type 1, E2 - OSPF external type 2, E - EGP
    i - IS - IS, L1 - IS - IS level -1, L2 - IS - IS level -2, ia - IS - IS inter area
    * - candidate default, U - per - user static route, o - ODR
    P - periodic downloaded static route
Gateway of last resort is not set
C    1.0.0.0/8 is directly connected, Serial0/0/0    ("C"表示直连路由)
C    192.168.1.0/24 is directly connected, FastEthernet0/0
C    192.168.2.0/24 is directly connected, FastEthernet0/1
S    192.168.3.0(目的网络)/24(子网掩码) [1/0] via(下一跳段) 1.1.1.2
S    192.168.4.0/24 [1/0] via 1.1.1.2    ("S"表示静态路由)
```

2）路由器 Router2 的配置。

```
Router>enable    (由用户模式转到特权模式)
Router#configure terminal    (进入全局配置模式)
Router(config)#hostname Router2    (设置系统名为"Router2")
Router2(config)#interface fastEthernet 0/0    (进入 F0/0 接口)
Router2(config-if)#ip address 192.168.3.1 255.255.255.0    (为 F0/0 口指定 IP 地址)
Router2(config-if)#no shutdown    (激活该端口)
%LINK-5-CHANGED: Interface FastEthernet0/0, changed state to up
%LINEPROTO-5-UPDOWN: Line protocol on Interface FastEthernet0/0, changed state to up    (系统显示该端口已被激活)
Router2(config-if)#exit    (由接口模式退到全局配置模式)
Router2(config)#interface fastEthernet 0/1    (进入 F0/1 接口)
Router2(config-if)#ip  address 192.168.4.1 255.255.255.0    (为 F0/1 口指定 IP 地址)
Router2(config-if)#no shutdown    (激活该端口)
%LINK-5-CHANGED: Interface FastEthernet0/1, changed state to up
%LINEPROTO-5-UPDOWN: Line protocol on Interface FastEthernet0/1, changed state to up    (系统显示该端口已被激活)
Router2(config-if)#exit
Router2(config)#interface serial 0/0/0    (进入广域网 S0/0/0 接口)
Router2(config-if)#ip  address 1.1.1.2 255.0.0.0
Router2(config-if)#no shutdown
%LINK-5-CHANGED: Interface Serial0/0/0, changed state to up
Router2(config-if)#exit    (只能在全局配置模式下配置路由)
Router2(config)#ip route 192.168.1.0 255.255.255.0 1.1.1.1
(配置到达 192.168.1.0 网络的路由,下一跳段为 1.1.1.1)
Router2(config)#ip route 192.168.2.0 255.255.255.0 1.1.1.1
(配置到达 192.168.2.0 网络的路由,下一跳段为 1.1.1.1)
Router2(config)#exit
Router2#    (只能在特权模式下对系统设置进行保存)
%SYS-5-CONFIG_I: Configured from console by console
```

```
Router1#copy  running-config  startup-config
(将正在配置的运行文件保存到系统的启动配置文件)
Destination filename [startup-config]?   (系统默认文件名为"startup-config")
Building configuration...
[OK]
Router2#show ip  route     (查看路由器 Router2 的路由表)
Codes: C - connected, S - static, I - IGRP, R - RIP, M - mobile, B - BGP
    D - EIGRP, EX - EIGRP external, O - OSPF, IA - OSPF inter area
    N1 - OSPF NSSA external type 1, N2 - OSPF NSSA external type 2
    E1 - OSPF external type 1, E2 - OSPF external type 2, E - EGP
    i - IS-IS, L1 - IS-IS level-1, L2 - IS-IS level-2, ia - IS-IS inter area
    * - candidate default, U - per-user static route, o - ODR
    P - periodic downloaded static route
Gateway of last resort is not set
C    1.0.0.0/8 is directly connected, Serial0/0/0
C    192.168.3.0/24 is directly connected, FastEthernet0/0
C    192.168.4.0/24 is directly connected, FastEthernet0/1
S    192.168.1.0/24 [1/0] via 1.1.1.1
S    192.168.2.0/24 [1/0] via 1.1.1.1
```

3）交换机 IP 地址、默认网关的配置，以 Switch1 为例。

```
Switch>enable
Switch#configure  terminal
Switch(config)#hostname Switch1     (将交换机的系统名改为"Switch1")
Switch1(config)#interface vlan 1    (进入交换机的管理 VLAN)
Switch1(config-if)#ip  address 192.168.1.2 255.255.255.0     (为交换机指定 IP 地址)
Switch1(config-if)#no shutdown
%LINK-5-CHANGED: Interface Vlan1, changed state to up
%LINEPROTO-5-UPDOWN: Line protocol on Interface Vlan1, changed state to up
(系统显示当前已激活)
Switch1(config-if)#exit    (设置网关需在全局配置模式下进行)
Switch1(config)#ip default-gateway 192.168.1.1     (设置默认网关)
Switch1(config)#exit
Switch1#
%SYS-5-CONFIG_I: Configured from console by console
Switch1#copy  running-config  startup-config     (退到特权模式进行保存)
Destination filename [startup-config]?
Building configuration...
[OK]
```

4）为计算机指定 IP 地址和网关，并使用 ping 命令进行网络的连通性测试。

例如，PC 0 通过使用"ipconfig"命令查看 IP 地址和网关的配置情况，利用 ping 命令测试与其他所有的 PC 是否能通信，如图 4-14 所示。

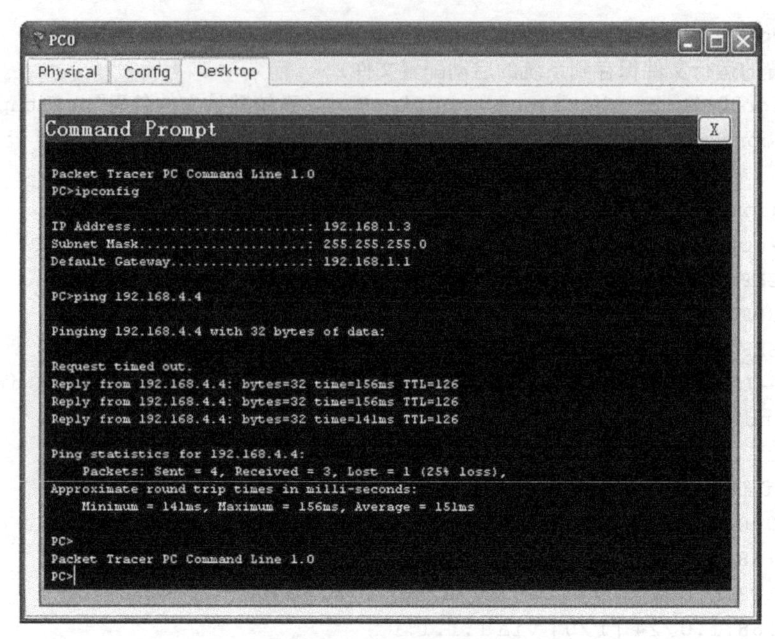

图 4-14　连通性测试

5）静态路由配置的故障诊断与排除。

故障之一：路由器没有配置动态路由协议，接口的物理状态和链路层协议状态均已处于UP，但 IP 报文不能正常转发。

故障排除：

① 用 show ip route protocol static 命令查看是否正确配置静态路由。

② 用 show ip route 命令查看该静态路由是否已经生效。

③ 查看是否在 NBMA 接口上未指定下一跳地址或指定的下一跳地址不正确，并查看 NBMA 接口的链路层二次路由表是否配置正确。

4.4.3　动态路由的配置与应用

1）组网需求、IP 地址分配和网络拓扑连接与 4.3.4 节相同。

2）配置步骤。

① 路由器 Router1 配置 RIP。

```
Router1 >enable
Router1#configure terminal
Enter configuration commands, one per line.  End with CNTL/Z.
Router1(config)#router  rip  （启动动态路由协议 RIP 进程）
Router1(config-router)#network 192.168.1.0  （通告网络）
Router1(config-router)#network 192.168.2.0
Router1(config-router)#network 1.0.0.0
Router1(config-router)#^Z  （使用快捷键“Ctrl + Z”退到特权模式）
Router1#
% SYS-5-CONFIG_I: Configured from console by console
Router1#copy  running-config startup-config  （保存）
Destination filename [startup-config]?
```

```
Building configuration...
[OK]
Router1#show ip route  (查看 Router1 的路由表)
Codes: C - connected, S - static, I - IGRP, R - RIP, M - mobile, B - BGP
    D - EIGRP, EX - EIGRP external, O - OSPF, IA - OSPF inter area
    N1 - OSPF NSSA external type 1, N2 - OSPF NSSA external type 2
    E1 - OSPF external type 1, E2 - OSPF external type 2, E - EGP
    i - IS - IS, L1 - IS - IS level -1, L2 - IS - IS level -2, ia - IS - IS inter area
    * - candidate default, U - per - user static route, o - ODR
    P - periodic downloaded static route
Gateway of last resort is not set
C    1.0.0.0/8 is directly connected, Serial0/0/0
C    192.168.1.0/24 is directly connected, FastEthernet0/0
C    192.168.2.0/24 is directly connected, FastEthernet0/1
R    192.168.3.0/24 [120/1] via 1.1.1.2, 00:00:10, Serial0/0/0
("R"表示动态路由协议 RIP 搜索来的路由)
R    192.168.4.0/24 [120/1] via 1.1.1.2, 00:00:10, Serial0/0/0
```

② 路由器 Router2 的配置。

```
Router2 >enable
Router2#configure terminal
Router2(config)#router  rip    (启动动态路由协议 RIP 进程)
Router2(config - router)#network 192.168.3.0    (通告网络)
Router2(config - router)#network 192.168.4.0
Router2(config - router)#network 1.0.0.0
Router2(config - router)#^Z    (使用快捷键"Ctrl + Z"退到特权模式)
Router1#
% SYS - 5 - CONFIG_I: Configured from console by console
Router2#copy  running - config startup - config    (保存)
Destination filename [startup - config]?
Building configuration...
[OK]
Router2#show ip route    (查看 Router2 的路由表)
Codes: C - connected, S - static, I - IGRP, R - RIP, M - mobile, B - BGP
    D - EIGRP, EX - EIGRP external, O - OSPF, IA - OSPF inter area
    N1 - OSPF NSSA external type 1, N2 - OSPF NSSA external type 2
    E1 - OSPF external type 1, E2 - OSPF external type 2, E - EGP
    i - IS - IS, L1 - IS - IS level -1, L2 - IS - IS level -2, ia - IS - IS inter area
    * - candidate default, U - per - user static route, o - ODR
    P - periodic downloaded static route
Gateway of last resort is not set
C    1.0.0.0/8 is directly connected, Serial0/0/0
C    192.168.3.0/24 is directly connected, FastEthernet0/0
C    192.168.4.0/24 is directly connected, FastEthernet0/1
R    192.168.1.0/24 [120/1] via 1.1.1.1, 00:00:26, Serial0/0/0
R    192.168.2.0/24 [120/1] via 1.1.1.1, 00:00:26, Serial0/0/0
```

4.4.4　网络连通性测试

测试网络连通性的方法：

第一步，进入 Windows 下的虚拟 DOS 状态。开始—运行—在弹出的对话框中输入 cmd，按“回车”键即可，如图 4-15 所示。

图 4-15　测试网络连通性

第二步，查看计算机的 IP 地址及其他网络参数。在 c：\ >后面输入 ipconfig /all，按“回车”键。从图 4-16 可以看出，计算机的 IP 地址（IP Address）是 10. 105. 57. 101，子网掩码（Subnet Mask）：255. 255. 255. 255，默认网关（Default Gateway）：10. 105. 57. 101。

```
C:\>ipconfig /all

Windows IP Configuration

        Host Name . . . . . . . . . . . . : 20111201-1058
        Primary Dns Suffix  . . . . . . . :
        Node Type . . . . . . . . . . . . : Unknown
        IP Routing Enabled. . . . . . . . : No
        WINS Proxy Enabled. . . . . . . . : No

PPP adapter CMCC:

        Connection-specific DNS Suffix  . :
        Description . . . . . . . . . . . : WAN (PPP/SLIP) Interface
        Physical Address. . . . . . . . . : 00-53-45-00-00-00
        Dhcp Enabled. . . . . . . . . . . : No
        IP Address. . . . . . . . . . . . : 10.105.57.101
        Subnet Mask . . . . . . . . . . . : 255.255.255.255
        Default Gateway . . . . . . . . . : 10.105.57.101
        DNS Servers . . . . . . . . . . . : 218.201.96.130
                                            211.137.191.26
        NetBIOS over Tcpip. . . . . . . . : Disabled
```

图 4-16　IP 地址及其他网络参数

第三步，ping 一下计算机的 IP 地址，如果有信号返回，则网卡没有故障。

从图 4-17 所示的信息可以看出：

Packets（数据包）：Sent = 4（发送 4 个），Received = 4（接收到 4 个），Lost = 0（0% loss）数据包丢失 = 0（0% 的损失），也即信息有返回，说明计算机或网卡没有故障。

```
C:\WINDOWS\system32\cmd.exe

C:\>ping www.sohu.com

Pinging fjsyd.a.sohu.com [112.25.24.139] with 32 bytes of data:

Reply from 112.25.24.139: bytes=32 time=180ms TTL=49
Reply from 112.25.24.139: bytes=32 time=157ms TTL=49
Reply from 112.25.24.139: bytes=32 time=157ms TTL=49
Reply from 112.25.24.139: bytes=32 time=162ms TTL=49

Ping statistics for 112.25.24.139:
    Packets: Sent = 4, Received = 4, Lost = 0 (0% loss),
Approximate round trip times in milli-seconds:
    Minimum = 157ms, Maximum = 180ms, Average = 164ms

C:\>
```

图 4-17　信息返回

第四步，再 ping 一个外网域名或 IP（如果是局域网，可以 ping 服务器 IP 或其他任何一机器 IP），看是否有信息返回跟上面一样，这里 ping 的是搜狐的域名 www. sohu. com，从信息中可以看出有数据包返回，即发送 4 个数据包，收到 4 个数据包，数据未丢失，说明连接外网没问题，网络是连通的。相反，如果发送 4 个数据包，收到 0 个数据包，数据包丢失 4 个（损失率100%），则说明网络不通，如图 4-18 所示。

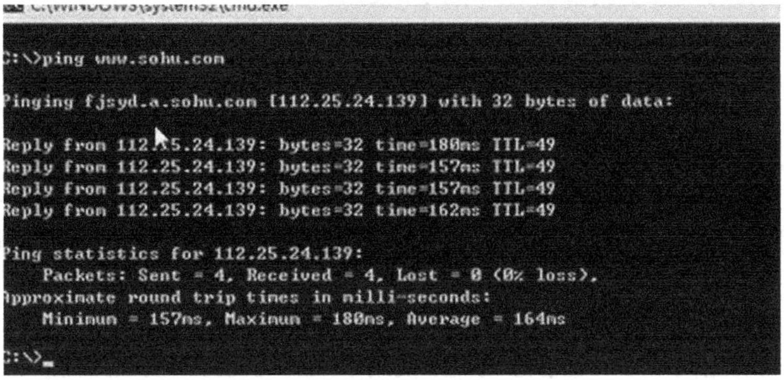

```
C:\>ping www.sohu.com

Pinging fjsyd.a.sohu.com [112.25.24.139] with 32 bytes of data:

Reply from 112.25.24.139: bytes=32 time=180ms TTL=49
Reply from 112.25.24.139: bytes=32 time=157ms TTL=49
Reply from 112.25.24.139: bytes=32 time=157ms TTL=49
Reply from 112.25.24.139: bytes=32 time=162ms TTL=49

Ping statistics for 112.25.24.139:
    Packets: Sent = 4, Received = 4, Lost = 0 (0% loss),
Approximate round trip times in milli-seconds:
    Minimum = 157ms, Maximum = 180ms, Average = 164ms

C:\>_
```

图 4-18　信息数据包

第五步，如果网络不通，可按照以上方法 ping 一下网关，如果没有数据包返回，则网关或路由设置不对，或者网络服务商根据没提供网络信号。

本章小结

本章主要学习了路由器和路由技术，掌握了路由器的工作原理及路由技术的深层含义。路由在运行的以太网、令牌环、FDDI 或是广域网中起到了关键作用。掌握了网络层地址通常由两部分构成，即网络地址和主机地址的应用。了解了 ARP（地址解析协议）用于把网络层（三层）地址映射到数据链路层（二层）地址，以及 RARP（反向地址解析协议）的工作方式。

本章习题

一、选择题

1. 一个路由器的路由表通常包含（　　）。
   A. 目的网络和到达目的网络的完整路径
   B. 所有的目的主机和到达该目的主机的完整路径
   C. 目的网络和到达该目的网络路径上的下一个路由器的 IP 地址
   D. 互联网中所有路由器的 IP 地址
2. 如果互联的局域网高层分别采用 TCP/IP 与 SPX/IPX 协议，那么我们可以选择的互联设备应该是（　　）。
   A. 中继器　　B. 网桥　　C. 网卡　　D. 路由器

3. 显示路由器运行配置的命令是（　　）。

A. show version　　B. display running-config

C. display version　　D. show running-config

4. 下列关于静态路由的描述中，错误的是（　　）。

A. 静态路由通常由管理员手工建立

B. 静态路由可以在子网编址的互联网中使用

C. 静态路由不能随互联网结构的变化而自动变化

D. 静态路由已经过时，目前很少有人使用

5. 为什么在创建送出接口为以太网络的静态路由时输入下一跳 IP 地址是明智之举（　　）。

A. 添加下一跳地址将使路由器在转发数据包时不再需要在路由表中进行任何查找

B. 在多路访问网络中，如果没有下一跳地址路由器将无法确定以太网帧的下一跳 MAC 地址

C. 在静态路由中使用下一跳地址可以为路由提供较低的度量

D. 在多路访问网络中，在静态路由中使用下一跳地址可以使该路由成为候选默认路由

6. 路由器在转发数据包到非直联网段的过程中，依靠数据包中的哪一个选项来寻找下一跳地址（　　）。

A. 帧头　　B. IP 报文头部　　C. SSAP 字段　　D. DSAP 字段

7. 以下不属于动态路由协议的是（　　）。

A. RIP　　B. ICMP　　C. IS-IS　　D. OSPF

8. RIP 基于（　　）。

A. UDP　　B. TCP　　C. ICMP　　D. RAW　IP

9. 选择动态路由协议时，以下哪些不需要考虑（　　）。

A. 所用的度量值　　B. 共享路由选择信息的方式

C. 处理路由器选择信息的方式　　D. 网络中 PC 的数量

10. 下列各项中属于局域网常用的基本拓扑结构之一的是（　　）。

A. 交换型　　B. 分组型　　C. 层次型　　D. 总线型

11. 下面关于网络拓扑结构的说法中正确的是（　　）。

A. 总线型拓扑结构比其他拓扑结构浪费线

B. 局域网的基本拓扑结构一般有星形、总线型和环形三种

C. 每一种网络都必须包含星形、总线型和环形这三种网络结构

D. 网络上只要有一个节点发生故障就可能使整个网络瘫痪的是星形网络结构

12. 学生计算机教室内有 56 台通过交换机连上互联网的计算机，现在其中四台不能正常浏览互联网，其余机器可以正常浏览互联网，可以排除的原因是（　　）。

A. 机房内中心交换机停电　　B. 连接这四台的网线可能故障

C. 这四台计算机的浏览器故障　　D. 这四台计算机与中心交换机的连接故障

二、简答题

1. 请简述路由器的工作原理。
2. 请简述静态路由的优缺点。
3. 简述动态路径选择算法的基本过程。
4. 网络类型按照地理范围划分有哪几种？各自的特点是什么？

第5章　DHCP与NAT

在TCP/IP的网络中，每一台计算机都必须有一个唯一的IP地址，否则，将无法与其他计算机进行通信，因此，管理、分配与设置客户端IP地址的工作非常重要。在小型网络中，通常是由代理服务器或宽带路由器自动分配IP地址。在大中型网络中，如果以手动方式设置IP地址，不仅非常费时、费力，而且也非常容易出错。只有借助于动态主机配置协议，才能极大地提高工作效率，并减少发生IP地址故障的可能性。

5.1　DHCP

5.1.1　DHCP简介

DHCP（Dynamic Host Configuration Protocol，动态主机配置协议）。DHCP服务能为网络内的客户端计算机自动分配TCP/IP配置信息（如IP地址、子网掩码、默认网关和DNS服务器地址等），从而帮助管理员省去手动配置相关选项的工作。

一台联网设备均需要IP地址，网络管理员为路由器、服务器及物理位置与逻辑位置均不会发生变化的网络设备分配静态的IP地址。管理员手动输入静态的IP地址之后，这些设备即被配置加入网络，利用静态地址，管理员还能够远程管理设备。不过，对于组织中的计算机而言，其物理位置和逻辑位置会经常发生变化，员工挪到新的办公室或隔间时，管理员无法都能及时地为其分配新的IP地址。因此桌面客户端不适合静态地址，这些工作站更适合使用某一地址范围内的任一地址。地址范围通常属于一个IP子网内。对于特定子网内的工作站，可以分配特定范围内的任何地址。而该子网或所管理网络的其他项，如子网掩码、默认网关和域名系统（DNS）服务器等则可设置为通用值。例如，位于同一子网内的所有主机的IP地址是不同的，但子网掩码和默认网关IP地址却是相同的。DHCP动态分配IP地址和其他重要的网络配置信息，使IP地址的分配过程变得几乎透明。由于网络节点大多都是由桌面客户端构成，因此对于网络管理员来说，DHCP是一个非常有用和省时的工具。

当配置客户端时，管理员可以选择DHCP，并不必输入IP地址、子网掩码、网关或DNS服务器。客户端从DHCP服务器中检索这些信息。DHCP在管理员想改变大量系统的IP地址时也有大的用途，如果重新配置所有系统，管理员只需编辑服务器上的一个DHCP配置文件即可获得新的IP地址集合。如果某机构的DNS服务器改变了，这种改变只需在DHCP服务器上而不必在DHCP客户机上进行。一旦客户机的网络被重新启动，改变就生效。

除此之外，如果便携计算机或任何类型的可移动计算机被配置使用DHCP，只要所在的每个办公室都允许它与DHCP服务器连接，它就可以不必重新配置而在办公室间自由移动。

DHCP服务器可以是基于Windows、UNIX的服务器或路由器、交换机等网络设备。图5-1说明了可以在企业符合网络中的哪些地方实现DHCP服务。

5.1.2　DHCP 的工作原理

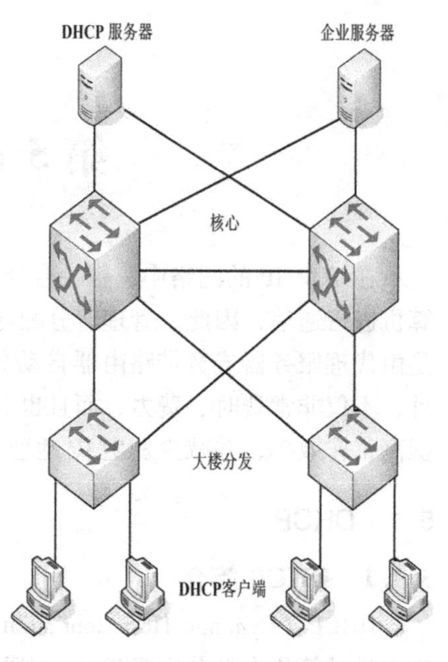

图 5-1　DHCP 客户、服务器模型

DHCP 服务器执行的最基本任务是向客户端提供 IP 地址。DHCP 包括三种不同的地址分配机制，以便灵活地分配 IP 地址：

1. 手动分配

管理员为客户端指定预分配的 IP 地址，DHCP 只是将该 IP 地址传达给网络设备。

2. 自动分配

DHCP 从可用地址池中选择静态 IP 地址，自动将它永久性地分配给设备。地址不存在租期问题，地址是永久性地分配给网络设备。

3. 动态分配

DHCP 从地址池中动态分配或出租 IP 地址，使用期限为服务器选择的一段有限时间，或者直到客户端告知 DHCP 服务器其不再需要该地址为止。

DHCP 以客户端/服务器模式工作，像任何其他客户端/服务器关系一样运作。当一台计算机连接到 DHCP 服务器时，服务器分配或出租一个 IP 地址给该计算机。然后计算机使用租借的 IP 地址连接到网络，直到租期结束。主机必须定期联系 DHCP 服务器以续展租期。这种租用机制可以确保主机在移走或关闭时不会继续占有它们不再需要的地址。DHCP 服务器将把这些地址归还给地址池，根据需要重新分配。无论 DHCP 服务器基于何种对象，其工作原理都是一样的，当客户端启动或以其他方式试图加入网络时，为获得地址租用需完成四个步骤，如图 5-2 所示。

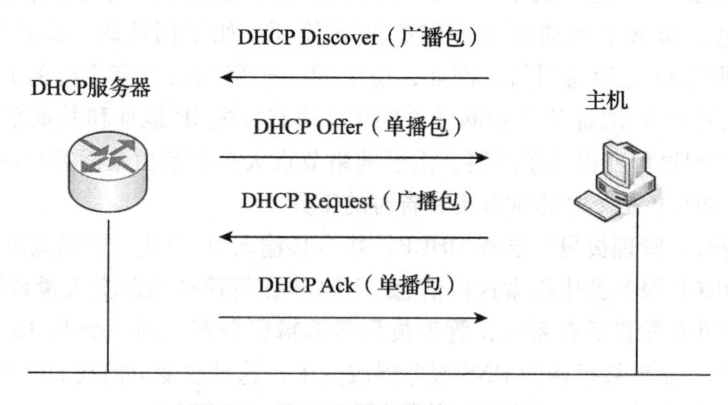

图 5-2　DHCP 服务器的工作原理

第一步：主机发送 DHCP Discover 广播包在网络上寻找 DHCP 服务器。

客户端广播 DHCP Discover 消息，DHCP Discover 消息找到网络上的 DHCP 服务器。由于主机在启动时不具备有效的 IP 信息，因此它使用第二层和第三层广播地址与服务器通信。

第二步：DHCP 服务器向主机发送 DHCP Offer 单播数据包。

当 DHCP 服务器收到 DHCP Discover 消息时，它会找到一个可供租用的 IP 地址，创建一个包含请求方主机 MAC 地址和所出租的 IP 地址的 ARP 条目，并使用 DHCP Offer 消息传送绑定提供报文。DHCP Offer 消息作为单播发送，服务器的第二层 MAC 地址为源地址，客户端的第二层地址为目的地址。某些情况下，来自服务器的 DHCP 消息交换可能是广播，而不是单播。

第三步：主机发送 DHCP Request 广播包，正式向服务器请求分配已提供的 IP 地址。

当客户端收到来自服务器的 DHCP Offer 时，它回送一条 DHCP Request 消息。此消息有两个作用：一是租用发起，二是租用更新和检验。用于租用发起时，客户端的 DHCP Request 消息要求在 IP 地址分配后检验其有效性。此消息提供错误检查，确保地址分配仍然有效。DHCP Request 还用作发给选定服务器的绑定接受通知，并隐式拒绝其他服务器提供的绑定提供信息。

许多企业网络使用多台 DHCP 服务器，DHCP Request 消息以广播的形式发送，将绑定提供接受情况告知此 DHCP 服务器和任何其他 DHCP 服务器。

第四步：DHCP 服务器向主机发送 DHCP Ack 单播包，确认主机的请求。

收到 DHCP Request 消息后，服务器检验租用信息，为客户端租用创建新的 ARP 条目，并用单播 DHCP Ack 消息予以回复。除消息类型字段不同外，DHCP Ack 消息与 DHCP Offer 消息别无二致。客户端收到 DHCP Ack 消息后，记录下配置信息，并为所分配的地址执行 APR 查找。如果它没有收到回复，则知道该 IP 地址是有效的，将开始把它用作自己的 IP 地址。

客户端的租用期限由管理员确定。管理员在配置 DHCP 服务器时，可为其设定不同的租期届满时间。大多数 ISP 和大型网络最长使用为三天的默认租期。租期届满后，客户端必须申请另一地址，但通常是把同一地址重新分配给客户端。

DHCP 客户端可以接收到多个 DHCP 服务器的 DHCP Offer 数据包，然后可能接受任何一个 DHCP Offer 数据包，但客户端通常只接受收到的第一个 DHCP Offer 数据包。另外，DHCP 服务器 DHCP Offer 中指定的地址不一定为最终分配的地址，通常情况下，DHCP 服务器会保留该地址直到客户端发出正式请求。正式请求 DHCP 服务器分配地址 DHCP Request 采用广播包，是为了让其他所有发送 DHCP Offer 数据包的 DHCP 服务器也能够接收到该数据包，然后释放已经 Offer（预分配）给客户端的 IP 地址。如果发送给 DHCP 客户端的 DHCP Offer 信息包中包含无效的配置参数，客户端会向服务器发送 DHCP Decline 信息包拒绝接受已经分配的配置信息。在协商过程中，如果 DHCP 客户端没有及时响应 DHCP Offer 信息包，DHCP 服务器会发送 DHCP Nak 消息给 DHCP 客户端，导致客户端重新发起地址请求过程。

5.1.3 配置 DHCP 服务器与客户机

前面学习了 DHCP 的概念、工作原理和中继代理的概念，接下来具体学习 DHCP 是如何配置的。在配置 DHCP 服务器中需要注意哪些问题，要配置 DHCP 服务器，以下的三个配置任务是必须完成的。

1. 启用 DHCP 服务器和中继代理

若想将网络设备路由器或者三层交换机配置成为 DHCP 服务器或者 DHCP 中继代理，必须开启网络设备上的 DHCP 服务器和中继代理功能，配置命令如下：

```
Router(config)#service dhcp
```

2. DHCP 排除地址配置

如果没有特别配置，DHCP 服务器会试图将在地址池中定义的所有子网地址分配给 DHCP 客户端。因此，如果你想保留一些地址不分配，或是已经分配给服务器或者网络设备的地址，你必须明确定义这些地址不再允许分配给客户端。配置 DHCP 服务器，一个好的习惯是将所有已明确分配的地址全部不允许 DHCP 再分配，这样可以带来两个好处：

1）不会发生地址冲突。

2）DHCP 分配地址时，减少了检测时间，从而提高 DHCP 分配效率。具体的配置命令如下：

```
Router(config)#ip dhcp excluded-address low-ip-address [ high-ip-address ]
```

该命令具体定义了被排除 IP 地址分配的范围，就不会再被分配给客户端。

3. DHCP 地址池配置

DHCP 的地址分配及给客户端传送的 DHCP 各项参数，都需要在 DHCP 地址池中进行定义。如果没有配置 DHCP 地址池，即使启用了 DHCP 服务器，也不能对客户端进行地址分配；但是如果启用了 DHCP 服务器，不管是否配置了 DHCP 地址池，DHCP 的中继代理总是起作用的。

可以给 DHCP 地址池起个有意义、易记忆的名字，地址池的名字由字符和数字组成。一般的网络产品都可以定义多个地址池，根据 DHCP 请求包中的中继代理 IP 地址来决定分配哪个地址池的地址。

1）如果 DHCP 请求包中没有中继代理的 IP 地址，就分配与接收 DHCP 请求包接口的 IP 地址同一子网或网络的地址给客户端。如果没有定义这个网段的地址池，地址分配就失败。

2）如果 DHCP 请求包中有中继代理的 IP 地址，就分配与该地址同一子网或网络的地址给客户端。如果没有定义这个网段的地址池，地址分配就失败。

在根据实际情况定义地址池时，有三个选项需要读者必须配置。

1）配置地址池并且进入地址池的配置模式。具体的命令如下：

```
Router(config)#ip dhcp pool dhcp-pool
```

地址池的配置模式显示为"Router(dhcp-config)#"

2）配置地址池的子网及其掩码。在地址池配置模式下，必须配置新建地址池的子网及其掩码，为 DHCP 服务器提供一个可分配给客户端的地址空间。除非有地址排斥配置，否则所有地址池中的地址都有可能分配给客户端。DHCP 在分配地址池中的地址，是按顺序进行的，如果该地址已经在 DHCP 绑定表中或者检测到该地址已经在该网段中存在，就检查下一个地址，直到分配一个有效的地址。具体配置命令如下：

```
Router(dhcp-config)#network network-number mask
```

3）配置客户端默认网关，这个将作为服务器分配给客户端的默认网关参数。默认网关的 IP 地址必须与 DHCP 客户端的 IP 地址在同一网络。要配置客户端的默认网关，在地址池配置模式中执行以下命令：

```
Router(dhcp-config)#default-router address [address2··address8]
```

在 DHCP 服务器配置中，地址池的配置十分重要。掌握了对于地址池配置中的三个必配选项之后，再来了解工作任务中涉及的几个选项。

1）配置地址租期。地址租期指的是客户端能够使用分配的 IP 地址的期限，默认情况下租期为 1 天。当租期快到时客户端需要请求续租，否则过期后就不能使用该地址。要配置地址租期，在地址池配置模式中执行以下命令：

```
Router(dhcp-config)# lease {days [hours] [ minutes] | infinite}
```

2）配置客户端的域名。可以指定客户端的域名，这样当客户端通过主机名访问网络资源时，不完整的主机名会自动加上域名后缀形成完整的主机名。要配置客户端的域名，在地址池配置模式中执行以下命令：

```
Router(dhcp-config)#domain-name domain
```

3）配置域名服务器。当客户端通过主机名访问网络资源时，需要指定DNS服务器进行域名解析。要配置DHCP客户端可使用的域名服务器，在地址池配置模式中执行以下命令：

```
Router(dhcp-config)#dns-server address [address2…address8]
```

4）配置NetBIOS。Wins服务器是微软TCP/IP网络解析NetNBIOS名字到IP地址的一种域名解析服务。Wins服务器是一个运行在Windows NT下的服务器。当Wins服务器启动后，会接收从Wins客户端发送的注册请求。Wins客户端关闭时，会向Wins服务器发送名字释放消息，这样Wins数据库中与网络上可用的计算机就可以保持一致了。

要配置DHCP客户端可使用的NetBIOS Wins服务器，在地址池配置模式中执行以下命令：

```
Router(dhcp-config)#netbios-name-server address [address2…address8]
```

5）配置客户端NetBIOS节点类型。微软DHCP客户端NetBIOS节点类型有四种：第一种是Broadcast，广播型节点，通过广播方式进行NetBIOS名字解析；第二种是Peer-to-Peer，对等型节点，通过直接请求Wins服务器进行NetBIOS名字解析；第三种是Mixed，混合型节点，先通过广播方式请求名字解析，后通过与Wins服务器连接进行名字解析；第四种是Hybrid，复合型节点，首先直接请求Wins服务器进行NetBIOS名字解析，如果没有得到应答，就通过广播方式进行NetBIOS名字解析。

默认情况下，Windows操作系统的节点类型为广播型或者复合型。如果没有配置Wins服务器，就为广播型节点；如果配置了Wins服务器，就为复合型节点。

要配置DHCP客户端NetBIOS节点类型，在地址池配置模式中执行以下命令：

```
Router(dhcp-config)#netbios-node-type type
```

以上是有关DHCP服务器的常用选项的介绍，对于有关DHCP服务器其他选项的介绍在这里就不逐一赘述了。

下面是一个有关配置地址池的示例。在以下配置中，定义了一个地址池Net172，地址池网段为172.16.1.0/24，默认网关为172.16.16.254，域名为rg.com，域名服务器为172.16.1.253，Wins服务器为172.16.1.252，NetBIOS节点类型为复合型，地址租期为30天。该地址池中除了172.16.1.2～172.16.1.100地址外，其余地址均为可分配地址。

具体配置显示如下：

```
ip dhcp excluded-address 172.16.1.2 172.16.1.100
(设置排除地址为 172.16.1.2 ~172.16.1.100)
ip dhcp pool net172 (设置名为 net172 的地址池)
network 172.16.1.0 255.255.255.0 (设置地址池为 172.16.1.0 255.255.255.0)
default-router 172.16.1.254  (设置网关为 172.16.1.254)
domain-name rg.com (设置域名为 rg.com)
```

```
dns - server 172.16.1.253  (设置 DNS 服务器 IP 地址为 172.16.1.253)
netbios - name - server 172.16.1.252 (设置 netbios 服务器 IP 地址为 172.16.1.252)
lease 30 (设置租期为 30 天)
```

5.1.4 配置 DHCP 中继

DHCP 中继代理（DHCP Relay Agent），就是在 DHCP 服务器和客户端之间转发 DHCP 数据包。

在复杂的分层网络中，企业服务器通常是位于服务器群中。这些服务器可为客户端提供 DHCP、DNS、TFTP 和 FTP 服务。问题是，网络客户端与这些服务器通常并不在同一子网上，因此，客户端必须找到服务器才能接受服务。客户端经常使用广播消息寻找这些服务器。

当 DHCP 客户端与服务器不在同一个子网上，就必须有 DHCP 中继代理来转发 DHCP 请求和应答消息。其原因就是 DHCP 请求报文的目的 IP 地址为 255.255.255.255，这种类型报文的转发局限于子网内，不会被网络设备转发。为了实现跨网段的动态 IP 地址分配，DHCP Relay Agent 就产生了。它把收到的 DHCP 请求报文封装成 IP 单播报文转发给 DHCP Server，同时，把收到的 DHCP 响应报文转发给 DHCP Client。这样 DHCP Relay Agent 就相当于一个转发站，负责沟通位于不同网段的 DHCP Client 和 DHCP Server，就实现了只要安装一个 DHCP Server 就可对所有网段实施动态 IP 管理，即 Client-Relay Agent-Server 模式的 DHCP 动态 IP 管理。在这种模式下，在 DHCP 客户端看来，DHCP 中继代理就像 DHCP 服务器；在 DHCP 服务器看来，DHCP 中继代理就像 DHCP 客户端。

如图 5-3 所示，便是 DHCP 中继代理应用的一个例子，其中 DHCP 客户端获取 DHCP 服务器提供的 IP 地址就是要通过路由器作为 DHCP Relay Agent 来完成广播包的转换的。

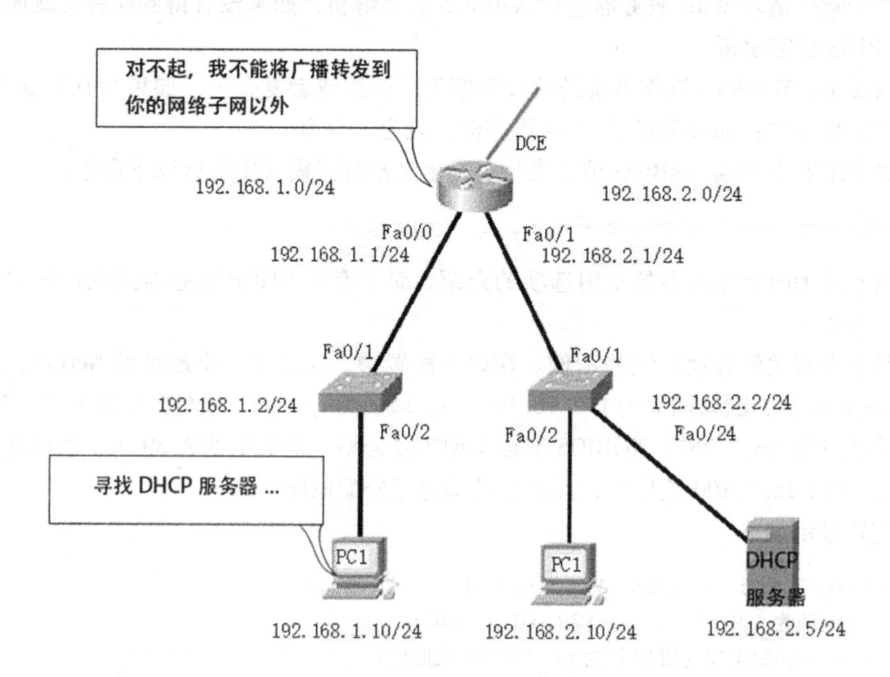

图 5-3　DHCP 中继代理

PC1 试图从位于 192.168.2.5 的 DHCP 服务器获取 IP 地址，在此拓扑网络结构中，路由器 R1 未被配置成 DHCP 服务器。如图 5-4 所示，PC1 试图更新其 IP 地址，为此，它发出 ipconfig /release 命令，原来的 IP 地址得到释放，当前地址为 0.0.0.0。然后，PC1 发出 ipconfig /renew 命令。这就促使主机广播 DHCP Discover 消息。但是，PC1 无法找到 DHCP 服务器。当服务器与客户端中间隔了一台路由器，而不是处在同一网段时，路由器不会转发广播。

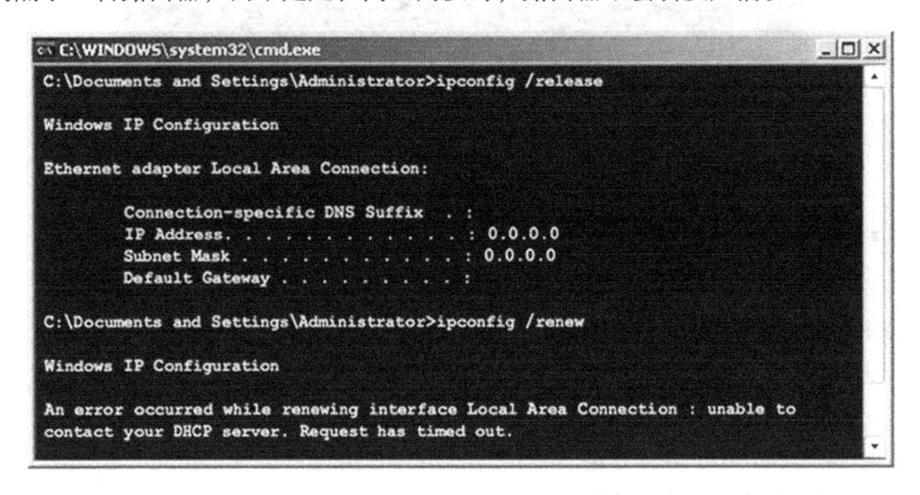

图 5-4　PC1 试图更新 IP 地址

某些 Windows 客户端具有“自动私有 IP 编址（APIPA）”功能。利用此功能，当 DHCP 服务器不可用或在网络上不存在时，Windows 计算机可以给自己自动分配 169.254.x.x 范围内的 IP 地址。DHCP 不是唯一一种使用广播的关键服务。例如，路由器和其他设备可能会使用广播寻找 TFTP 服务器，或者寻找 TACACS 服务器等身份验证服务器。对此问题的一个解决方案是，管理员在所有子网上均添加 DHCP 服务器。但是，在数台计算机上运行这些服务会带来成本上和管理上的额外开销。一个更简单的解决方案是，在中介路由器和交换机上配置帮助地址功能。这一解决方案使路由器能够将 DHCP 广播转发给 DHCP 服务器。当路由器转发地址分配/参数请求时，它充当 DHCP 中继代理的角色。

例如，PC1 广播一个请求以寻找 DHCP 服务器。如果路由器 R1 已被配置成 DHCP 中继代理，则它会拦截此请求，并转发给位于子网 192.168.2.0 上的 DHCP 服务器。要将路由器 R1 配置成 DHCP 中继代理，需要使用 ip helper - address 接口配置命令配置离客户端最近的接口。此命令把对关键服务的广播请求转发给所配置的地址。在接收广播的接口上配置 IP 帮助地址：

```
R1(config)#interface f0/0
R1(config-if)#ip helper-address 192.168.2.5
```

路由器 R1 现已配置成 DHCP 中继代理。它接收对 DHCP 服务的广播请求，并将其作为单播转发给 IP 地址 192.168.2.5。如图 5-5 所示，PC1 现在能够从 DHCP 服务器获取 IP 地址：

DHCP 不是唯一一种可通过配置路由器来中继的服务。ip helper - address 命令默认转发下列八种 UDP 服务：

(1) 端口 37　时间。

(2) 端口 49　TACACS。

(3) 端口 53　DNS。

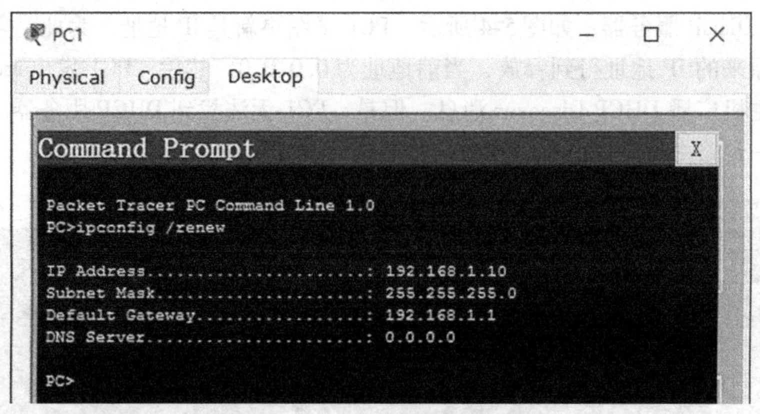

图 5-5　PC1 获取 IP 地址

(4) 端口 67　DHCP/BOOTP 客户端。

(5) 端口 68　DHCP/BOOTP 服务器。

(6) 端口 69　TFTP。

(7) 端口 137　NetBIOS 名称服务。

(8) 端口 138　NetBIOS 数据包服务。

要指定更多端口，请使用 ip forward-protocol 命令精确指定需转发哪些类型的广播数据包。

1. 手工地址绑定

在实际应用 DHCP 的方式去分配主机 IP 地址时，由于工作的需要经常会遇到一个或者一些主机需要使用固定的 IP 地址的情况，那么遇到这种情况该如何解决呢?

首先来了解一下 DHCP 服务器支持的三种 IP 地址分配机制。

(1) 自动分配　IP 地址被永久性地分配给主机。

(2) 动态分配　在限定的时间内将 IP 地址分配给主机，直到主机明确地归还该地址。通过使用这种机制，可以在主机不再需要地址时，动态地重用分配给他的地址。

(3) 手工配置　网络管理员将 IP 地址关联到特定的 MAC 地址；DHCP 用于将分配的地址提供给主机。

三种地址分配方式中，只有动态分配可以重复使用客户端不再需要的地址。

了解了 DHCP 支持的三种分配机制，便可以利用其中的手工配置的方式来实现将 DHCP 地址池中的一个或者一些地址进行手工绑定。要定义手工地址绑定，首先需要为每一个手工绑定定义一个主机地址池，然后定义 DHCP 客户端的 IP 地址和硬件地址或客户端标识。硬件地址就是 MAC 地址。Windows 客户端一般定义客户端标识，而不定义 MAC 地址，客户端标识包含了网络媒介类型和 MAC 地址。

要配置手工地址绑定，在地址池配置模式中执行以下命令。

1) 定义地址池名，进入 DHCP 配置模式:

```
Router(config)#ip dhcp pool name
```

2) 定义客户端 IP 地址:

```
Router(dhcp-config)#host address
```

3）定义客户端硬件地址，如 aabb. bbbb. bb88：

```
Router(dhcp-config)#hardware-address hardware-address type
```

4）定义客户端的标识，如 01aa. bbbb. bbbb. 88：

```
Router(dhcp-config)#client-identifier unique-identifier
```

下面来看一个有关手工地址绑定的配置示例：

在以下配置中，对 MAC 地址为 00d0. df34. 32a3 的 DHCP 客户端分配的 IP 地址为 172. 16. 1. 101，掩码为 255. 255. 255. 0，主机名为 Billy. rg. com，默认网关为 172. 16. 1. 254，Wins 服务器为 172. 16. 1. 252，NetBIOS 节点类型为复合型。

具体配置显示如下：

```
ip dhcp pool Billy（设置名为 Billy 的地址池）
host 172.16.1.101 255.255.255.0（设置客户端 IP 地址为 172.16.1.101）
hardware-address 00d0.df34.32a3 ethernet（设置客户端硬件地址）
client-name Billy
default-router 172.16.1.254（设置默认网关）
domain-name rg.com（设置域名）
dns-server 172.16.1.253（设置 DNS 服务器 IP 地址）
netbios-name-server 172.16.1.252（设置 Netbios 服务器 IP 地址）
netbios-node-type h-node
```

2. 配置 DHCP 中继代理

在中型或者大型网络建设中，必须部署多个网段的 IP 地址才能满足用户的需求。分配大量的主机 IP 对于管理员来说是非常大的工作量。为了提高工作效率降，同时更能方便地分配和管理 IP，采用部署 DHCP 服务器的方式。如果企业为了节省成本，只在网络内部署一台 DHCP 服务器，同时解决多个网段 IP 的分配任务，就要用到 DHCP 中继代理。

在前面的小节中，了解了 DHCP 服务器的工作原理，了解了 DHCP 中继代理的原理和作用。现在来了解 DHCP 服务器与 DHCP 中继代理在具体配置上有什么共同点和区别。

（1）共同点　DHCP 服务器与 DHCP 中继代理在做具体应用之前都要先开启设备的 DHCP 功能。

（2）区别　DHCP 服务器是用来为客户端分配主机 IP 及 TCP/IP 相关的参数的，所以，对于 DHCP 服务器其重点是配置 DHCP 地址池的相关选项。而 DHCP 中继代理作为客户端与 DHCP 服务器之间的中转站，它只需要配置 DHCP Server 的 IP 地址。在配置 DHCP Server 的 IP 地址后，设备所收到的 DHCP 请求报文将转发给它，同时，收到的来自 Server 的 DHCP 响应报文也会转发给 Client。

DHCP Server 地址可以全局配置，也可以在三层接口上配置，每种配置模式都可以配置多个服务器地址，最多可以配置 20 个服务器地址。在某接口收到 DHCP 请求，则首先使用接口 DHCP 服务器；如果接口上面没有配置服务器地址，则使用全局配置的 DHCP 服务器。

1）添加一个全局的 DHCP 服务器地址：

```
Router(config)#IP helper-address A.B.C.D
```

2）添加一个接口的 DHCP 服务器地址，此命令必须在三层接口下设置：

```
Router(config-if)#IP helper-address A.B.C.D
```

3）DHCP 中继代理配置示例。

使用如下命令打开了 DHCP Relay 功能，添加了两组服务器地址。

```
Router#configure terminal
Router(config)#service dhcp  （打开 DHCP Relay 功能）
Router(config)#ip helper-address 192.18.100.1  （添加全局服务器地址）
Router(config)#ip helper-address192.18.100.2  （添加全局服务器地址）
Router(config)#interface GigabitEthernet 0/3
Router(config-if)#ip helper-address 192.18.200.1（添加接口服务器地址）
Router(config-if)#ip helper-address 192.18.200.2（添加接口服务器地址）
Router(config-if)#end
```

3. DHCP 配置案例

（1）案例描述　某公司有四个部门，每个部门对应一个 VLAN。为了降低手工配置主机 IP 的工作量，作为公司的网络管理员想利用 DHCP 动态分配 IP 地址，在降低成本的同时又不想搭建 DHCP 服务器，而是利用现有的路由器配置 DHCP 服务器。

如图 5-6 所示，拓扑图是对该公司环境的模拟。四个部门分别通过二层交换机 A、二层交换机 B 与三层交换机 C 相连，三层交换机 C 与路由器 A 相连，路由器 A 担任 DHCP 服务器。

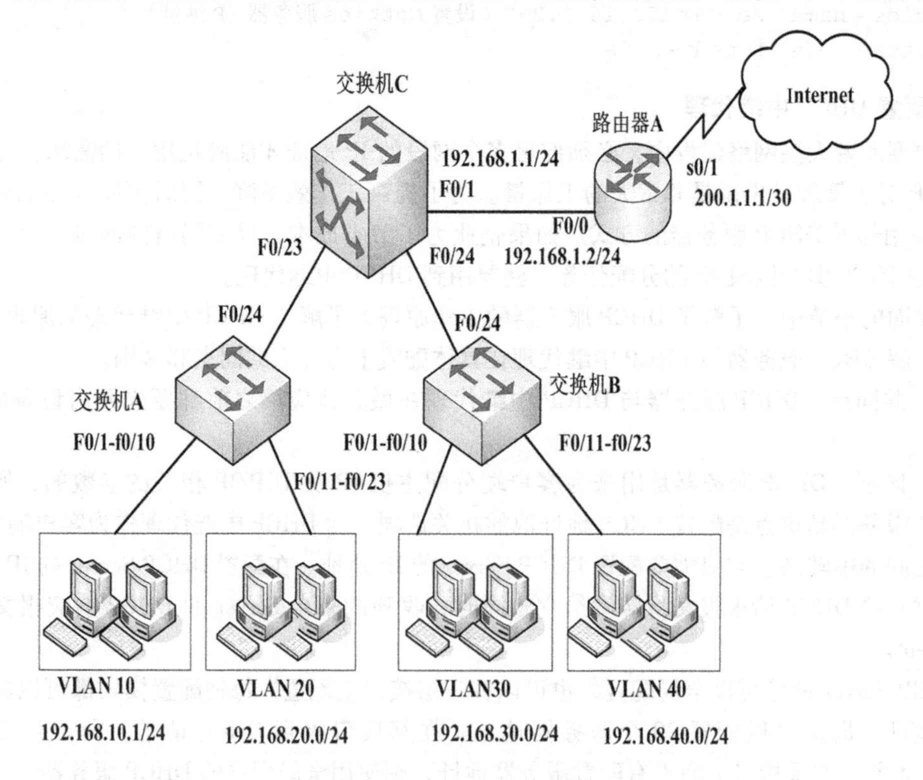

图 5-6　公司拓扑结构图

为了提高主机 IP 地址分配的效率，具体要求如下：

1）开启路由器 A 的 DHCP 功能。路由器 A 的 DHCP 地址池分别为：

地址池 1 —192.168.10.0/24
地址池 2 —192.168.20.0/24
地址池 3 —192.168.30.0/24
地址池 4 —192.168.40.0/24

其中 192.168.10.200~192.168.10.254 作为服务器群的地址将从地址池 1 中被排除。同时，要求路由器 A 自动分配给客户机域名 dg. com，域名服务器地址 192.168.10.253，Wins 服务器地址为 192.168.10.252，NetBIOS 节点类型为复合型，地址租期为 7 天，并要求主机 0001.0001.0001 的 IP 地址为 192.168.10.10。

2）三层交换机 C 作为计算机与路由器 A 之间的网络设备，开启 DHCP 中继功能，实现 DHCP 中继的作用。

3）成功实现部门计算机动态获取主机 IP 地址。

（2）配置过程

1）主要表达二层交换机 SWA、SWB 的配置过程：

① SWA 的配置过程：

```
Switch#config terminal （进入全局配置模式）
Switch(config)#hostname SWA （配置主机名）
SWA(config)#vlan 10 （划分 VLAN10）
SWA(config)#vlan 20 （划分 VLAN20）
SWA(config)#interface range f0/1-10 （进入连续的接口配置模式）
SWA(config-rang-if)#switchport mode access （将 1~10 口设置为接入模式）
SWA(config-rang-if)#switchport access vlan 10 （将 1~10 口加入到 VLAN10 中）
SWA(config)#interface range f0/11-23 （进入连续的接口配置模式）
SWA(config-rang-if)#switchport mode access （将 11~23 口设置为接入模式）
SWA(config-rang-if)#switchport access vlan 20（将 11~23 口加入到 VLAN20 中）
SWA(config)#interface f0/24 （进入接口模式）
SWA(config-if)#switchport mode trunk （将 24 口设置成主干模式）
SWA#show run （查看配置内容）
```

② SWB 的配置过程：

```
Switch#config terminal （进入全局配置模式）
Switch(config)#hostname SWB （配置主机名）
SWB(config)#vlan 30 （划分 VLAN30）
SWB(config)#vlan 40 （划分 VLAN40）
SWB(config)#interface range f0/1-10 （进入连续的接口配置模式）
SWB(config-rang-if)#switchport mode access （将 1~10 口设置为接入模式）
SWB(config-rang-if)#switchport access vlan 30 （将 1~10 口加入 VLAN30 中）
SWB(config)#interface range f0/11-23 （进入连续的接口配置模式）
SWB(config-rang-if)#switchport mode access （将 11~23 口设置为接入模式）
SWB(config-rang-if)#switchport access vlan 40 （将 11~23 口加入 VLAN40 中）
SWB(config)#interface f0/24 （进入接口模式）
SWB(config-if)#switchport mode trunk （将 24 口设置成主干模式）
SWB#show run （查看配置内容）
```

2）三层交换机 SWC 的配置过程：

```
Switch#config terminal （进入全局配置模式）
```

```
Switch(config)#hostname SWC  (配置主机名)
SWC(config)#vlan 10  (划分 VLAN10)
SWC(config)#vlan 20  (划分 VLAN20)
SWC(config)#vlan 30  (划分 VLAN30)
SWC(config)#vlan 40  (划分 VLAN40)
SWC(config)#interface f0/23  (进入接口模式)
SWC(config-if)#switchport mode trunk  (将 23 口设置成主干模式)
SWC(config)#interface f0/24  (进入接口模式)
SWC(config-if)#switchport mode trunk  (将 24 口设置成主干模式)
SWC(config)#interface vlan 10  (进入 SVI 接口模式)
SWC(config-if)#ip address 192.168.10.254 255.255.255.0  (配置 SVI 接口 IP 地址)
SWC(config-if)#no shutdown  (将接口开启)
SWC(config)#interface vlan 20  (进入 SVI 接口模式)
SWC(config-if)#ip address 192.168.20.254 255.255.255.0  (配置 SVI 接口 IP 地址)
SWC(config-if)#no shutdown  (将接口开启)
SWC(config)#interface vlan 30  (进入 SVI 接口模式)
SWC(config-if)#ip address 192.168.30.254 255.255.255.0  (配置 SVI 接口 IP 地址)
SWC(config-if)#no shutdown  (将接口开启)
SWC(config)#interface vlan 40  (进入 SVI 接口模式)
SWC(config-if)#ip address 192.168.40.254 255.255.255.0  (配置 SVI 接口 IP 地址)
SWC(config-if)#no shutdown  (将接口开启)
SWC(config)#interface f0/1  (进入 1 口的接口模式)
SWC(config-if)#no switchport  (开启 1 口的路由功能)
SWC(config-if)#ip address 192.168.1.1 255.255.255.0  (配置接口 IP 地址)
SWC(config-if)#no shutdown  (将接口开启)
SWC#show run  (查看配置内容)
```

3）路由器 RA 的配置过程：

```
Router#config terminal  (进入全局配置模式)
Router(config)#hostname RA  (配置主机名)
RA(config)#interface f0/0  (进入 0 口的接口模式)
RA(config-if)#ip address 192.168.1.2 255.255.255.0  (配置接口 IP 地址)
RA(config-if)#no shutdown  (将接口开启)
RA(config)#interface s0/1  (进入串口的接口模式)
RA(config-if)#ip address 200.1.1.1 255.255.255.252  (配置串口的 IP 地址)
RA(config-if)#no shutdown  (将接口开启)
RA#show run  (查看配置内容)
```

4）配置路由协议：若想成功获取主机 IP 地址，前提是网络必须畅通，现在我们来完成路由协议的配置。

① 三层交换机 SWC 配置路由：

```
SWC(config)#ip route 0.0.0.0 0.0.0.0 192.168.1.2  (配置默认路由)
```

② 路由器 RA 配置路由：

```
RA(config)#ip route 192.168.10.0 255.255.255.0 192.168.1.1  (配置静态路由)
RA(config)#ip route 192.168.20.0 255.255.255.0 192.168.1.1  (配置静态路由)
```

```
RA(config)#ip route 192.168.30.0 255.255.255.0 192.168.1.1  (配置静态路由)
RA(config)#ip route 192.168.40.0 255.255.255.0 192.168.1.1  (配置静态路由)
```

利用show ip route命令查看路由的配置情况，利用ping命令验证连通性。

5）配置DHCP服务器：

```
RA(config)#service dhcp  (开启DHCP服务器)
RA(config)#ip dhcp pool global  (配置全局地址名称为"global")
RA(dhcp-config)#network 192.168.0.0 255.255.255.0  (配置地址池的地址)
RA(dhcp-config)#domain-name gd.com  (配置DHCP服务器的域名)
RA(dhcp-config)#dns-server 192.168.10.253  (配置DNS服务器的地址)
RA(dhcp-config)#netbios-name-server 192.168.10.252  (配置Wins服务器的地址)
RA(dhcp-config)#netbios-node-type h-node (配置DHCP服务器的节点类型为复合型)
RA(dhcp-config)#lease 7 0 0  (配置地址租期为7天)
RA(dhcp-config)#ip dhcp pool vlan10  (配置子地址池名称"VLAN10")
RA(dhcp-config)#network 192.168.10.0 255.255.255.0  (配置地址池的地址)
RA(dhcp-config)#default-router 192.168.10.254  (配置默认网关地址)
RA(dhcp-config)# ip dhcp pool vlan20  (配置子地址池名称"VLAN20")
RA(dhcp-config)#network 192.168.20.0 255.255.255.0  (配置地址池的地址)
RA(dhcp-config)#default-router 192.168.20.254  (配置默认网关地址)
RA(dhcp-config)# ip dhcp pool vlan30  (配置子地址池名称"VLAN30")
RA(dhcp-config)#network 192.168.30.0 255.255.255.0  (配置地址池的地址)
RA(dhcp-config)#default-router 192.168.30.254  (配置默认网关地址)
RA(dhcp-config)# ip dhcp pool vlan40  (配置子地址池名称"VLAN40")
RA(dhcp-config)#network 192.168.40.0 255.255.255.0  (配置地址池的地址)
RA(dhcp-config)#default-router 192.168.40.254  (配置默认网关地址)
RA(dhcp-config)# ip dhcp excluded-address 192.168.10.200 192.168.10.254
(配置DHCP排除地址范围)
RA(config)#ip dhcp pool mac-ip  (建立手工绑定地址池名称)
RA(dhcp-config)#hardware-address 0001.0001.0001  (配置绑定的MAC地址)
RA(dhcp-config)#host 192.168.10.10 255.255.255.0  (配置绑定的IP地址)
RA(dhcp-config)#domain-name gd.com  (配置DHCP服务器的域名)
RA(dhcp-config)#dns-server 192.168.10.253  (配置DNS服务器的地址)
RA(dhcp-config)#netbios-name-server 192.168.10.252  (配置Wins服务器的地址)
RA(dhcp-config)#netbios-node-type h-node (配置DHCP服务器的节点类型为复合型)
RA(dhcp-config)#default-router 192.168.10.254  (配置默认网关地址)
```

6）配置中继代理：

```
SWC#config terminal
SWC(config)#serice dhcp  (开启DHCP服务)
SWC(config)#interface vlan 10
SWC(config-if)#ip helper-address 192.168.1.2
(配置VLAN10的DHCP中继及DHCP服务器地址)
SWC(config)#interface vlan 20
SWC(config-if)#ip helper-address 192.168.1.2
(配置VLAN20的DHCP中继及DHCP服务器地址)
SWC(config)#interface vlan 30
```

```
SWC(config-if)#ip helper-address 192.168.1.2
(配置 VLAN30 的 DHCP 中继及 DHCP 服务器地址)
SWC(config)#interface vlan 40
SWC(config-if)#ip helper-address 192.168.1.2
(配置 VLAN40 的 DHCP 中继及 DHCP 服务器地址)
```

在客户端上验证 IP 地址获取情况，如图 5-7 所示（已成功获取 IP 地址）。

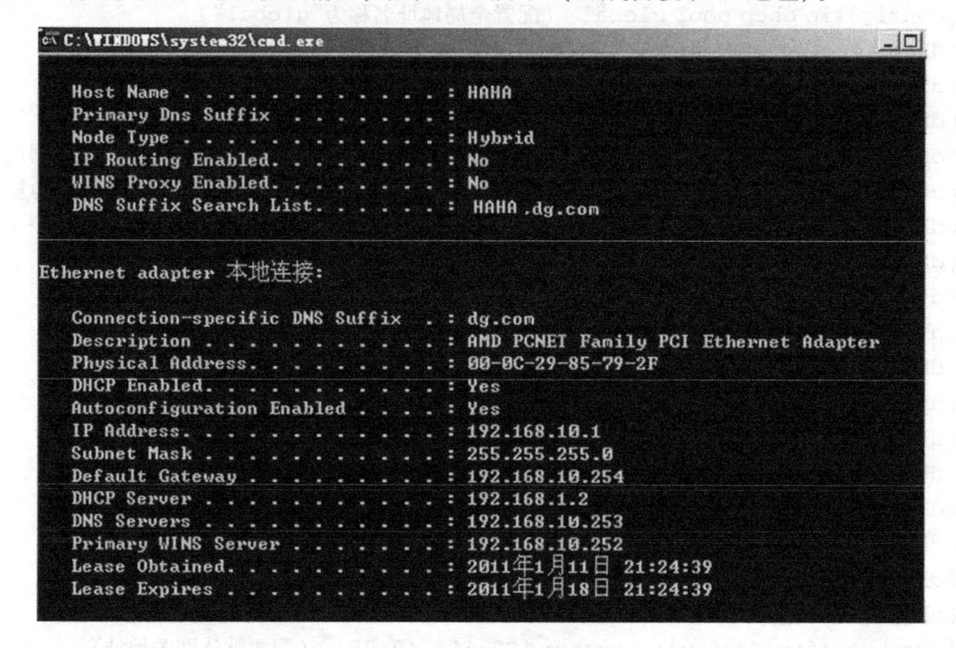

图 5-7　动态获取 IP 地址

5.1.5　DHCP 故障诊断与排除

DHCP 的故障可能有多种起因，如操作系统、网卡驱动程序或 DHCP/BOOTP 中继代理的软件缺陷等，但是最常见的原因是配置问题。鉴于可能发生问题的地方有多处，需要采取系统化的方法来排除故障。

1. 解决 IP 地址冲突

客户端虽然仍与网络连接，但它的 IP 地址租期可能已届满。如果客户端不续租，DHCP 服务器可以把该 IP 地址重新分配给另一客户端。当客户端重新启动时，它便需要一个 IP 地址。如果 DHCP 服务器没有快速做出响应，客户端将使用最近用过的 IP 地址。这样便会发生两台客户端使用同一 IP 地址的情况，造成冲突。

show ip dhcp conflict 命令显示 DHCP 服务器记录的所有地址冲突。服务器使用 ping 命令检测冲突。客户端使用地址解析协议（ARP）检测客户端。如果检测到地址冲突，冲突地址将从池中删除，直到管理员解决冲突问题后才予以分配。

本例显示 DHCP 服务器已提供的与其他设备有冲突的所有 IP 地址的检测方法和检测时间。

```
R# show ip dhcp conflict
IP address Detection Method Detection time
192.168.1.32 Ping Feb 16 2007 12:28 PM
192.168.1.64 Gratuitous ARP Feb 23 2007 08:12 AM
```

2. 检验物理连通性

首先，使用 show interface 命令确认充当客户端默认网关的路由器接口工作正常。如果接口状态不是开启，则该端口不传输流量，包括 DHCP 客户端请求。

3. 使用静态 IP 地址配置客户端工作站以测试网络连通性

排除任何 DHCP 故障时，请在一台客户端工作站上配置静态 IP 地址来检验网络连通性。如果工作站不能利用静态配置的 IP 地址访问网络资源，则问题的根源不是 DHCP。此时，需要排除网络连接故障。

4. 检验交换机端口配置（STP PortFast 和其他命令）

如果 DHCP 客户端在启动时无法从 DHCP 服务器获得 IP 地址，请手动强制客户端发送 DHCP 请求，以尝试从 DHCP 服务器获得 IP 地址。

如果客户端与 DHCP 服务器之间存在交换机，请检查端口是否启用 STP PortFast 并禁用中继/通道功能。默认配置是 PortFast 为禁用，而中继/通道功能为自动（如果适用）。这些配置更改可以解决 Catalyst 交换机初始安装导致的最常见 DHCP 客户端问题。

5. 辨别 DHCP 客户端在 DHCP 服务器所处的子网或 VLAN 上是否能获得 IP 地址

辨别客户端与 DHCP 处于同一子网或 VLAN 时 DHCP 能否正常工作十分必要。如果 DHCP 正常工作，则问题可能出在 DHCP/BOOTP 中继代理。如果在 DHCP 服务器所处的子网或 VLAN 上测试 DHCP 后，问题仍然存在，则真正的问题可能是在 DHCP 服务器。

6. 检验路由器 DHCP/BOOTP 中继配置。

当 DHCP 服务器处在与客户端不同的 LAN 上时，必须将朝向客户端的路由器接口配置为可中继 DHCP 请求。通过配置 IP 帮助地址可以完成这一点。如果 IP 帮助地址配置不正确，客户端 DHCP 请求将不能被转发给 DHCP 服务器。

请执行下面的步骤检验路由器配置。

步骤1：检验 ip helper-address 命令是配置在正确的接口上。它必须存在于包含 DHCP 客户端工作站的 LAN 的入站接口上，并且必须指向正确的 DHCP 服务器。在图 5-7 中使用 show running-config 命令的输出确认 DHCP 中继 IP 地址引用 DHCP 服务器地址 192.168.2.5。

```
R1# show running - config
!
    Interface FastEthernet0/0
    Ip address 192.168.1.1 255.255.255.0
    Ip helper - address 192.168.2.5
    Duplex full
    Speed auto
!
```

步骤2：确认没有配置全局配置命令 no service dhcp。此命令会禁用路由器上的所有 DHCP 服务器和中继功能。命令 service dhcp 没有出现在配置中，因为它是默认配置。

7. 使用 debug 命令检查路由器是否接收 DHCP 请求

在配置为 DHCP 服务器的路由器上，如果路由器不接收来自客户端的请求，则 DHCP 过程将失败。作为故障排除任务，请检查路由器是否接收来自客户端的 DHCP 请求。此故障排除步骤涉及配置访问控制列表以供调试输出使用。调试访问控制列表不会干扰路由器配置。

在全局配置模式下，创建以下访问控制列表：

```
access - list 100 permit ip host 0.0.0.0 host 255.255.255.255
```

使用 ACL 100 作为决定参数开始调试。在执行模式下，输入以下 debug 命令：

```
debug ip packet detail 100
```

下面输出显示路由器正在接收来自客户端的 DHCP 请求，源 IP 地址为 0.0.0.0，因为客户端还不具有 IP 地址。目的 IP 地址为 255.255.255.255，因为来自客户端的 DHCP 发现消息是广播的。UDP 源端口 68 和目的端口 67 是 DHCP 使用的典型端口。

```
00:23:55:IP:s =0.0.0.0(Ethernet4 /0),d =255.255.255.255,len 604,rcvd 2
00:23:55:UDP src =68,dst =67
00:23:55:IP:s =0.0.0.0(Ethernet4 /0),d =255.255.255.255,len 604,rcvd 2
00:23:55:UDP src =68,dst =67
```

输出仅显示数据包摘要信息，而不是数据包本身。因此，无法判断数据包是否正确。然而，路由器的确收到了广播数据包，其源 IP 地址、目的 IP 地址、源 UDP 端口和目的 UDP 端口对于 DHCP 来说是正确的。

使用 debug ip dhcp server packet 命令检查路由器是否接收和转发 DHCP 请求，用来排除 DHCP 运作故障的一个有用命令是 debug ip dhcp server events 命令。此命令报告服务器事件，如地址分配和数据库更新。它还用于解码 DHCP 接收和传输。

5.2　NAT

5.2.1　NAT 简介

随着接入互联网的计算机数量的不断猛增，IP 地址资源也就愈加显得捉襟见肘。事实上，一般用户几乎申请不到整段的公网 C 类地址。在 ISP 那里，即使是拥有几百台计算机的大型局域网用户，也不过只有几个或十几个公网 IP 地址。显然，当他们申请公网 IP 地址时，所分配的地址数量远不能满足网络用户的需求。为了解决这个问题，就产生了 NAT（Network Address Translation，网络地址转换）技术。

NAT 技术允许使用私有 IP 地址的企业局域网，可以透明地连接到像互联网这样的公用网络上，无须内部主机拥有注册的并且是越来越缺乏的公网 IP 地址，从而节约公网 IP 地址源，增加了企业局域网内部 IP 地址划分的灵活性。

之前学习的交换和路由技术能够组建企业网络，在本节将学习有关 NAT 的概念和配置方法。学习完本节之后，将能够理解 NAT 的工作原理和对 NAT 进行配置，使企业网络能够在申请不到足够的合法公网 IP 地址的情况下，也依然能够连接到公网上，并对一般的 NAT 故障进行检查与排除。

1. NAT 的基本概念

（1）NAT 的应用　网络地址转换通过将内部网络的私有 IP 地址翻译成全球唯一的公网 IP 地址，使内部网络可以连接到互联网等外部网络上，可广泛应用于各种类型互联网接入方式和各种类型的网络中。原因很简单，NAT 不仅解决了 IP 地址不足的问题，而且还能够隐藏内部网络的细节，避免来自网络外部的攻击，起到一定的安全保护作用。

虽然 NAT 可以借助于某些代理服务器来实现，但考虑到运算成本和网络性能，很多时候都是在路由器上实现的。

借助于 NAT，私有保留地址的内部网络通过路由器发送数据包时，私有地址被转换成合法的 IP 地址，一个局域网只需要少量地址（甚至是一个），即可实现使用了私有地址的网络内所有计算机与互联网的通信需求。

NAT 将自动修改 IP 包头中的源 IP 地址和目的 IP 地址，IP 地址校验则在 NAT 处理过程中自动完成。有一些应用程序将源 IP 地址嵌入到 IP 数据包的数据部分中，所以还需要同时对数据部分进行修改，以匹配 IP 头中已经修改过的源 IP 地址。否则，在包的数据部分嵌入了 IP 地址的应用程序不能正常工作。

（2）NAT 的实现方式　NAT 的实现方式有三种：

1）静态转换就是将内部网络的私有 IP 地址转换为公有合法的 IP 地址时，IP 地址的对应关系是一对一的，是不变的，即某个私有 IP 地址只转换为某个固定的公有 IP 地址。借助于静态转换，能实现外部网络对内部网络中某些特定设备（如服务器）的访问。

2）动态转换是指将内部网络的私有地址转换为公有地址时，IP 地址对应关系是不确定的、随机的，所有被授权访问互联网的私有地址可随机转换为任何指定的合法地址。也就是说，只要指定哪些内部地址可以进行 NAT 转换，以及哪些可用的合法 IP 地址可以作为外部地址时，就可以进行动态转换了。动态转换也可以使用多个合法地址集。当 ISP 提供的合法地址少于网络内部的计算机数量时，可以采用动态转换的方式。

3）超载 NAT（PAT）是改变外出数据包的源 IP 地址和源端口并进行端口转换，即端口地址转换采用超载 NAT 方式。内部网络的所有主机均可共享一个合法外部 IP 地址实现互联网的访问，从而可以最大限度地节约 IP 地址资源。同时，又可以隐藏网络内部的所有主机，以有效地避免来自互联网的攻击。因此，目前网络中使用最多的就是超载 NAT 方式。

2. NAT 的优势和缺点

NAT 允许企业内部网使用私有地址，并通过设置合法地址集，使内部网可以与互联网进行通信，从而达到节省合法注册地址的目的。

NAT 可以减少在规划地址集时地址重叠情况的发生。如果地址方案最初是在私有网络中建立的，因不与外部网络通信，所以有可能使用了保留地址以外的地址。而后来，该网络又想要连接到公用网络，在这种情况下，如果不做地址转换，就会产生地址冲突。

NAT 增加了配置和排错的复杂性。使用和实施 NAT 时，无法实现对 IP 数据包端对端的路径跟踪。在经过使用 NAT 地址转换的多跳之后，对数据包的路径跟踪将变得十分困难。然而，这样却可以提供更安全的网络链路，因为黑客想要跟踪或获得数据包的初始来源或目的地址也将变得非常困难，甚至无法获得。

NAT 也可能会使某些需要使用内嵌 IP 地址的应用不能正常工作，因为它隐藏了端到端的 IP 地址。某些直接使用 IP 地址而不通过合法域名进行寻址的应用，可能也无法与外部网络资源进行通信，这个问题有时可以通过实施静态 NAT 映射来避免。

3. NAT 的应用

（1）NAT 支持的数据流　对于通过 NAT 发送数据包的终端系统来说，NAT 应该是半透明的。但很多应用（商业应用，或者作为TCP/IP集一部分的应用）都使用IP地址，数据字段的信息可能与IP地址有关，或者数据字段中内嵌IP地址。如果NAT转换了部分IP数据包中的地址，但不知道对数据将要造成的影响，该应用就有可能被破坏。

NAT设备所支持的数据流，见表5-1。表中对应列出了在应用数据中携带IP地址信息的应用，NAT知道这些应用，并且会对这些应用的数据给予适当修改。

表5-1 NAT支持的数据流

支持的业务类型和应用	支持在数据流中有IP地址的业务类型	不支持的业务类型
任何应用数据流中不承载源/目的IP地址的TC/UDP业务	ICMP	路由表更新
HTTP	FTP（包括PORT和PASV）	DNS区域传送
TFTP	TCP/IP上的NetBIOS（数据报、名称和会话服务）	BOOTP
Telnet	DNS	Talk，ntalk
NTP	H. 323/NetMeeting	SNMP
NFS	IP多播（只转换源地址）	Netshow

（2）转换内部LAN的地址　使用NAT转换内部局部地址，就是在内部局部地址和内部全局地址之间建立一个映射关系。在下面的例子中，内部局域网网段的地址10. 1. 1. 0/24经过NAT，转换成192. 168. 2. 0/24的内部全局地址。

如图5-8所示，NAT用于将内部私有地址转换为外部合法地址，从中可以看到NAT的操作运行过程。

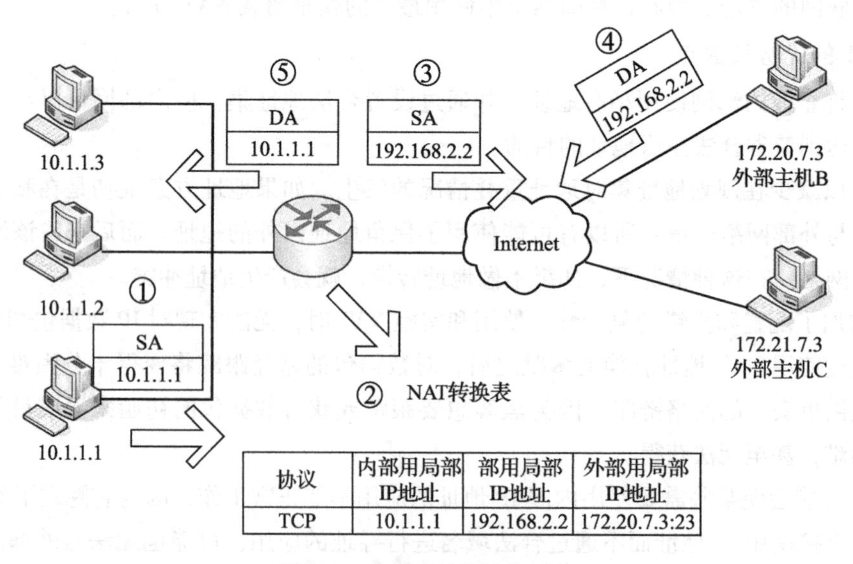

图5-8 内部地址的转换过程

下面的步骤编号与上图中标出的NAT操作步骤编号是一致的。

① 把网络内部主机10. 1. 1. 1上的用户建立到外部主机B的一条连接。

② 边界路由器从主机 10. 1. 1. 1 接收到第一个数据包时，将检查 NAT 转换表。

③ 如果已为该地址配置了静态地址转换，或者该地址的动态地址转换已经建立，那么，路由器将继续进行步骤④。否则，路由器会决定对该地址 10. 1. 1. 1 进行转换；路由器将为其从动态地址集中分配一个合法地址，并建立从内部局部地址 10. 1. 1. 1 到内部全局地址（如 192. 168. 2. 2）的映射。这种类型的转换条目称为一个简单条目。

④ 边界路由器用所选的内部全局地址 192. 168. 2. 2 来替换内部局部 IP 地址 10. 1. 1. 1，并转发该数据包。

⑤ 主机 B 收到该数据包，并且用目的地址 192. 168. 2. 2 对内部主机 10. 1. 1. 1 进行应答。

当边界路由器接收到目的地址为内部全局地址的数据包时，路由器将用该内部全局地址通过 NAT 转换表查找出内部局部地址。然后，路由器将数据包中的目的地址替换成 10. 1. 1. 1 的内部局部地址，并将数据包转发到内部主机 10. 1. 1. 1。主机 10. 1. 1. 1 接收该数据包，并继续该会话。对于每个数据包，路由器都将执行步骤②到步骤⑤的操作。

5. 2. 2 静态 NAT

在配置网络地址转换过程之前，首先必须弄清楚内部接口和外部接口，以及在哪个外部接口上启用 NAT。通常情况下，连接到用户内部网络的接口是 NAT 内部接口，而连接到外部网络（如互联网）的接口是 NAT 外部接口。

下面通过示例来说明静态 NAT 的配置。假设内部局域网使用的 IP 地址为 192. 168. 100. 1 ~ 192. 168. 100. 254，路由器局域网端口（默认网关）的 IP 地址是 192. 168. 100. 1，子网掩码为 255. 255. 255. 0。网络分配的合法 IP 地址范围是 61. 159. 62. 128 ~ 61. 159. 62. 135，路由器在广域网的地址是 61. 159. 62. 129，子网掩码是 255. 255. 255. 248。可用于地址转换的地址是 61. 159. 62. 130 ~ 61. 159. 62. 134，如图 5-9 和图 5-10 所示。

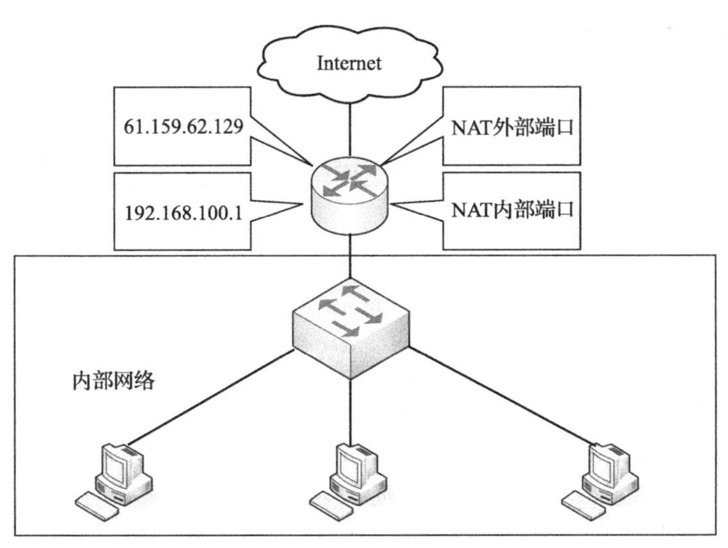

图 5-9 NAT 静态转换网络结构示意图

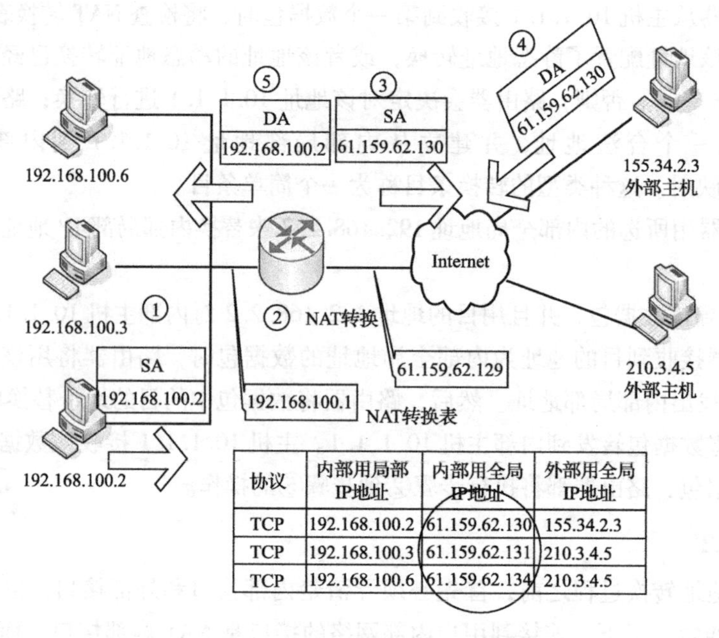

图 5-10　NAT 静态转换示意图

将内部网络地址 192. 168. 100. 2 ~ 192. 168. 100. 6 转换为合法的外部地址 61. 159. 62. 130 ~ 61. 159. 62. 134。

第一步：设置外部端口的 IP 地址。

```
Router(config)#interface serial 0/0
Router(config - if)#ip address 61.159.62.129 255.255.255.248
```

第二步：设置内部端口的 IP 地址。

```
Router(config)#interface FastEthernet 0/0
Router(config - if)#ip addrFeass 192.168.100.1 255.255.255.0
```

第三步：在内部局部地址和内部全局地址之间建立静态地址转换。

```
Router(config)#ip nat inside source static 192.168.100.2 61.159.62.130
(将内部局部地址 192.168.100.2 转换为内部全局地址 61.159.62.130)
Router(config)#ip nat inside source static 192.168.100.3 61.159.62.131
(将内部局部地址 192.1 68.i00.3 转换为内部全局地址 61.159.62.131)
Router(config)#ip nat inside source static 192.168.100.4 61.159.62.132
(将内部局部地址 192.168.100.4 转换为内部全局地址 61.159.62.132)
Router(config)#ip nat inside source static 192.168.100.5 61.159.62.133
(将内部局部地址 192.168.100.5 转换为内部全局地址 61.159.62.13 3)
Router(config)#ip nat inside source static  192.168.100.6  61.159.62.134
(将内部局部地址 192.168.100.6 转换为内部全局地址 61.159.62.134)
```

第四步：在内部和外部端口上启用 NAT。

设置 NAT 功能的路由器需要有一个内部端口（Inside）和一个外部端口（Outside）。内部端口连接的网络用户使用的是内部 IP 地址，外部端口连接的是外部的网络，如互联网。要 NAT 功能发挥作用，必须在这两个端口上启用 NAT。

```
Router(config)#interface serial 0/0
Router(config-if)#ip nat outside
Router(config)#interface FastEthernet 0/0
Router(config-if)#ip nat inside
```

5.2.3　动态 NAT

下面，通过一个例子来介绍动态 NAT 的配置。假设内部局域网使用的 IP 地址为 172.168.100.1 ~ 172.168.100.254，路由器局域网端口（默认网关）的 IP 地址是 172.168.100.1，子网掩码为 255.255.255.0。网络分配的合法 IP 地址范围为 61.159.62.128 ~ 61.159.62.191，路由器在广域网的地址是 61.159.62.129，子网掩码是 255.255.255.192。可以用于地址转换的地址是 61.159.62.130 ~ 61.159.62.190，如图 5-11 和图 5-12 所示。

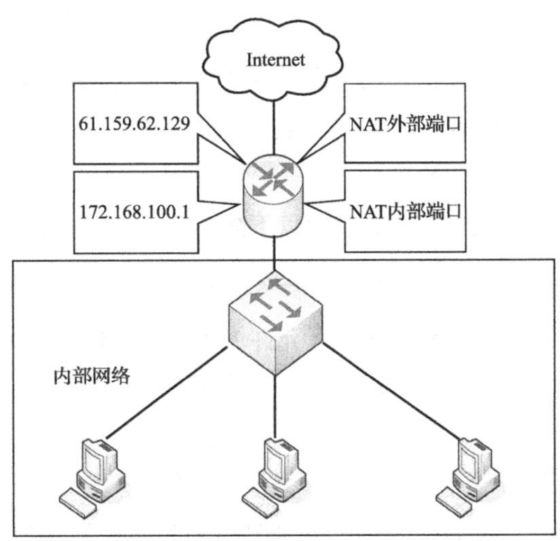

图 5-11　NAT 动态转换网络结构示意图

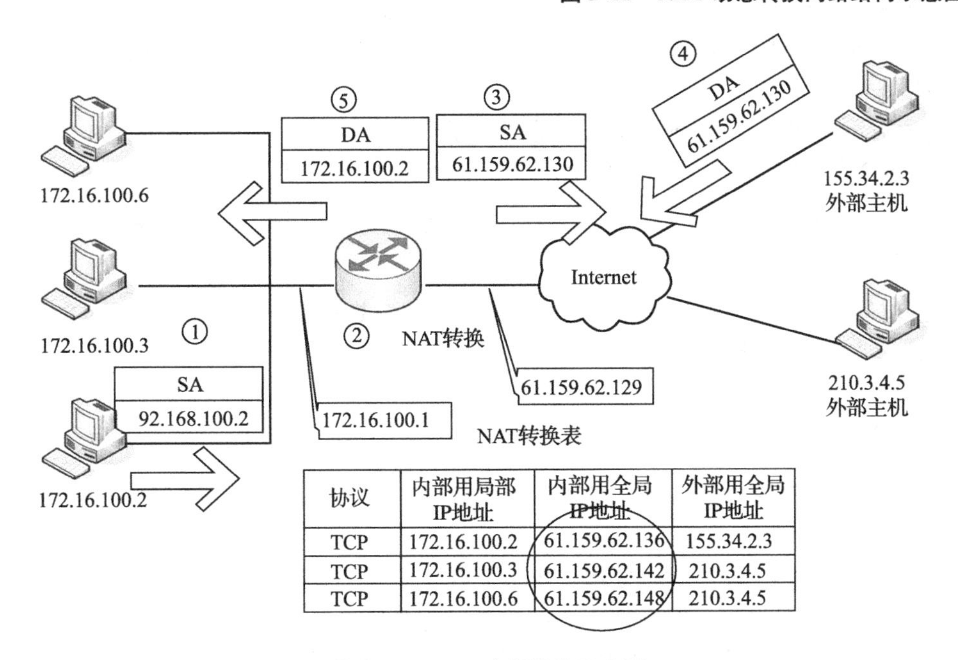

协议	内部用局部 IP地址	内部用全局 IP地址	外部用全局 IP地址
TCP	172.16.100.2	61.159.62.136	155.34.2.3
TCP	172.16.100.3	61.159.62.142	210.3.4.5
TCP	172.16.100.6	61.159.62.148	210.3.4.5

图 5-12　NAT 动态转换示意图

要求将内部网络地址 172.16.100.2 ~ 172.16.100.254 转换为合法的外部地址 61.159.62.130 ~ 61.159.62.190。

第一步：设置外部端口的 IP 地址。

```
Router(config)#interface serial 0/0
Router(config-if)#ip address 61.159.62.129 255.255.255.192
```

第二步：设置内部端口的 IP 地址。

```
Router(config)#interface FastEthernet 0/0
Router(config-if)#ip address 172.16.100.1 255.255.255.0
```

第三步：定义内部网络中允许访问外部网络的访问控制列表。

```
Router(config)#access-list access-list-number permit source source—wiidcard
Access-list-number 为 1~99 之间的整数。
```

在本例中，使用以下命令定义访问控制列表：

```
Router(config)#access-list  1 permit 172.16.100.0 0.0.0.255
```

上述命令表示，允许 172.168.100.1 ~ 172.168.100.255 访问外部网络。

第四步：定义合法 IP 地址池。

```
Router(config)#ip  nat pool pool-name  star-ip  end-jp  {netmask netmask
prefix-length prefix-Length)[type rotary]
```

① pool-name：放置转换后地址的地址池的名称。

② star-ip/ end-jp：地址池内起始和终止 IP 地址。

③ netmask netmask：子网掩码，以 4 段 3 点的十进制数表示。

④ prefix-length prefix-length：子网掩码，以掩码中 1 的数量表示。两种掩码的表示方式等价，任意使用一个即可。

⑤ type rotary（可选）：地址池中的地址为循环使用。

如果有多个合法地址池，可以分别使用下面的命令添加到地址池中：

```
Router(config)#ip nat pool test0 61.159.62.13 0 61.159.62.1 90 netmask
255.255.255.192
```

提示： 如何想允许多个地址段访问互联网，只需要反复使用上面的命令定义即可。

第五步：实现网络地址转换。

在全局配置模式中，将由 access-list 指定的内部局部地址与指定的内部全局地址池进行地址转换，命令语法如下：

```
Router(config)#ip nat inside source list access-list-number pool pool-
name  [overload]
```

⑥ overload（可选）：使用地址复用，用于 PAT。

下面的命令表示，将访问控制列表 1 中的局部地址转换为 test0 地址池中定义的全局 IP 地址，如果有多个地址池，可以逐一添加，以增加合法地址池的数量范围。

```
Router(config)#ip nat inside source list 1 pool test1
Router(config)#ip nat inside source 1ist 1 pool test2
Router(config)#ip nat inside source 1ist 1 pool test3
```

第六步：在内部和外部端口上启用NAT。

```
Router(config)#interface serial 0/0
Router(config-if)#ip nat outside
Router(config)#interface FastEthernet 0/0
Router(config-if)#ip nat inside
```

5.2.4　超载NAT（PAT）

下面通过例子来说明使用外部全局地址配置PAT的方法。假设内部局域网使用的IP地址为10.1.1.1~10.1.1.254，路由器局域网端口（默认网关）的IP地址是10.1.1.1，子网掩码为255.255.255.0。网络分配的合法IP地址范围是61.159.62.128~61.159.62.135，路由器在广域网的地址61.159.62.129，子网掩码是255.255.255.248。可以用于地址转换的地址是61.159.62.130/29，如图5-13和5-14所示。

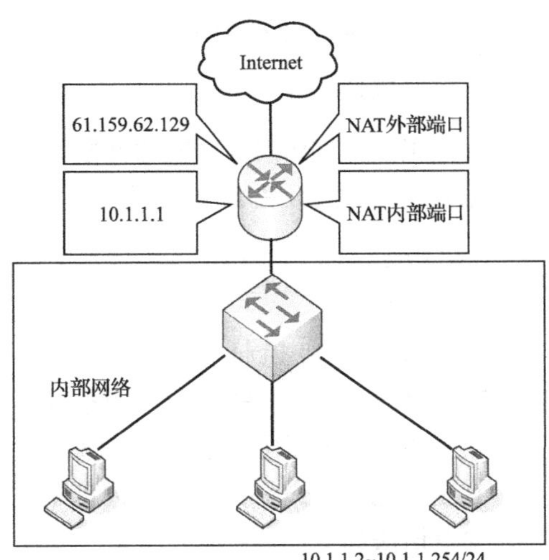

图5-13　PAT动态转换网络结构示意图

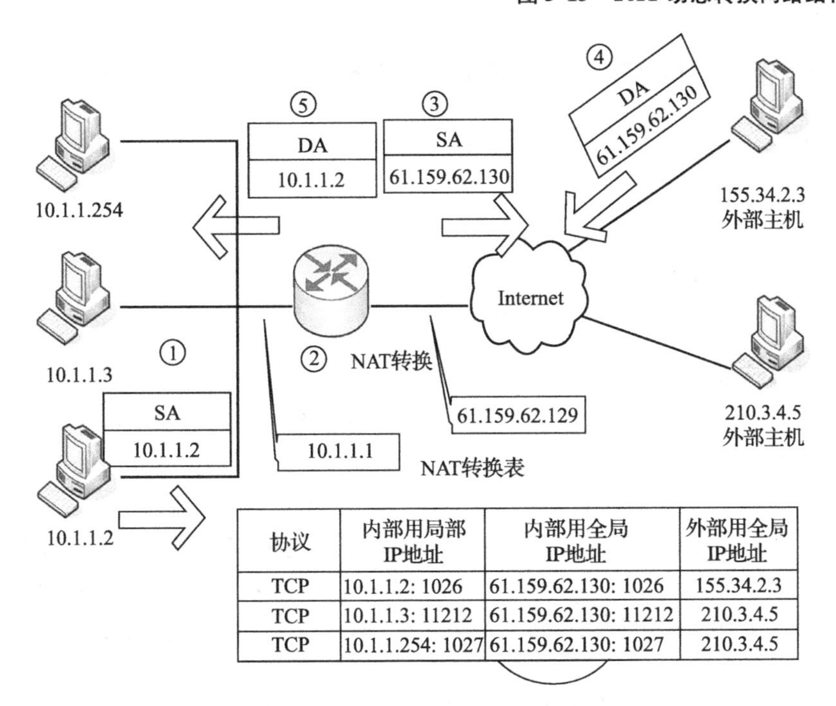

协议	内部用局部IP地址	内部用全局IP地址	外部用全局IP地址
TCP	10.1.1.2: 1026	61.159.62.130: 1026	155.34.2.3
TCP	10.1.1.3: 11212	61.159.62.130: 11212	210.3.4.5
TCP	10.1.1.254: 1027	61.159.62.130: 1027	210.3.4.5

图5-14　PAT转换地址示意图

将内部网络地址10.1.1.1~10.1.1.254转换为合法的外部地址61.159.62.130/29。

第一步：设置外部端口的IP地址。

```
Router(config)#interface serial 0/0
```

```
Router(config-if)#ip address 61.159.62.129 255.255.255.248
```

第二步：设置内部端口的 IP 地址。

```
Router(config)#interface FastEthernet 0/0
Router(config-if)#ip address 10.1.1.1 255.255.255.0
```

第三步：定义内部访问列表。

```
Router(config)#access-list 1 permit 10.1.1.0 0.0.0.255
```

在这里，允许访问互联网的网段为 10.1.1.0～10.1.1.255，子网掩码为 255.255.255.0。

第四步：定义合法 IP 地址池。

```
Router(config)#ip nat pool onlyone 61.159.62.130 61.159.62.130 netmask
255.255.255.248
```

在这里，合法地址池的名字是 onlyone，合法地址的范围是 61.159.62.130，掩码是 255.255.255.248。由于只有一个地址，所以起始地址与终止地址相同。

第五步：设置复用动态 IP 地址转换。

在全局配置模式中，设置在内部的局部地址与内部全局地址 IP 地址之间建立动态地址转换。命令语法如下：

```
Router(config)#ip nat inside source 1ist access-list-number pool pool-
name overload
```

下面的命令以端口复用方式，将访问控制列表 1 中的局部地址转换为 onlyone 地址池中定义的全局 IP 地址。

第六步：在内部和外部端口上启用 NAT。

```
Router(config)#interface serial 0/0
Router(config-if)#ip nat outside
Router(config)#interface FastEthernet 0/0
Router(config-if)#ip nat inside
```

5.2.5　配置端口转发

端口转发（有时也称为隧道）是将网络端口从一个网络节点转发到另一个网络节点的操作。这种技术允许外部用户从外部网络通过启用 NAT 的路由器到达私有 IP 地址（LAN 内部）上的端口。

通常来说，为了让点对点文件共享程序、Web 服务和送出 FTP 等关键操作能够工作，需要转发或打开路由器端口。因为 NAT 隐藏了内部地址，所以点对点只能以从内到外的方式工作，NAT 在外部可以建立注册送出请求与传入回复之间的映射。NAT 不允许从外部发起请求，通过手动干预可以解决这个问题，端口转发允许确定可以被转发到内部主机的特定端口。

回忆一下，Internet 软件应用程序与用户端口互动时，用户端口需打开或可供应用程序使用。不同的应用程序使用不同的端口。例如，Telnet 使用端口 23，FTP 使用端口 20 和 21，HTTP 使用端口 80，SMTP 使用端口 25。通过端口，应用程序和路由器能够识别是哪一种网络服务。例如，HTTP 通过公认端口 80 工作。当输入地址 http://baidu.com 时，浏览器显示 BaiDu Systems, Inc. 网站。请注意，不必指定页面请求的 HTTP 端口号，因为应用程序会使用默认端口 80。

利用端口转发，Internet 上的用户能够使用 WAN 端口地址和相匹配的外部端口号来访问内部服务器。当用户通过 Internet 发送这些类型的请求到 WAN 端口 IP 地址时，路由器将这些请求转发到 LAN 上适当的服务器。为安全起见，宽带路由器默认不允许转发任何外部网络请求到内部主机。

5.2.6　NAT 故障诊断与排除

1. 检验 NAT 和 NAT 过载

检验 NAT 运行情况很重要，有数个有用的路由器命令可查看和清除 NAT 转换的情况和问题。检验 NAT 运行情况时最有用的命令之一是 show ip nat translations 命令。使用 show 命令检验 NAT 之前，必须清除任何仍可能存在的动态转换条目，因为默认情况下，动态地址转换要经过一段时间未使用后，才会超时而退出 NAT 转换表。

如图 5-15 所示，路由器 R2 已配置成向 192.168.0.0 /16 客户端提供 NAT 过载。

NAT 过载配置命令如下：

```
Access - list 1 permit 192.168.0.0 0.0.255.255
Ip nat inside source list 1 interface serial 0 /1 /0 overload
Interface serial 0 /0 /0
Ip nat inside
Interface serial 0 /0 /0
Ip nat outside
```

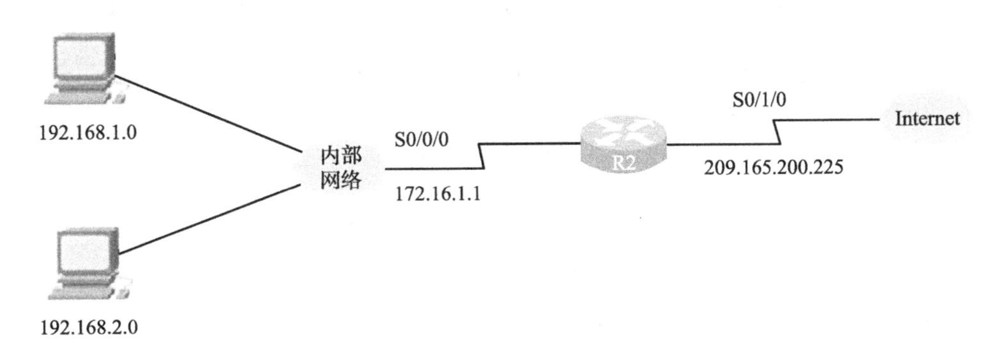

图 5-15　NAT 过载配置示例

当内部主机离开路由器 R2 进入 Internet 时，它们被转换为带有唯一源端口号的串行接口 IP 地址。假设内部网络的两台主机一直在通过 Internet 使用 Web 服务。

show ip nat translations 命令的输出显示了这两个 NAT 分配的详细情况。在该命令中增加 verbose 可显示关于每个转换的附加信息，包括创建和使用条目的时间长短。该命令显示所有已配置的静态转换和所有由流量创建的动态转换。每个转换通过协议及内部地址与外部地址、本地地址与全局地址来识别。

```
R2#show ip nat translations
Pro     Inside global            Inside local          Outside local
        Outside global
Tcp   209.165.200.225: 16642   192.168.1.10: 16642   209.165.200.254: 80
```

```
      209.165.200.254:80
Tcp   209.165.200.225: 62452    192.168.1.10: 62452    209.165.200.254: 80
      209.165.200.254:80
  R2#show ip nat translations verbose
Pro     Inside global             Inside local            Outside local
        Outside global
Tcp    209.165.200.225: 16642    192.168.1.10: 16642    209.165.200.254: 80
       209.165.200.254:80
Create 00:02:13, use 00:02:11 timeout:86400000,left 25:33:25,Map-Id(In):1,
Flags:
Extended,use_count: 0,entry-id: 4,lc_entries: 0
Tcp    209.165.200.225: 62452    192.168.2.10: 62452    209.165.200.254: 80
       209.165.200.254:80
Create 00:00:45, use 00:00:41 timeout:86400000,left 25:34:19,Map-Id(In):1,
Flags:
    Extended,use_count: 0,entry-id: 5,lc_entries: 0
```

show ip nat statistics 命令显示以下信息：活动转换总数、NAT 配置参数、池中的地址数量及已分配的地址数量。主机发起了 Web 流量和 ICMP 流量。

```
  R2#show ip nat translations
Pro     Inside global             Inside local            Outside local
        Outside global
icmp    209.165.200.225: 3        192.168.1.10: 3         209.165.200.254: 3
        209.165.200.254:3
Tcp    209.165.200.225: 11679    192.168.1.10: 11679     209.165.200.254: 80
       209.165.200.254:80
icmp    209.165.200.225: 0        192.168.2.10: 0         209.165.200.254: 0
        209.165.200.254:0
Tcp    209.165.200.225: 14462    192.168.2.10: 14462     209.165.200.254: 80
       209.165.200.254:80
  R2#show ip nat statistics
Total active translations:3(0 static,3 dynamic;3 extended)
Outside interfaces:
   Serial 0/1/0
Inside interfaces:
   Serial 0/0/0,Serial 0/0/1
Hits: 173   Misses: 9
CEF Translations: 6
Expired translations: 6
Dynamic mappings:
-1287940552 --Inside Source
[ID: 1]access-list 1 interface serial0/1/0 refcount 3
Queued packets: 0
```

或者使用 show run 命令查看 NAT，访问命令列表、接口或池命令。仔细检查，纠正所发现的任何错误。转换条目默认超时时间为 24h，在全局配置模式下使用 ip nat translation timeouttimeout_ seconds 命令可重新配置超时时间。有时候，早于默认时间清除动态条目很有用，测试 NAT 配置时尤其如此。要在超时之前清除动态条目，请使用 clear ip nat translation 全局命令。

各种清除 NAT 转换的方法，见表 5-2。可以具体指定删除哪一转换，也可以使用 clear ip nat translation * 全局命令清除表中的全部转换，该命令只会清除表中的动态转换，无法从转换表中清除静态转换。

表 5-2　清除 NAT 转换的方法

命　令	说　明
clear ip nat translation *	清除 NAT 转换表中的所有动态地址转换条目
clear ip nat translation inside *global-ip local-ip* [outside *local-ip global-ip*]	清除一个含有内部转换或含有内部转换与外部转换的简单动态转换条目
clear ip nat translation *protocol* inside *global-ip global-port local-ip local-port* [outside *local-ip local-port globl-ip global-port*]	清除一个扩展动态转换条目

2. NAT 和 NAT 过载配置的故障排除

NAT 环境中发生 IP 连通性故障时，经常难以确定故障的原因。解决问题的第一步便是检查 NAT 是否为故障的原因。请执行下列步骤来检验 NAT 是否如预期一样工作。

步骤 1：根据配置，清楚地确定应该实现什么样的 NAT。这可能会揭示出配置问题。

步骤 2：使用 show ip nat translations 命令检验转换表中转换条目是否正确。

步骤 3：使用 clear 和 debug 命令检验 NAT 是否如预期一样工作。检查动态条目被清除后，是否又被重新创建出来。

步骤 4：详细审查数据包传送情况，确认路由器具有移动数据包所需的正确路由信息。

使用 debug ip nat 命令显示关于被路由器转换的每个数据包的信息，检验 NAT 功能的运作。debug ip nat detailed 命令会产生关于要进行转换的每个数据包的说明。此命令还会输出关于某些错误或异常状况的信息，如分配全局地址失败等。

debug ip nat 命令的输出示例如下所示，从输出中可以看出，内部主机 192.168.1.10 发起了到外部主机 209.165.200.254 的流量，且已被转换为地址 209.165.200.225。

```
R2# debug ip nat
IP NAT debugging is on
R2#
*Oct  6 08:30:55.579:NAT*:s=192.168.1.10->209.165.200.225,d=209.165.200.254[14434]
*Oct  6 08:30:55.595:NAT*:s=209.165.200.254,d=209.165.200.225->192.168.10.10[6334]
*Oct  6 08:30:55.611:NAT*:s=192.168.1.10->209.165.200.225,d=209.165.200.254[14435]
*Oct  6 08:30:55.619:NAT*:s=192.168.1.10->209.165.200.225,d=209.165.200.254[14436]
*Oct  6 08:30:55.627:NAT*:s=192.168.1.10->209.165.200.225,d=209.165.200.254[14437]
*Oct  6 08:30:55.631:NAT*:s=209.165.200.254,d=209.165.200.225->192.168.1.10[6335]
*Oct  6 08:30:55.643:NAT*:s=209.165.200.254,d=209.165.200.225->192.168.1.10[6336]
*Oct  6 08:30:55.647:NAT*:s=192.168.1.10->209.165.200.225,d=209.165.200.254[14438]
*Oct  6 08:30:55.651:NAT*:s=209.165.200.254,d=209.165.200.225->192.168.1.10[6337]
*Oct  6 08:30:55.655:NAT*:s=192.168.1.10->209.165.200.225,d=209.165.200.254[14439]
```

```
*Oct  6 08:30:55.659:NAT*:s=209.165.200.254,d=209.165.200.225->192.168.1.10[6338]
<Output omitted>
```

解读调试输出时，注意下列符号和值的含义：

* ——NAT 旁边的星号表示转换发生在快速交换路径。会话中的第一个数据包始终是过程交换，因而较慢。如果缓存条目存在，则其余数据包经过快速交换路径。

s=——指源 IP 地址。

a.b.c.d--->w.x.y.z——表示源地址 a.b.c.d 被转换为 w.x.y.z。

d=——指目的 IP 地址。

[xxxx]——中括号中的值表示 IP 标识号。此信息可能对调试有用，因为它与协议分析器的其他数据包跟踪相关联。

本章小结

本章讨论了对 Internet 地址空间不断萎缩问题的关键解决方案，学习了如何使用 DHCP 在内部网络分配私有 IP 地址，这可以节约公有地址空间，并节省相当大的添加、移动和更改等管理开销。还学习了如何实施 NAT 和超载 NAT，以节约公有地址空间，并建立安全的私有内部网而不影响 ISP 的链接。但是，NAT 也有一些弊端，如影响网络设备性能、安全性、移动性和端到端连接性。

本章习题

选择题

1. 使用 NAT 的好处有（　　）。

   A. 可节省公有 IP 地址

   B. 可增强路由性能

   C. 可降低路由问题故障排除的难度

   D. 可降低通过 IPsec 实现隧道的复杂度

2. 根据如下所示的配置，应该如何为网络中的关键主机（如路由器接口、打印机和服务器）分配排除地址池（　　）。

```
Router(config)# ip dhcp excluded-address 10.0.1.2 10.0.1.16
Router(config)# ip dhcp excluded-address 10.0.1.254
Router(config)# ip dhcp pool TEST
Router(dhcp-config)# network 10.0.1.2 255.255.255.0
Router(dhcp-config)# default-router 10.0.1.254
Router(dhcp-config)# dns-server 10.0.1.3
Router(dhcp-config)# domain-name netacad.net
```

   A. 地址由网络管理员静态分配

   B. DHCP 服务器动态分配地址

C. 地址必须先列在 DHCP 地址池中，才能用于静态分配

D. 地址必须先列在 DHCP 地址池中，才能用于动态分配

3. 有关 NAT 与 PAT 之间的差异，下列哪一项表述正确（　　）。

A. PAT 在访问列表语句的末尾使用“overload”一词，共享单个注册地址

B. 静态 NAT 可让一个非注册地址映射为多个注册地址

C. 动态 NAT 可让主机在每次需要外部访问时接收相同的全局地址

D. PAT 使用唯一的源端口号区分不同的转换

4. 网络管理员应该使用（　　）NAT 来确保外部网络一直可访问内部网络中的 Web 服务器（　　）。

A. NAT 过载　　B. 静态 NAT　　C. 动态 NAT　　D. PAT

5. （　　）地址是内部全局地址。

```
Router1(config)# ip nat inside source static 192.168.0.100 209.165.20.25
Router1(config)# interface serial0/0/0
Router1(config-if)# ip nat inside
Router1(config-if)# ip address 10.1.1.2 255.255.255.0
Router1(config)# interface serial 0/0/2
Router1(config-if)# ip address 209.165.20.25  255.255.255.0
Router1(config-if)# ip nat outside
```

A. 10. 1. 1. 2　　B. 192. 168. 0. 100

C. 209. 165. 20. 25　　D. 网络 10. 1. 1. 0 中的任意地址

6. 主管要求技术人员在尝试排除 NAT 连接故障之前总是要清除所有动态转换。主管提出这一要求的原因是（　　）。

A. 转换表可能装满，只有清理出空间后才能进行新的转换

B. 主管希望清除所有的机密信息，以免被该技术人员看见

C. 清除转换会重新读取启动配置，这可以纠正已发生的转换错误

D. 因为转换条目可能在缓存中存储很长时间，主管希望避免技术人员根据过时数据进行决策

7. 流出 R1 的流量转换失败，最可能出错的配置是（　　）部分。

A. 接口 S0/0/2 应该拥有一个私有 IP 地址　　B. ip nat pool 语句

C. access - list 语句　　D. ip nat inside 配置在错误的接口上

```
R1(config)# ip nat pool nat-pool1 209.165.200.225 209.165.200.240
            netmask 255.255.255.0
R1(config)# ip nat inside source list 1 pool nat-pool1
R1(config)# interface serial 0/0/0
R1(config-if)# ip address 10.1.1.2 255.255.0.0
R1(config-if)# ip nat inside
R1(config)# Interface serial s0/0/2
R1(config-if)# ip address 209.165.200.1 255.255.255.0
R1(config-if)# ip nat outside
R1(config)# access-list 2 permit 192.168.0.0 0.0.0.255
```

8. 根据图中所示的输出，此 DHCP 服务器成功分配或更新了（　　）个地址。

```
Router# show ip dhcp server statistics
<省略部分输出>
Message             Received
BOOTREQUEST         0
DHCPDISCOVER        6
DHCPREQUEST         9
DHCPDECLINE         0
DHCPRELEASE         0
DHCPINFORM          0

Message             Sent
BOOTREPLY           0
DHCPOFFER           7
DHCPACK             8
DHCPNAK             1
```

A. 1　　　　B. 6　　　　C. 7　　　　D. 8

第6章　广域网协议

6.1　广域网协议简介

广域网（Wide Area Network ，WAN）是一种跨地区的数据通信网络，通常包含一个国家或地区，使用电信运营商提供的设备和线路作为信息传输平台。广域网的服务需要其他网络服务提供商的申请，如租用电信提供的综合业务数字网（ISDN）和帧中继通信服务。广域网技术主要体现在OSI参考模型的下层，物理层、数据链路层和网络层。广域网通常由广域网服务提供商建设，用户租用服务，来实现企业内部网络与其他外部网络的连接及与远端用户的连接。广域网上可以承载不同类型的信息，如语音、视频和数据，当用户通过广域网建立连接时，或者说数据在广域网中传输时可选择不同类型的方式传输，这是由广域网的协议和网络类型所决定的。

6.1.1　广域网技术概述

广域网互联时，由于各个网络可能具有不同的体系结构，所以广域网的互联常常是在网络层及其以上层进行的，使用的互联设备也主要是路由器和网关。广域网互联的方法主要有两种：一是各个网络之间通过相对应的网关进行互联，但这样的互联方法成本高、效率低，如有n个网络要互联，则执行不同协议转换的网关就需要n（n+1）个。显然这种方法已不适宜网络发展的需求。人们需要寻求一种标准化的方法，这就是通过“互联网”进行互联，该互联网执行标准的互联网协议，所有要进行互联的网络首先与互联网相连，要发送的资料首先转换成互联网的资料格式，由互联网传送给目的主机，再转换成目的主机的资料格式。至于这些资料在互联网中是怎样传送的，发送资料的源主机则不必知道，这样做的好处是可以在整个网络范围内使用一个统一的互联网协议。互联网协议主要完成资料（在网络层为分组）的转发和路由的选择。全球最大的互联网就是“Internet”。

1. 广域网的分类

广域网在超过局域网的地理范围内运行，分布距离远，它通过各种类型的串行连接以便在更大的地理区域内实现接入。通常，企业网往往通过广域网线路接入到当地的ISP。广域网可以提供全部时间和部分时间的连接，允许通过串行接口在不同的速率下工作。广域网本身往往不具备规则的拓扑结构。由于速度慢，延迟大，入网站点无法参与网络管理，所以，它要包含复杂的互联设备（如交换机、路由器）处理其中的管理工作，互联设备通过通信线路连接，构成网状结构（通信子网）。其中，入网站点只负责数据的收发工作；广域网中的互联设备负责数据包的路由等重要管理工作。广域网的特点是数据传输慢（典型速度56kbit/s~155Mbit/s）、延迟比较大（几毫秒到几个0.1s）、拓扑结构不灵活，广域网拓扑很难进行归类，一般多采用网状结构，网络连接往往要依赖运营商提供的电信数据网络。

目前有多种公共广域网络。按照其所提供业务的带宽的不同，可简单地分为窄带广域网和宽带广域网两大类。现有的窄带公共网络包括公共交换电话网、综合业务数字网、DDN、X.25M网、帧中继网等。宽带广域网有异步传输模式、同步数字传输体系等。

公共交换电话网（Public Switched Telephone Netwoek，PSTN）是以电路交换技术为基础的用于传输模拟话音的网络。用户可以使用调制解调器拨号电话线或租用一条电话专线进行数据传输。使用 PSTN 实现计算机之间的数据通信是最廉价的，但其带宽有限，目前通过 PSTN 进行数据通信的最高速率不超过 64kbit/s。

综合业务数字网（Integrated Service Data Network，ISDN）是自 20 世纪 70 年代发展起来的一种新兴技术。提供从终端用户到终端用户的全数字服务，实现了语音、数据、图形、视频等综合业务的数字化传递方式。简单地讲，ISDN 的提出是想通过数字技术将现有的各种专用网络（模拟的、数字的）集成到一起，以统一的接口向用户同时提供各种综合业务。在我国将 ISDN 服务称为“一线能”就很形象地提示了 ISDN 的本质含义。

X. 25M 网是一种国际通用的广域网标准。基于分组交换技术，内置的差错纠正、流量控制和丢包重传机制，使之具有高度的可靠性，适合于长途噪声线路。最大速率仅仅为有限的 64kbit/s，使之可提供的传输非常有限。沿途每个节点都要重组包，使得数据的吞吐率很低，包延时较大。X. 25M 显然不适合传输质量好的信道。

帧中继是一种应用很广的服务，通常采用 E1 电路，速率可以从 64kbit/s 到 2Mbit/s，速率较快。帧中继是数据链路层技术，它简化了 OSI 第二层中流量控制、纠错等功能要求，充分利用了如今广域网连接中比较简洁的信令，提高了节点间的传输效率，这正是广域网技术所需要的。帧中继的帧长度可变，可以方便地适应局域网中的任何包或帧，提供了对用户的透明性服务。帧中继容易受到网络拥塞的影响，对于时间敏感的实时通信没有特殊的保障措施，当线路受到干扰时，将引起包的丢弃。

异步传输模式（Asynchronous Transfer Mode，ATM）技术是面向新型网络业务的数据传输技术。为在交换式广域网或在局域网骨干网及高速传输数据提供了通用的通信机制，它同时支持多种数据类型（话音、视频、文本等）。与传统广域网不同，ATM 是一种面向连接的技术，在开始通信前，将首先建立端到端的连接。ATM 最突出的优势之一，就是支持 QOS（Quality of Service）。

同步数字传输体系（Synchronous Digital Hierarchy，SDH）是目前应用最广的光传输技术，其网络具有带宽高，抗干扰强，可扩展性较强的特点。用户数据经过复用后通过 SDH 网络实现高速率的传输。

另外一类重要的网络技术是 ATM + IP 技术，是这些技术的杰出代表——多协议标签交换（Multiple ProtocolLable Switching，MPLS）技术，被认为是未来宽带网的核心技术。

2. 广域网设备

根据具体的广域网环境，广域网使用的设备有许多种，如图 6-1 所示。

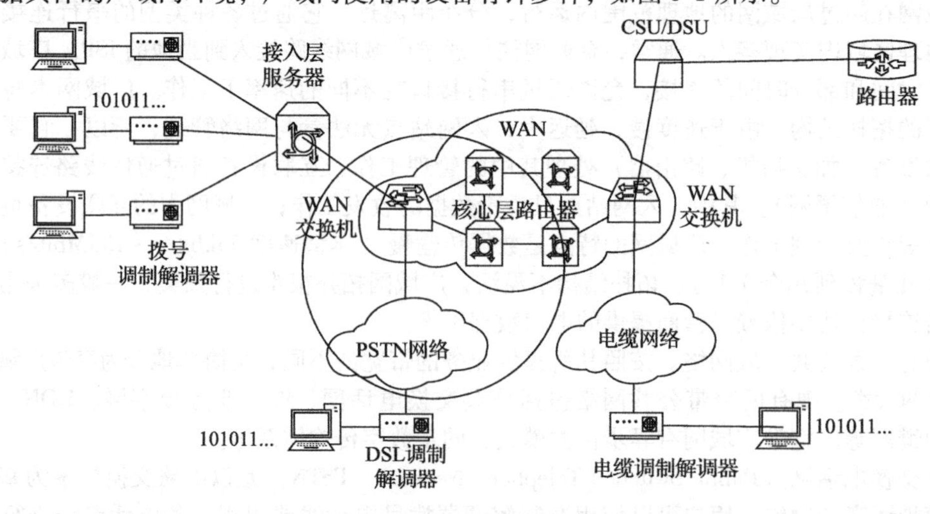

图 6-1　广域网设备

（1）调制解调器　调制解调器作为终端系统和通信系统之间信号转换的设备，是广域网中必不可少的设备之一。它分为同步 Modem 和异步 Modem 两种，分别用来与路由器的同步和异步串口相连接。同步 Modem 可用于连接专线、帧中继网络或 X.25M 网络等；异步 Modem 可用于连接电话线路，与公用交换电话网络连接。

调制解调器调制模拟载波信号以便编码为数字信息，还可接收调制载波信号以便对传输的信息进行解码。语音调制解调器将计算机产生的数字信号转换为可以在公共电话网络的模拟线路上传输的语音频率。在连接的另一端，另一个调制解调器将声音信号还原成数字信号以便输入到计算机或网络连接中。速度越快的调制解调器（如电缆调制解调器和 DSL 调制解调器）在传输时所用的带宽频率也就越高。

（2）CSU/DSU　数字线路（如 T1 或 T3 电信线路）需要一个通道服务单元（CSU）和一个数据服务单元（DSU），这两者经常合并到同一个名为 CSU/DSU 的设备中。CSU 为数字信号提供端接并通过纠错和线路监控技术确保连接的完整性。DSU 则将 T 载体线路帧转换为 LAN 可以解释的帧，也可逆向转换。

（3）路由器　广域网通过过程中根据地址来寻找数据包到达目的的最佳路径，这个过程在广域网中称为“路由（Routing）”。路由器负责在各段广域网和局域网间根据地址建立路由，将数据送到最终目的地。路由器放置在互联网络内部，使复杂的互联网运行成为可能。如果没有路由器提供的逻辑能力，Internet 将比现在慢数百倍，而且会更昂贵。我们知道，在集线器和交换机上有连接主机的端口，而路由器通常不直接与主机相连，而是提供连接局域网网段和广域网的接口，从而在局域网之间进行路由选择，传输数据。就好像我们现实生活中的邮局一样，负责将信件从一个地方发送到另外一个地方。

目前常见的局域网就是以太网，而物理上广域网的种类则特别丰富，有 PSTN/ISDN 网络、DDN 专线网络、FrameRealy 网络、X.25M 网络、ATM 网络、SDH 网络等。所以，路由器的广域网接口种类比较丰富，有可以连接 PSDN、DDN、FrameRelay、X.25M 网络的同异步串口，有支持连接的 DDN 专线、ISDN 的 CE1/PR1 接口，有连接 ATM 网络的 ATM 接口，也有连接 SDH 网络的 POS 接口等。对于中小型网络而言，比较常见的接入广域网的方法是 DDN 专线、PSTN/ISDN、FrameRelay 或者以太网接入。

防火墙是路由器提供的功能之一，它们依照预先设置好的条件对数据包进行过滤，检查每一个数据包，决定是否转发该数据包，来保障一个企业内部互联网络的重要数据处理的安全。

（4）核心路由器　指驻留在广域网中间或主干网（而非外围）上的路由器。要能胜任核心路由器的角色，路由器必须能够支持多个电信接口在广域网核心中同时以最高速度运行，还必须能够在所有接口上同时全速转发 IP 数据包。路由器还必须支持核心层中需要使用的路由协议。

（5）广域网交换机　广域网交换机是在广域网提供数据交换功能的设备。比如 X.25M 交换机、帧中继交换机、ATM 交换机。这些设备完成数据从入端口到出端口的交换，提供面向连接的数据服务，从而实现数据寻址和路由的功能。电信网络中使用的多端口互联设备，通常交换帧中继、ATM 或 X.25M 之类的流量并在 OSI 参考模型的数据链路层上运行。在网云中还可使用公共交换电话网（PSTN）交换机来提供电路交换连接，如综合业务数字网络或模拟拨号。

（6）接入服务器　接入服务器是一种提供远程拨号用户与互联网络连接的设备，集中处理拨入和拨出用户通信。接入服务器可以同时包含模拟和数字接口，能够同时支持数以百计的用户。全世界有成千上万个接入服务器，用以响应来自远程用户的呼叫，并将它们连接到互联网络上。粗略地说，它的一端像一个调制解调器，而另一端像一个集线器。大多数接入服务器的主要目的是被Internet服务供应商（ISP）用以将家庭用户和小公司连接到Internet上。

3．互联网（Internet）

Internet也是一种广域网，从技术的角度讲，和一般意义上的大型网络是一样的。唯一区别在于Internet的开放程度不同。Internet不是单独属于某个组织的，它所架设的专门的主干网络是在一些中心管理机构的赞助下运行的。

Internet主干网由于覆盖范围广、距离长、数据传输相应就会慢。数据传输慢，所使用的技术手段就不相同。这就是为什么广域网和局域网的传输速率及技术不同的原因所在。

Internet不是唯一的一种技术，它是使互联网络成为可能的相关技术的一个集合。Internet集合各种计算机网络技术和通信技术之精华，已经成为当前全球性的网络应用的聚集地，而且是全球性的经济增长点。Internet为计算机网络技术的应用开辟了无限广阔的空间，其典型应用有国际电子邮件E-mail、WWW、电子商务、OA办公自动化等。

4．广域网连接方式

广域网连接的一种比较简单的方式是点到点的直接连接，两个网络设备的连接是独占的，中间不存在分叉或交叉点。广域网的连接也可以看成是一条专用线路被租借给两个连接设备所使用。这种连接的特点是比较稳定，但线路利用率较低，即使在线路空闲时，用户也需要交纳租用的费用。常见的点到点的连接主要形式有DDN专线、E1线路等。在这种点到点连接的线路上数据链路层封装的协议主要有PPP、HDLC和FR，如图6-2所示。

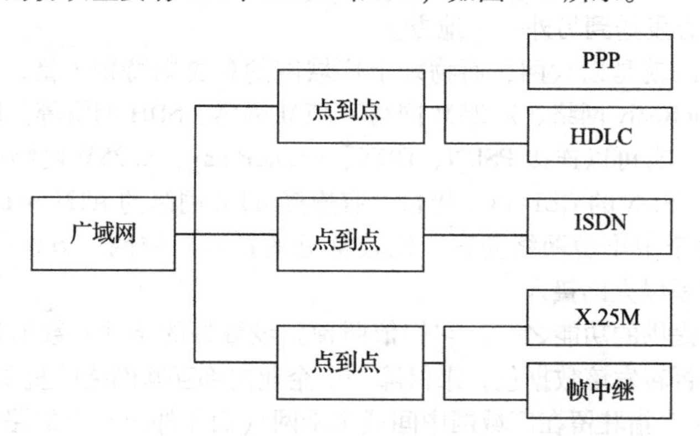

图6-2　几种不同的点到点的连接和交换型链路

（1）分组交换型　分组交换是一种广域网数据交换方式。两个相连的网络设备通过若干个广域网交换机（分组交换机）建立数据传输的通道。用户在传送数据时，可以动态地分配传输带宽，换言之，就是网络可以传输长度不同的帧（包）或长度固定的信元。X.25M帧中继都是分组交换技术的实例。

（2）电路交换型　电路交换也是一种广域网的交换方式，它是每次通信前要申请（如通过拨号）建立一条从发端到收端的物理线路，只有在此物理线路建立后，即用户占有了一定的传输带宽，双方才能互相通信。在通信的全部时间里，用户总占用这条线路，电路交换被广泛使用于电话网络中。

其操作方式类似于普通的电话呼叫。ISDN就是广域网交换电路的一个典型例子。

当一个地点到另一个地点需要连接时才建立的交换电路一般只需要较低的带宽，而且主要用于把远程用户和移动用户连接到局域网。交换电路通常为高速线路（如帧中继和专线）提供备份。数据在广域网中传输时，必须按照传输的类型选择相应的数据链路层协议将数据封装成帧，保障数据在物理链路上的可靠传送。

6.1.2　分层模型设计

分层网络模型是一套行之有效的高级工具，可用来设计可靠的网络基础架构。它提供网络的模块化视图，从而方便设计和构建可扩展的网络。如图 6-3 所示，分层网络模型将网络分为三层。

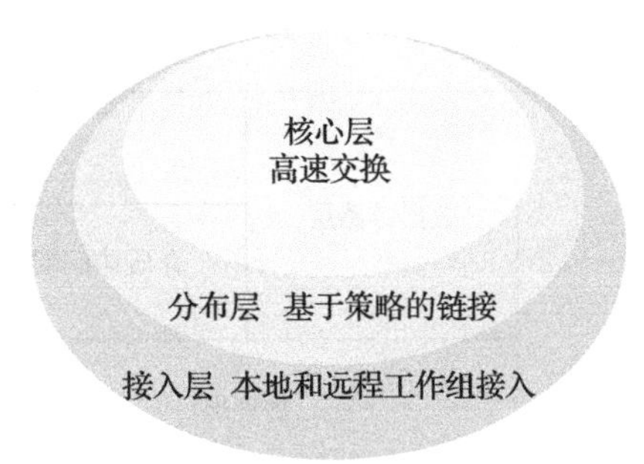

图 6-3　分层网络模型

（1）接入层　允许用户访问网络设备。在网络园区中，接入层通常由局域网交换设备和端口组成，端口用于连接工作站和服务器。在广域网环境中，可以通过广域网技术为远程工作者或远程站点提供访问公司网络的功能。

（2）分布层　由众多配线间聚合而成。使用交换机将工作组划分为一个个网段，并隔离园区环境中的网络问题。同样，分布层将广域网连接聚合在园区网的边缘并进行策略性的连接。

（3）核心层（也称为主干）　高速主干，其设计目标是尽可能迅速地交换数据包。由于核心层对网络连接非常关键，因此它必须具备很高的可用性并且能够非常迅速地适应环境的变化，还应提供良好的可扩展性和快速收敛功能。

图 6-4 描绘了园区环境中的分层网络模型。分层网络模型提供模块化的框架，可以支持灵活的网络设计，简化网络基础架构的架设和故障排除。

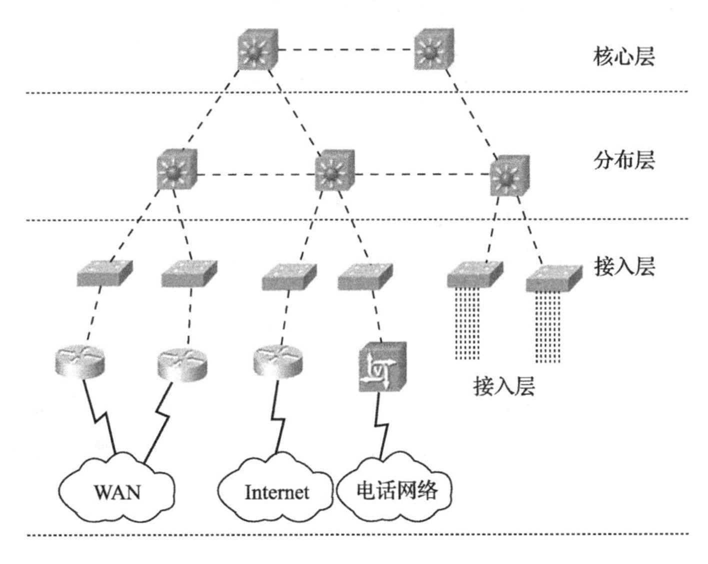

图 6-4　园区环境中的分层网络模型

广域网通常由两个或多个局域网组成。计算机常常使用电信运营商提供的设备作为信息传输平台，如通过公用网，如电话网连接到广域网，也可以通过专线或卫星连接。国际互联网是目前最大的广域网。对照 OSI（Open System Interconnect，开放式系统互联）参考模型，广域网技术主要位于底层的三个层次，分别是物理层、数据链路层和网络层。图 6-5 列出了一些经常使用的广域网技术同 OSI 参考模型之间的对应关系。

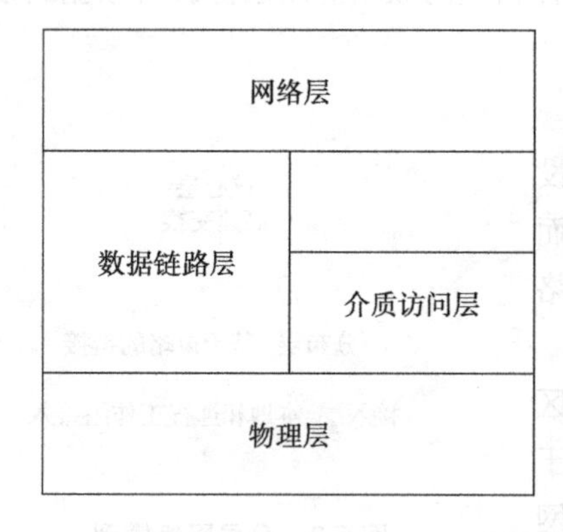

图 6-5　OSI 参考模型与 WAN 之间的对应关系

如果通信的双方相隔很远（假设有上千公里），显然局域网不能完成通信，这时需要另一种网络，即广域网。所谓广域网指的是作用范围很广的计算机网络。这里的作用范围是指地理范围而言，可以是一个城市、国家甚至全球。由于广域网是一种跨地区的数据通信网络，所以通常使用电信运营商提供的设备作为信息传输平台。

与覆盖范围较小的局域网相比，广域网具有以下特点：

1）覆盖范围广，可达数千甚至数万公里。广域网管理、维护困难。

2）广域网没有固定的拓扑结构。广域网通常使用高速光纤作为传输媒体。

3）局域网可以作为广域网的终端用户与广域网相连。

4）广域网主干网带宽大，但提供终端用户的带宽小。

5）数据传输距离远，往往要经过多个广域网设备转发，延时较长。

广域网是由一些节点交换机及连接这些交换机的链路组成的。节点交换机具有数据分组的存储和转发功能，节点交换机之间都是点到点的连接，并且，一个节点交换机通常与多个节点交换机相连，而且局域网则通过由路由器和广域网相连。

广域网中最高层是网络层，网络层为上层提供的服务分为两种，即无连接的网络服务和面向连接的网络服务。广域网的典型代表是 Internet，其他类型的广域网还有 X. 25M 网络、帧中继网络和 ATM 网络等。

6.1.3　物理层和数据链路层

广域网操作主要集中在第一层和第二层上。广域网接入标准通常同时兼顾物理层传输方法和数据链路层的需求，包括物理地址、流量控制和封装。广域网接入标准由许多知名的机构制定，这些机构包括国际标准化组织（ISO）、电信工业协会（TIA）和电子工业联盟（EIA）。

如图 6-6 所示，物理层（OSI 第一层）协议描述连接通信服务提供商提供的服务所需的电气、机械、操作和功能特性。数据链路层（OSI 第二层）协议定义如何封装传向远程位置的数据及最终数据帧的传输机制。采用的技术有很多种，如帧中继和 ATM。这些协议当中有一些使用同样的基本组帧方法，即高级数据链路控制（HDLC）或其子集或变体，HDLC 是一项 ISO 标准。

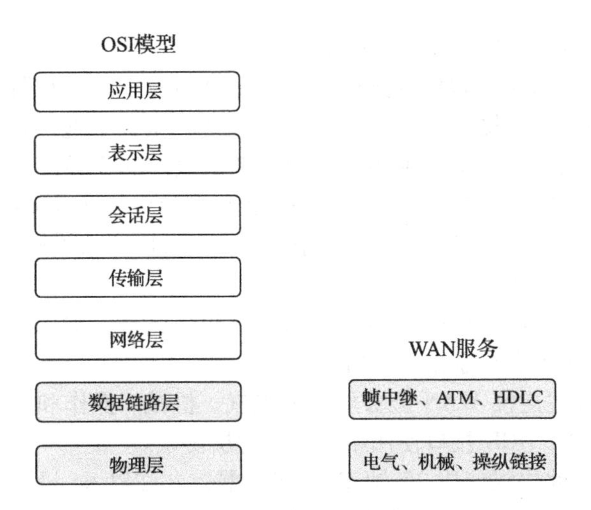

图6-6　OSI参考模型与WAN服务

1. WAN 物理层

WAN 和 LAN 之间的主要区别之一是公司或组织必须向外部 WAN 服务提供商订购服务才能使用 WAN 电信网络服务。WAN 使用电信服务商提供的数据链路接入 Internet 并将某个组织的各个场所连接在一起，或者将某个组织的场所连接到其他组织的场所、连接到外部服务及连接到远程用户。WAN 接入物理层描述公司网络和服务提供商网络之间的物理连接。如图 6-7 所示，图中列出描述物理 WAN 连接时常用的术语。

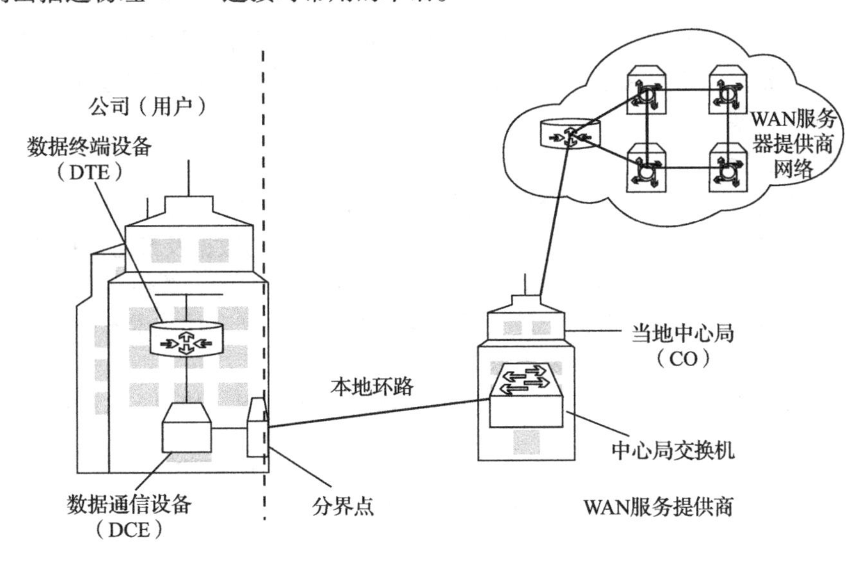

图6-7　WAN 物理层

（1）用户驻地设备（CPE）　位于用户驻地的设备和内部布线。用户驻地设备连接到运营商的电信信道，用户可以从服务提供商处购买 CPE 或租用 CPE。这里的用户是指从服务提供商或运营商订购 WAN 服务的公司。

（2）数据通信设备（DCE）　也称为数据电路终端设备。DCE 由将数据放入本地环路的设备组成，主要提供一个接口，用于将用户连接到 WAN 网云上的通信链路。

（3）数据终端设备（DTE）　传送来自客户网络或主机计算机的数据，以便在 WAN 上传输的客户设备。DTE 通过 DCE 连接到本地环路。

（4）分界点　大楼或园区中设定的某个点，用于分隔客户设备和服务提供商设备。在物理上，分界点是位于客户驻地的接线盒，用于将 CPE 电缆连接到本地环路。分界点通常位于技工容易操作的位置。分界点是连接责任由用户转向服务提供商的临界位置，这一点非常重要，因为出现问题时，有必要确定究竟是由用户还是服务提供商负责排除故障或修复故障。

（5）本地环路　将用户驻地的 CPE 连接到服务提供商中心局的铜缆或光纤电话电缆。本地环路有时也叫作“最后一公里”。

（6）中心局（CO）　本地服务提供商的设备间或设备大楼，本地电话电缆在此通过交换机和其他设备系统连接到全数字长途光纤通信线路。

WAN 物理层协议描述连接 WAN 服务所需的电气、机械、操作和功能特性，还描述了 DTE 和 DCE 之间的接口。DTE/DCE 接口使用不同的物理层协议。

（7）EIA/TIA-232　此协议使用 25 帧 D 形连接器，允许以 64 kbit/s 的速度短距离传输信号。它以前叫作 RS-232。ITU-TV. 24 规范的效率与此相同。

（8）EIA/TIA-449/530　此协议是 EIA/TIA-232 的提速版本（最高可达 2 Mbit/s）。它使用 36 针 D 形连接器，能够传输更远的距离。它有几个版本，此标准也称为 RS422 和 RS-423。

（9）EIA/TIA-612/613　此标准描述高速串行接口（HSSI）协议，该协议使用 60 针 D 形连接器，服务接入速度最高可达 52 Mbit/s。

（10）V. 35　这是用于规范网络接入设备和数据包网络之间同步通信的 ITU-T 标准。最初的版本支持的数据传输速度为 48 kbit/s，现在则支持使用 34 针矩形连接器实现高达 2. 048 Mbit/s 的速度。

（11）X. 21　此协议是用于规范同步数字通信的 ITU-T 标准。它使用 15 针 D 形连接器。这些协议制定了设备之间相互通信所必须遵循的标准和电气参数。协议的选择主要取决于服务提供商的电信服务方案。

2. 数据链路层协议

除了物理层设备之外，WAN 要求数据链路层协议建立穿越整个通信线路（从发送设备到接收设备）的链路。数据链路层协议定义如何封装传向远程站点的数据及最终数据帧的传输机制。采用的技术有很多种，如 ISDN、帧中继或 ATM。这些协议当中有一些使用同样的基本组帧方法，即 HDLC 或其子集或变体，HDLC 是一项 ISO 标准。ATM 与其他技术不同，ATM 使用的信元长度较短，且固定为 53 B（其中 48 B 用于数据）。

最常用的 WAN 数据链路协议有 HDLC、PPP、帧中继和 ATM，如图 6-8 所示。

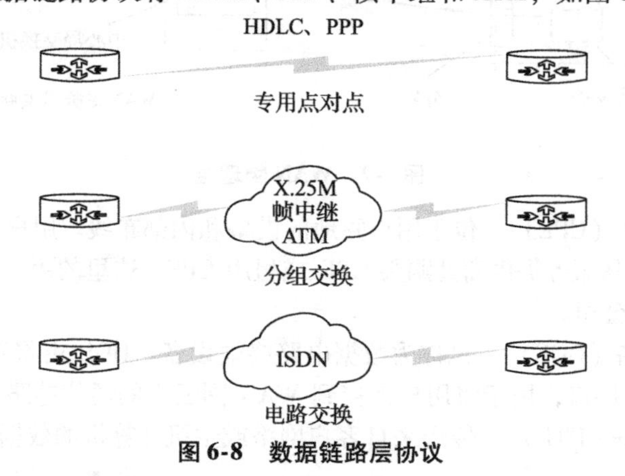

图 6-8　数据链路层协议

（1）HDLC　当链路两端均为同一厂商的设备时，点对点连接、专用链路和交换电路连接上的默认封装类型相同。HDLC 现在是同步 PPP 的基础，许多服务器使用同步 PPP 连接到 WAN（最常见的是连接到 Internet）。

（2）PPP　通过同步电路和异步电路提供路由器到路由器和主机到网络的连接。PPP 可以和多种网络层协议协同工作，如 IP 和 互联网分组交换协议（IPX）。PPP 还具有内置安全机制，如 PAP 和 CHAP。

（3）X.25M/平衡式链路接入协议（LAPB）　X.25M 符合 ITU-T 标准，该标准定义了如何为公共数据网络中的远程终端访问和计算机通信维持 DTE 与 DCE 之间的连接。X.25M 指定 LAPB，LAPB 是一种数据链路层协议。X.25M 是帧中继的前身。

（4）帧中继　帧中继是行业标准，是处理多个虚电路的交换数据链路层协议。帧中继是 X.25M 之后的下一代协议。帧中继消除了 X.25M 中使用的某些耗时的过程（如纠错和流控制）。

（5）ATM　ATM 是信元中继的国际标准。在此标准下，设备以固定长度（53 B）的信元发送多种类型的服务（如语音、视频或数据）。固定长度的信元可通过硬件处理，从而减少了传输延迟。ATM 使用高速传输介质（Media），如 E3、SONET 和 T3。

ISDN 和 X.25M 是较早的数据链路协议，如今已很少使用。但是，本课程中仍会介绍 ISDN，是因为在提供采用 PRI 链路的 VoIP 网络时仍会用到 ISDN。本课程提及 X.25M 是为了帮助阐述帧中继的概念。发展中国家仍在使用 X.25M，通过数据包数据网络（PDN）从零售商处传输信用卡和借记卡交易信息。

另一个数据链路层协议是多协议标记交换（MPLS）协议。越来越多的服务提供商使用 MPLS 作为一种经济的解决方案，用于传输电路交换网络和分组交换网络的流量。它可在任何现有基础架构上运行，如 IP、帧中继、ATM 或 以太网。它介于第二层和第三层之间，有时也称作第 2.5 层协议。

从网络层发来的数据会先传到数据链路层，然后通过物理链路传输，这种传输在 WAN 连接上通常是点对点进行的。数据链路层会根据网络层数据构造数据帧，以便可以对数据进行必要的校验和控制。所有 WAN 连接都使用第二层协议对在 WAN 链路上传输的数据包进行封装，如图 6-9 所示。为确保使用正确的封装协议，必须为每个路由器的串行接口配置所用的第二层封装类型。封装协议的选择取决于 WAN 技术和设备。HDLC 最初是在 1979 年提出的，后面开发的大多数组帧协议都是在它的基础上制定的。

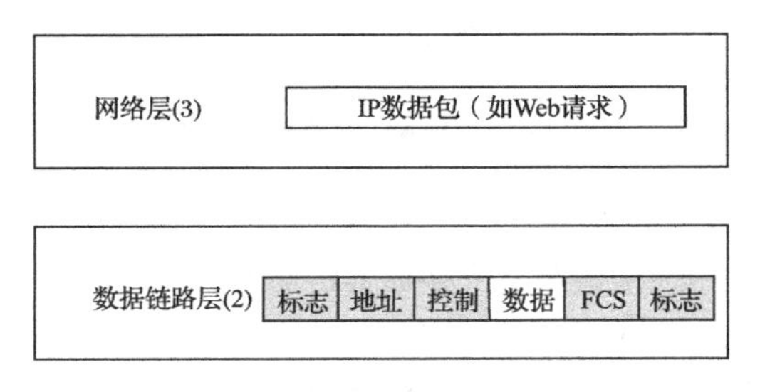

图 6-9　网络数据封装在 HDLC 帧中

检查 HDLC 帧的帧头部分有助于确定许多 WAN 封装协议共用的字段。如图 6-10 所示，帧的开头和末尾都是一个 8 位标志字段。该 8 位字段的形式是 01111110。WAN 链路几乎总是点对点传输的，因此不需要地址字段。但该字段仍然存在，长度为1～2B。控制字段依赖于具体的协议，但一般都表示数据内容是控制信息还是网络层数据。控制字段通常为1B。地址字段和控制字段合称为帧头。控制字段后面便是经过封装的数据。随后，帧校验序列（FCS）使用循环冗余校验（CRC）机制来建立一个2B或4B的字段。

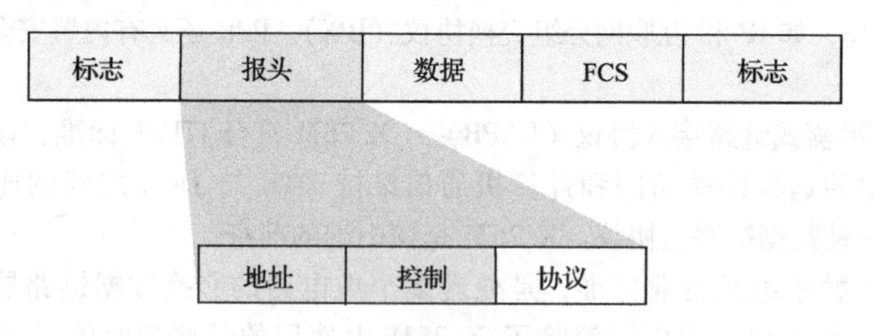

图6-10　WAN帧的封装格式

6.1.4　广域网的链接方式

目前，WAN解决方案的实施有许多种，各种方案之间存在技术、速度和成本方面的差异，熟悉这些技术对网络的设计和评估非常重要。WAN连接可以构建在私有基础架构之上，也可以构建在公共基础架构（如Internet）之上，如图6-11所示。

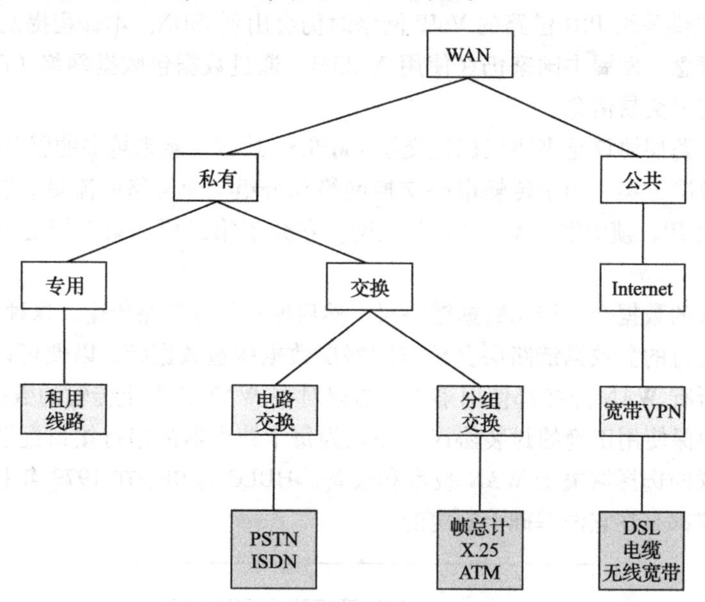

图6-11　WAN链路连接方案

1．私有WAN连接方案

私有WAN连接包括专用通信链路和交换通信链路两种方案。

（1）专用通信链路　需要建立永久专用连接时，可以使用点对点线路，其带宽受到底层物理设施的限制，同时也取决于用户购买这些专用线路的意愿。点对点链路通过提供商网络预先建立从客户驻地到远程目的位置的WAN通信路径。点对点线路通常向运营商租用，因此也叫作租用线路。

（2）交换通信链路　交换通信链路可以是电路交换或分组交换。

1）电路交换通信链路。电路交换动态建立专用虚拟连接，以便在主发送方和接收方之间进行语音或数据通信。在开始通信之前，需要通过服务提供商的网络建立连接。电路交换通信链路的示例有模拟拨号（PSTN）和 ISDN。

2）分组交换通信链路。由于数据流的波动性，许多 WAN 用户并未有效地利用专用、交换或永久电路提供的固定带宽。通信提供商可以为这些用户提供更适合他们的服务，即数据网络服务。在分组交换网络中，数据是封装在标记帧、信元或数据包中进行传输的。分组交换通信链路包括帧中继、ATM、X. 25M 和城域以太网。

2. 公共 WAN 连接方案

公共连接常使用全球 Internet 基础架构。直到最近，对许多企业来说，Internet 都不是可行的网络方案，因为端对端的 Internet 连接存在严重的安全风险，而且缺乏充分的性能保证。不过，由于 VPN 技术的诞生，现在，在性能保证并非关键因素的情况下，Internet 已成为连接远程工作人员和远程办公室的经济又安全的方案。Internet WAN 连接链路通过宽带服务（如 DSL、电缆调制解调器和无线宽带）提供网络连接，同时利用 VPN 技术确保 Internet 传输的隐私性。

6.1.5　串行通信

大多数 PC 都有串行和并行端口，电的传播速度是固定的。使数据位在导线上的传送速度更快的方法之一就是压缩数据，这样一来，位的传送数量少了，在导线上传送所需的时间也就少了，或者同时传送这些位。计算机在内部元件之间使用相对短的并行连接，但对于大多数外部通信则采用串行总线转换信号。

1. 串行通信的工作过程

下面是串行和并行通信的对比，如图 6-12 所示。

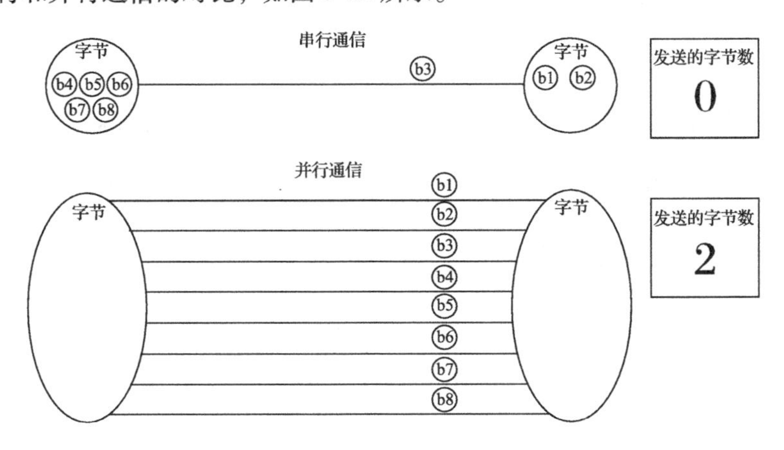

图 6-12　串行和并行通信

利用串行连接，信息通过一条导线发送时，每次发送一个位。大多数计算机上的 9 针串行连接器使用两个环路进行数据通信，每个方向一个环路，其他导线则用于控制信息的流动。在任意指定的方向上，数据都只在一根导线上流动。

并行连接则通过多根导线同时传输多个位。对于计算机上的 25 针并行端口，有 8 根数据传输线同时传输 8 个数据位。由于有 8 根导线传输数据，因此，理论上，并行链路的数据传输速度是串行连接的 8 倍。根据这个理论，并行连接发送一个字节的时间内串行连接才发送一个位。

在并行连接中，不要以为发送方同时发出的 8 位数据会同时到达接收方。而是，某些位先到，某些位后到，这称为时滞。要解决时滞问题并不容易。接收端自身必须与发射方同步，然后等待直到所有位抵达接收方。读取、等待、锁存、等待时钟信号和传输 8 位数据的过程会增加传输的时间。在并行通信中，锁存器是一种以顺序逻辑体系存储信息的数据存储系统。使用的导线越多，连接的距离越长，就越容易出现问题并导致延迟增加。由于需要同步信号，因此并行传输的性能远低于理论预期。

采用串行链路就无须考虑此问题，因为大多数串行链路都不需要同步信号。串行连接所需的导线和电缆更少。它们占用的空间更少，可以更好地隔离来自其他导线和电缆的干扰。

并行导线在物理上并排捆成并行电缆，因此信号会相互干扰。导线之间的串扰需要更多的处理资源，尤其是在频率较高时。计算机上的串行总线（包括路由器）可以在传输位之前对串扰进行补偿。由于串行电缆的导线数更少，因此串扰更小，网络设备传输串行通信的频率和效率也就更高。

在大多数情况下，串行通信的架设成本要低很多。串行通信使用的导线数更少，电缆更便宜，连接器的针数也更少。

2. 串行通信标准

所有长距离通信和大多数计算机网络都使用串行连接，因为电缆的成本和同步的难度让并行连接方案不切实际。串行通信最大的优势是布线简单。此外，串行电缆可以比并行电缆更长，因为电缆中导体之间的干扰（串扰）要低很多。

如图 6-13 所示，数据根据发送路由器使用的通信协议进行封装。封装的帧通过物理介质（Physical Medium）发送到 WAN。数据在 WAN 上的传输方式很多，但接收方路由器在数据到达时会采用相同的通信协议将帧解封。

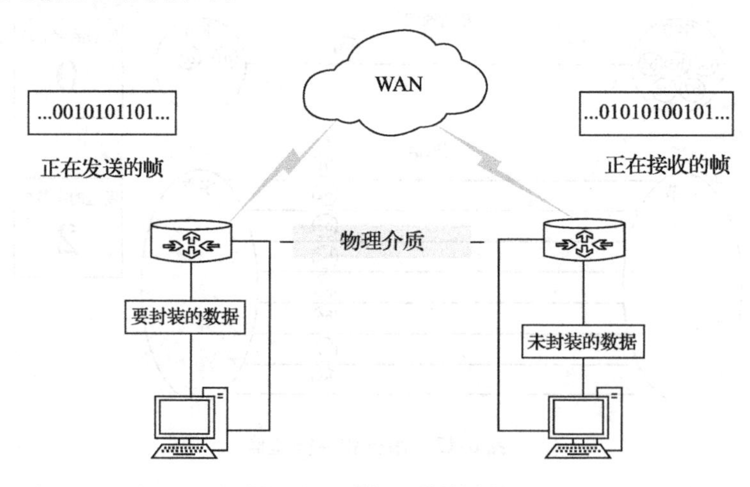

图 6-13　串行通信的过程

串行通信标准有许多种，每种标准使用的信号传输方法各不相同。影响 LAN 到 WAN 连接的串行通信标准主要有以下三种：

（1）RS-232　个人计算机上的大多数串行端口都符合 RS-232C 或更新的 RS-422 和 RS-423 标准。这些标准都使用 9 针和 25 针连接器。串行端口是一种通用接口，几乎可用于连接任何类型的设备，包括调制解调器、鼠标和打印机。许多网络设备使用的 RJ-45 连接器也符合 RS-232 标准。9 针 D 型 RS-232 连接器的输出引脚，如图 6-14 所示。

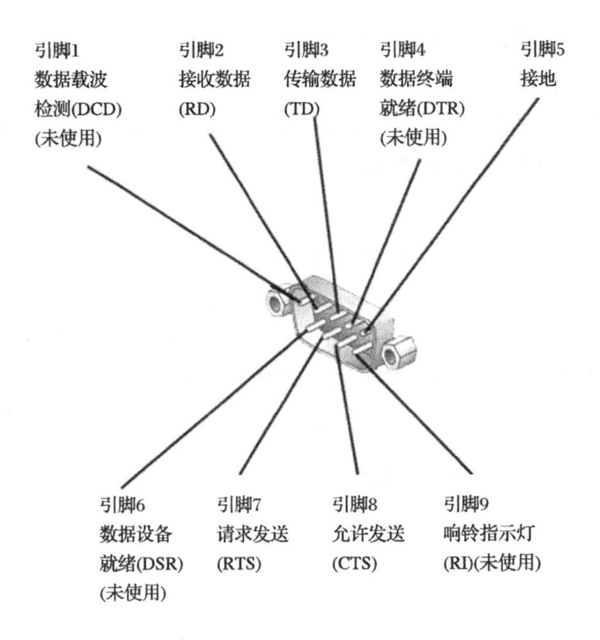

图 6-14 RS-232 连接器

(2) V. 35 通常用于调制解调器到复用器的通信，ITU 标准可以同时利用多个电话电路的带宽，适合高速同步数据交换。在美国，V. 35 是大多数路由器和 DSU 连接到 T1 载波线路所使用的接口标准。V. 35 电缆是高速串行部件，设计用于支持更高的数据传输速率和支持通过数字线路连接 DTE 和 DCE。

(3) HSSI 高速串行接口（HSSI）支持最高 52 Mbit/s 的传输速率。工程师使用 HSSI 将 LAN 上的路由器连接到诸如 T3 线路之类的高速 WAN 线路上，还通过 HSSI 提供了采用令牌环或以太网的 LAN 之间的高速互联。HSSI 是由 Cisco Systems 和 T3plus Networking 联合开发的 DTE/DCE 接口，用于满足在 WAN 链路上实现高速通信的需求。

3. DTE 与 DCE

从 WAN 连接的角度来看，串行连接的一端连接的是 DTE 设备，另一端连接的是 DCE 设备，两个 DCE 设备之间的连接是 WAN 服务提供商传输网络，如图 6-15 所示。

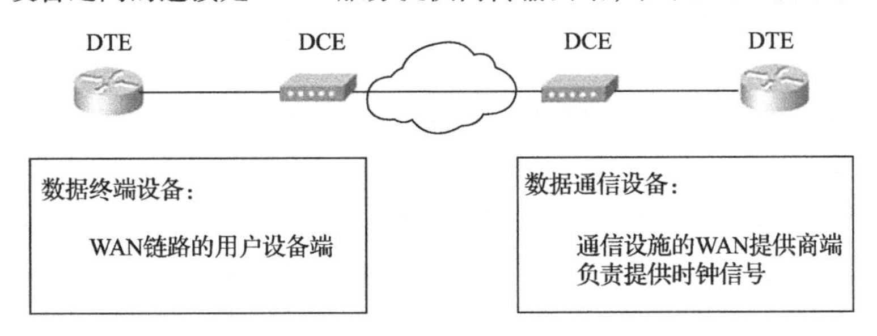

图 6-15 DCE 和 DTE 串行 WAN 连接

(1) DTE 通常是路由器，也就是 CPE。如果 DTE 直接连接到服务提供商网络，那么 DTE 也可以是终端、计算机、打印机或传真机。

(2) DCE 通常是调制解调器或 CSU/DSU，DCE 设备用于将来自 DTE 的用户数据转换为

WAN 服务提供商传输链路所能接受的格式。此信号由远程 DCE 接收，被远程 DCE 解码为位序列，然后传送到远程 DTE。

电子工业联盟（EIA）和国际电信联盟电信标准局（ITU-T）一直积极开发允许 DTE 与 DCE 通信的标准。EIA 则将 DCE 称为数据通信设备，而 ITU-T 则将 DCE 称为数据电路终端设备。

最初，DCE 和 DTE 的概念均基于以下两类设备：生成或接收数据的终端设备和仅转发数据的通信设备。在 RS-232 标准的开发过程中，这两类设备上的 25 针 RS-232 连接器之所以采取不同的电缆是有原因的。这些原因本身并不重要，重要的是最后保留了两种不同类型的电缆：一种用于将 DTE 连接到 DCE，另一种用于直接互联两个 DTE。

适用于特定标准的 DTE/DCE 接口定义了以下规范：

1）机械/物理特性：引脚数和连接器类型。

2）电气特性：定义表示 0 和 1 的电平。

3）功能特性：通过为接口中每个信号传输线路分配含义来指定线路执行的功能。

4）过程特性：指定传输数据的事件序列。

最初的 RS-232 标准仅定义 DTE 与 DCE 的连接，此处的 DCE 是指调制解调器。但是，如果希望连接两个 DTE 设备（如实验室中的两台计算机或两台路由器），则可以使用被称为空调制解调器的特殊电缆来代替 DCE。换句话说，两个设备之间无须调制解调器即可互联。空调制解调器是一种通信方法，用于使用 RS-232 串行电缆直接互联两个 DTE 设备，如计算机、终端或打印机。采用空调制解调器连接时，发射（Tx）和接收（Rx）线路交叉连接，如图 6-16 所示。

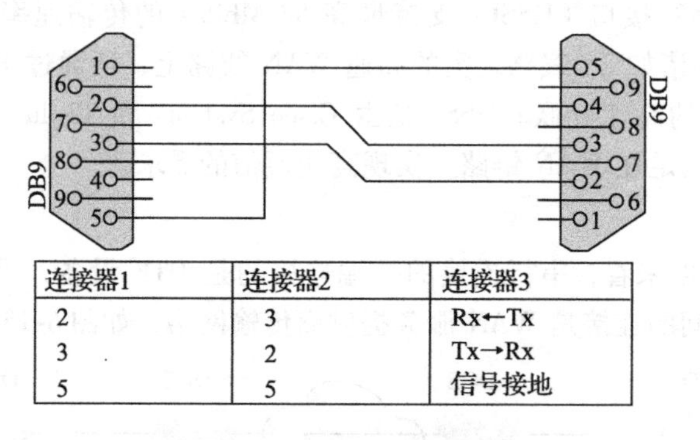

连接器1	连接器2	连接器3
2	3	Rx←Tx
3	2	Tx→Rx
5	5	信号接地

图 6-16　空调制解调器连接

用于连接 DTE 和 DCE 的电缆是屏蔽串行转接电缆。屏蔽串行转接电缆的路由器端可以是 DB-60 连接器，用于连接串行 WAN 接口卡的 DB-60 端口。串行转接电缆的另一端可以带有适合待用标准的连接器。WAN 提供商或 CSU/DSU 通常决定了此电缆的类型。Cisco 设备支持 EIA/TIA-232、EIA/TIA-449、V. 35、X. 21 和 EIA/TIA-530 串行标准。

在使用空调制解调器时，切记同步连接需要时钟信号，时钟信号可由外部设备或某一台 DTE 设备生成，如图 6-17 所示。在连接 DTE 和 DCE 时，默认情况下，路由器上的串行端口用于连接 DTE，而时钟信号通常由 CSU/DSU 或类似的 DCE 设备提供。但是，在路由器到路由器的连接中使用空调制解调器时，要为该连接提供时钟信号，必须将其中一个串行接口配置为 DCE 端。

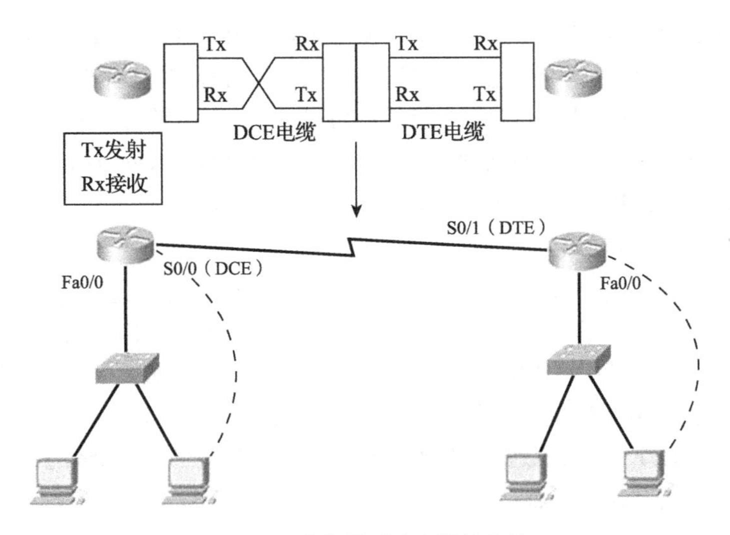

图 6-17　路由器到路由器的连接

4. 并行到串行的转换

RS-232C 是推荐的标准（RS），它描述了在计算机和相关设备之间实现相对低速的串行数据通信所用的物理接口和协议。EIA 最初定义 RS-232C 的对象是电话打字机设备。DTE 是计算机与调制解调器或其他串行设备交换数据所用的 RS-232C 接口。DCE 是调制解调器或其他串行设备与计算机交换数据所用的 RS-232C 接口。

举个例子，如图 6-18 所示。计算机常常使用 RS-232C 接口与所连接的串行设备（如调制解调器）通信和交换数据。计算机的主板上还有一个通用异步接收器/发射器（UART）芯片。计算机中的数据通过多个并行电路传输，UART 芯片负责将并行的位组转换为串行的位流。为了提高速度，UART 芯片带有缓冲区，这样可以在处理串行端口外发数据的同时缓存系统总线传来的数据。UART 是 PC 的 DTE 代理（Agent），它与调制解调器或其他串行设备通信，这些串行设备符合 RS-232C 标准，带有一个 DCE 补充接口。

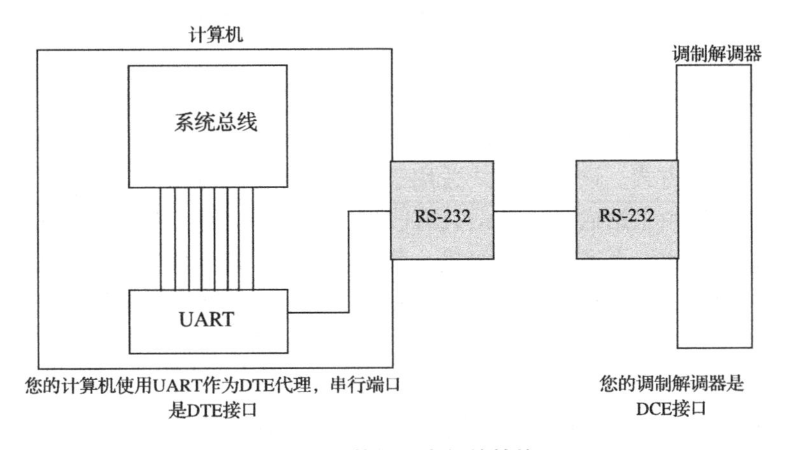

图 6-18　并行到串行的转换

6.1.6　配置 HDLC 封装

在 OSI 七层协议产生之前，为了使容易产生差错的物理链路在通信时变得可靠，使用了一些控制协议，包括 ARPANET 推出的 IMP – IMP 协议和 IBM 推出的 BSC 协议，这些数据链路层协议都是面向字符的协议。所谓面向字符即链路上所传输的数据或控制信息都必须是由规定字符集（如 ASCII 码）中的字符所组成。由于这种面向字符的协议对字符的依赖性比较强，不便于扩展，以及其他一些缺点，为此 IBM 推出了面向比特的规程 SDLC（Synchronous Data Link Control），后来，ISO 把 SDLC 修改后称为 HDLC（High – level Data Link Control）。

1. **HDLC 协议的操作方式**

面向比特的协议不关心字节的边界，它只是把帧看成比特集。这些比特可能来自某个字符集，或者可能是一幅图像中的像素值或是一个可执行文件的指令和操作数等。相比较面向字符的协议，HDLC 最大特点是不需要数据必须是规定字符集，对任何一种比特流，均可以实现透明的传输。只要数据流中不存在同标志字段 F 相同的数据就不至于引起帧边界的错误判断。万一出现同边界标志字段 F 相同的数据，即数据流中出现六个连“1”的情况，可以用“0 比特填充法”解决。HDLC 具有以下特点：

1）协议不依赖于任何一种字符编码集。

2）数据报文可透明传输，用于实现透明传输的“0 比特填充法”易于硬件实现。

3）全双工通信，不必等待确认便可连续发送数据，有较高的数据链路传输效率；所有帧均采用 CRC 校验，对信息帧进行顺序编号，可防止漏收或重收，传输可靠性高；传输控制功能与处理功能分离，具有较大的灵活性。

HDLC 是通用的数据链路控制协议。在开始建立数据链路时，允许选用特定的操作方式。所谓操作方式。通俗地讲就是某个站点是以主站点方式操作还是以从站点方式操作，或者是二者兼备。链路上用于控制目的的站点称为主站，其他的受主站控制的站称为从站。主站对数据流进行组织，并且对链路层的差错实施恢复。由主站发往从站的帧称为命令帧，而从从站返回主站的帧称为响应帧。连接多处站点的链路常使用轮询技术，轮询其他站称为主站，而在点到点链路中每个站均可为主站。主站需要比从站有更多的逻辑功能，所以当终端与主机相连时，主机一般总是主站。有些站可兼备主站从站的功能，这种站称为组合站，用于组合站的操作称作平衡操作。相对的，那种操作时有主站、从站之分的，且各自功能不同的操作，称为非平衡操作。

HDLC 中常有的操作方式有以下三种：

（1）正常响应方式（Normal Responses Model，NRM）　这是一个非平衡数据链路方式，有时也称非平衡正常响应方式。该操作方式适用于面向终端的点到点或点到多点的链路。在这种操作方式中，传输过程由主站启动，从站只有收到主站某个命令帧后，才能做出响应向主站传输信息。响应信息可以由一个或多个帧组成，若信息由多个帧组成，则应指出哪一个是最后一帧。主站负责整个链路，且具有轮询、选择从站及向从站发送命令的权利，同时也负责对超时、重传及各类恢复操作的控制。

（2）异步响应方式（Asynchronous Responses Mode，ARM）　这也是一种非平衡数据链路操作方式，与 NRM 不同的是，ARM 下的传输过程由从站启动。从站主动发送给主站的一个或一组帧中可包含有信息，也可以是以控制为目的而发送的帧。该方式对采用轮询方式的多站链路来说是必不可少的。

（3）异步平衡方式（Asynchronous Balanced Mode，ABM）　这是一种允许任何节点启动传输的操作方式。为了提高链路传输效率，节点之间在两个方向都需要有较高的信息传输量。在这种操作方式下，任何时候任何站点都能启动传输操作，每个站点既可作为主站又可作为从站，即每个站都是组合站。各站都有相同的一组协议，任何站点都可以发送或接收命令，也可以给出应答，并且各站对差错恢复过程都负有相同的责任。

2. **HDLC 协议的帧格式**

在 HDLC 中，数据和控制报文均以帧的标准格式传送。HDLC 中的帧类似于 BSC 字符块，但 BSC 协议中的数据报文和控制报文是独立传输的，而 HDLC 中命令和响应以统一的格式按帧传输。完整的 HDLC 帧由标志字段（F）、地址字段（A）、控制字段（C）、信息字段（I）、帧校验序列字段（FCS）等组成 HDLC 帧格式。

（1）标志字段（F）　标志字段“01111110”的比特模式，用以表示帧的开始与结束。通常，链路空闲时也发送这个序列，以保证发送方和接收方的时钟同步。标志字段也可以作为帧与帧之间的填充字符，在这种状态下，发送方不断地发送标志字段，而接收方则检测每一个收到的标志字段，一旦发现某个标志字段后面不再是一个标志字段，便可认为一个新的帧传送已经开始。

如果两标志字段之间的比特串中，碰巧出现了和标志字段“01111110”一样的比特串，那么就会误认为是帧的边界。为了避免出现这种错误，HDLC 规定采用“0 比特填充法”使一帧中两个标志字段之间不会出现“01111110”。

0 比特填充法的具体实现方法为：在发送方，检测除标志位以外的所有字段，若发现连续五个“1”出现时，则根据它看到的下一个比特做出决定。如果下一个比特为“0”，则一定是填充的，接收方就把它去掉：如果下一个比特是“1”，则有两种情况：这是帧结束标记或是比特流中出现差错。通过再看下一个比特，接收方可区别这两种情形：如果看到一个“0”（即“01111110”），那么它一定是帧结束标记；如果看到一个“1”（即“01111110”），则一定是出错了，需要丢弃整个帧。在后一情形下，接收方必须等到下一个（“01111110”）出现才能再一次开始接收数据。采用0 比特填充法就可以传送任意组合的比特流，或者说，就是可以实现链路层的透明传输。

（2）地址字段（A）　地址字段的内容取决于所采用的操作方式。在操作方式中，有主站、从站、组合站之分，每一个从站和组合站都被分配一个唯一的地址。命令帧中的地址字段携带的地址是对方的地址，而响应帧中的地址字段所携带的地址是本站的地址。某一地址也可分配给不止一个站，这种地址称为组地址，利用一个组地址传输的帧能被组内所有拥有该组地址的站接收，但当一个从站或组合站发送响应时，它仍应当用它唯一的地址。

还可以用全“1”地址来表示广播地址，含有广播地址的帧传送给链路上所有的站。另外，还规定全“0”地址为无效地址，这种地址不分配给任何站，仅用作测试。

（3）控制字段（C）　共 8 bit，它也是最复杂的字段。控制字段用于构成各种命令和响应，以便对链路进行监视和控制。发送方主站或组合站利用控制字段来通知被寻址的从站或组合站执行约定的操作；相反，从站用该字段作为对命令的响应，报告已完成的操作或状态的变化。

（4）信息字段（I）　信息字段可以是任意的二进制比特串。比特串长度未做严格限定，其上限由 FCS 字段或站点的缓冲器容量来确定，目前用得较多的是 1000 ~ 2000 bit；而下限即可以为 0，即无信息字段。但是，监控帧（S 帧）中规定不可有信息字段。

（5）帧校验序列字段（FCS）　帧校验序列字段可以使用 16 位 CRC，对两个标志字段之间的整个帧的内容进行校验。

3. **配置 HDLC 封装**

在连接两个设备的租用线路上，可以使用 HDLC 作为其点对点协议，在特权模式下使用 encapsulation hdlc 命令重新启用 HDLC。

启用 HDLC 封装分为两个步骤：

步骤 1：进入串行接口的接口配置模式。

```
Router(config)# interface s0/0/0
Router(config-if)#
```

步骤 2：输入 encapsulation hdlc 命令指定接口的封装协议。

```
Router(config-if)# encapsulation hdlc
```

6.2　PPP

PPP（Point to Point Protocol）是一个点到点的数据链路层协议，是目前 TCP/IP 网络中最主要的点到点数据链路层协议。它是在串行线 Internet 标准（Serial Line Intemet Protocol，SLIP）的基础上发展起来的，SLIP 和 HDLC 类似，是一种面向比特的数据链路层协议。由于 SLIP 协议只支持异步传输方式，无协商过程（尤其不能协商加双方 IP 地址等网络层属性）等缺陷，在后来的发展过程中，逐步被 PPP 所替代。

6.2.1　PPP 简介

PPP 作为一种提供在点到点链路上传输、封装网络层数据包的数据链路层协议，处于 TCP/IP 的协议栈的第二层，主要被设计用来在支持全双工的同异步链路上进行点到点之间的数据传输。PPP 是一个适用于通过调制解调器、点到点专线、HDLC 比特串行线路和其他物理层的多协议帧机制，支持错误检测、选项商定、头部压缩等机制，在当今的网络中得到普遍的应用。

PPP 的主要特点如下所述：

1）PPP 是数据链路层协议。

2）支持点到点的连接（不同于 X. 25M、Frame Relay 等数据链路层协议）。

3）物理层可以是同步电路或异步电路（如 Frame Relay 必须为同步电路）。

4）具有各种 NCP，如 IPCP、IPXCP，更好地支持了网络层协议。

5）支持简单明了的验证，更好地保证了网络的安全性。

6）易扩充。

7）PPP 是正式的 Internet 标准。

6.2.2　PPP 分层架构

1. **体系结构**

PPP 由于这些显著的优点因而被广泛地使用于如 PSTN/ISDN、DDN 等物理广域网甚至 SDH、SONET 等高速线路之上。图 6-19 描述了 PPP 的协议栈结构，主要由两类协议组成：

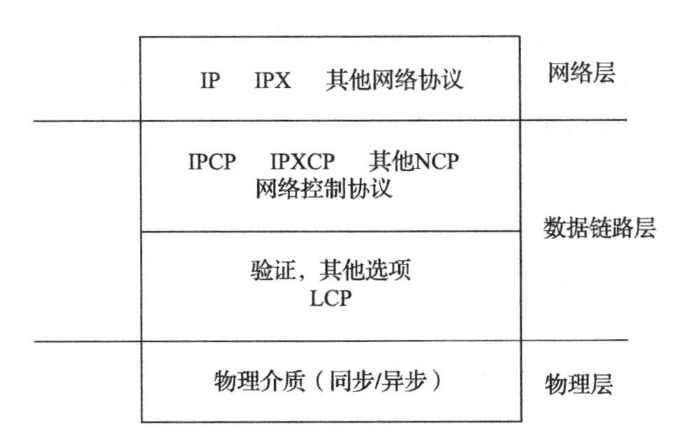

图6-19 PPP的协议栈结构

（1）链路控制协议族（LCP） 链路控制协议主要用于建立、拆除和协商PPP数据链路；LCP主要完成以下参数的协商：MTU（最大传输单元）、质量协议、验证协议、魔术字、协议域压缩、地址和控制域压缩协商。

（2）网络层控制协议族（NCP） 网络层控制协议族主要用于协商在该数据链路上所传输的数据包的格式与类型，建立、配置不同网络层协议。

同时，PPP还提供了用于网络安全方面的验证协议族（PAP和CHAP）。目前NCP有IPCP和IPXCP两种。IPCP用于在LCP上运行IP，IPXCP用于在LCP上运行IPX。由于IP网络的广泛使用，我们这里只介绍IPCP。IPCP主要有两个功能：其一是协商IP地址，其二是协商IP压缩协议。IP地址协商主要用于PPP通信的双方中一侧给另一侧分配IP地址，IP压缩协议主要指是否采用Van Jacobson压缩协议。

2. 帧格式

所有的PPP帧是以标准的HDLC标志字节（01111110）开始的，如果是用在信息字段上，就是所填充的字符。接下来是地址字段（A），总是设成二进制11111111，表明主从端的状态都为接收状态。地址字段后面紧接着控制字段（C），其默认值为00000011，此值表明是一个无序号帧。换而言之，默认情况下，PPP没有采用序列号和确认来进行可靠的传输。在有噪声的环境中，诸如无线网络，则使用编号方式进行可靠的传输。

由于在默认配置下，地址字段和控制字段总是常数，因此LCP为这两部分提供了必要的机制，商议出一种选项，省略掉这两个字段，从而在每个帧上省出2B。与HDLC不同，PPP增加了协议字段（P）它的工作是告知在信息字段中使用的是哪类分组。

针对LCP、NCP、IP、IPX、AppleTalk及其他协议，定义了相应的代码。以0位开始的协议是网络层协议，如IP、IPX、OSI、CLNP和XNS。以1位开始的哪些协议用来确定其他协议。这些协议包括了LCP和针对所支持的每种网络层协议确定的不同NCP。协议字段默认大小为2B，但在使用LCP时，可以变换1B。

信息字段（I）是变长的，最多可达到所商定的最大值。如果线路设置时使用LCP，没有商定此长度，就使用默认长度1500B。如果需要的话，在有效内容后面增加填充字节。在作息字段后面是校验和（FCS）字段，通常情况下是2B，但也可以确定为4B的校验和。

PPP是在点到点链路上承载网络层数据包的一种链路层协议，由于它能够提供用户验证、易于扩充，并且支持同异步通信，因而获得广泛应用。PPP定义了一整套的协议，包括链路控制协议（LCP）、网络层控制协议（NCP）和验证协议（PAP 和 CHAP）等。其中：

1）链路控制协议　Link Control Protocol，简称 LCP。主要用来建立、拆除和监控数据链路。

2）网络层控制协议　Network Control Protocol，简称 NCP。主要用来协商在该数据链路上所传输的数据包的格式与类型。

3）用于网络安全方面的验证协议族。

6.2.3　建立 PPP 会话与身份验证

PPP 运行过程如下：

1）在开始建立 PPP 链路时，先进入到 Establish 阶段。

2）在 Establish 阶段 PPP 链路进行 LCP 协商，协商内容包括工作方式（是 SP 还是 MP）、验证方式和最大传输单元等。LCP 在协商成功后进入 Opened 状态，表示底层链路已经建立。

3）如果配置了验证（远端验证本地或者本地验证远端）就进入 Authenticate 阶段，开始 CHAP 或 PAP 验证。

4）如果验证失败进入 Terminate 阶段，拆除链路，LCP 状态转为 Down；如果验证成功就进入 Network 协商阶段（NCP），此时 LCP 状态仍为 Opened，而 IPCP 状态从 Initial 转到 Request。

5）NCP 协商支持 IPCP 协商，IPCP 协商主要包括双方的 IP 地址。通过 NCP 协商来选择和配置一个网络层协议。只有相应的网络层协议协商成功后，该网络层协议才可以通过这条 PPP 链路发送报文。

6）PPP 链路将一直保持畅通，直至有明确的 LCP 或 NCP 帧关闭这条链路，或发生了某些外部事件（如用户的干预）。

此链路会将通信配置保持到显式 LCP 或 NCP 帧关闭该链路，或者发生某些外部事件为止。LCP 可以随时切断该链路。LCP 切断链路通常是响应其中某台路由器的请求，但也可能是因为发生物理事件，如载波丢失或者空闲计时器超时。

6.2.4　配置 PPP

1. PPP 的配置步骤

（1）PPP 的基本配置

1）配置接口封装的链路层协议为 PPP。

2）配置 PPP 验证方式、用户名及用户口令。

3）配置 PPP 的 AAA 验证及计费参数。

（2）PPP 的高级配置

1）配置 PPP 协商参数。

2）配置 PPP 压缩算法。

PPP 基本配置任务，是在路由器上运行 PPP 必须完成的配置，而高级配置任务是用户根据自己的需要进行的可选配置。

（3）PPP 配置选项　通过配置 LCP 选项可以满足特定的 WAN 连接需求，PPP 可以包含以下 LCP 选项。

1）身份验证。对等路由器交换身份验证消息。验证方法有两种：口令验证协议（PAP）和挑战握手验证协议（CHAP）。

2）压缩。可减少必须通过链路传输的帧所含的数据量，有效提高 PPP 连接的吞吐量。该协议将在帧到达目的地后将帧解压缩。路由器提供两种压缩协议：Stacker 和 Predictor。

3）错误检测。识别错误条件。质量和幻数选项有助于确保可靠的无环数据链路。幻数字段有助于检测处在环路状态的链路。在成功协商幻数配置选项之前，必须将幻数当作 0 进行传输。幻数是连接的两端随机生成的数字。

4）多链路。该选项在 PPP 使用的路由器接口上执行负载均衡。多链路 PPP（也称为 MP、MPPP、MLP 或多链路）提供在多个 WAN 物理链路上分布流量的方法，同时还提供数据包分片（Fragmentation）和重组、正确的定序、多供应商互操作性及入站和出站流量的负载均衡等功能。

5）PPP 回叫。根据此 LCP 选项的设置，路由器可以承担回叫客户端或回叫服务器的角色。客户端发起初始呼叫，请求服务器回叫并终止其初始呼叫。回叫路由器应答初始呼叫，并根据其配置语句回叫客户端。此命令是 ppp callback [accept | request]。在配置选项之后，相应的字段值将插入到 LCP 选项字段中。配置选项具体字段，见表 6-1。

表 6-1　配置选项字段代码

选项名称	选项类型	选项长度	说　明
最大接收单元（MRU）	1	4	MRU 是 PPP 帧的最大尺寸，它不能超过 65535B。默认为 1500B，如果双方都没有更改默认值，则不会协商该选项
异步控制字符映射（ACCM）	2	6	这是位映射，用于为异步链路启用字符转义功能。默认情况下，使用字符转义
身份验证协议	3	5 或 6	此字段表示身份验证协议，即 PAP 或 CHAP
幻数	5	6	这是一个随机数，选择该数字是为了区分对等点并检测环回线路
协议压缩	7	2	此标志表示当 2 B 协议 ID 位于 0x00 - 00 或 0x00 - FF 范围内时要压缩成一个二进制 8 位数的 PPP 的 ID
地址和控制字段压缩	8	2	此标志表示要从 PPP 报头删除的 PPP 地址字段（始终设置为 0xFF）和 PPP 控制字段（始终设置为 0x03）
回叫	13 或 0x0D	3	一个指示如何确定回叫的二进制 8 位数

2. PPP **配置命令**

在串行接口上实际配置 PPP 之前，需要先了解一下这些命令及其语法。

示例 1：在接口上启用 PPP。

要将 PPP 设置为串行或 ISDN 接口使用的封装方法，可使用 encapsulation ppp 接口配置命令。

以下示例在串行接口 0/0 上启用 PPP 封装：

```
Router#configure terminal
Router(config)#interface serial 0/0
Router(config-if)#encapsulation ppp
```

虽然 encapsulation ppp 命令没有任何参数，但要使用 PPP 封装，必须先配置路由器的 IP 路由协议功能。

示例 2：压缩。

在启用 PPP 封装后，可以在串行接口上配置点对点软件压缩。由于该选项会调用软件压缩进程，因此会影响系统性能。如果流量本身是已压缩的文件（如 . zip、. tar 或 . mpeg），则不需要使用该选项。图中显示了 compress 命令的语法。

要在 PPP 上配置压缩功能，可输入以下命令：

```
Router(config)#interface serial 0/0
Router(config-if)#encapsulation ppp
R3outer(config-if)#compress [predictor | stac]
```

示例 3：链路质量监视。

前面介绍 LCP 阶段时已经讲过，LCP 负责可选的链路质量确认阶段。在此阶段中，LCP 将对链路进行测试，以确定链路质量是否足以支持第三层协议的运行。ppp qualitypercentage 命令用于确保链路满足设定的质量要求；否则链路将关闭。

百分比是针对入站和出站两个方向分别计算的。出站链路质量的计算方法是将已发送的数据包及字节总数与目的节点收到的数据包及字节总数进行比较。入站链路质量的计算方法是将已收到的数据包及字节总数与目的节点发送的数据包及字节总数进行比较。

如果未能控制链路质量百分比，链路的质量注定不高，链路将陷入瘫痪。链路质量监控（LQM）执行时滞功能，这样，链路不会时而正常运行，时而瘫痪。

此示例配置监控链路上丢弃的数据并避免帧循环：

```
Router(config)#interface serial 0/0
Router(config-if)#encapsulation ppp
R(config-if)#ppp quality 80
```

使用 no ppp quality 命令禁用 LQM。

示例 4：多个链路上的负载均衡。

多链路 PPP（也称为 MP、MPPP、MLP 或多链路）提供在多个 WAN 物理链路分布流量的方法，同时还提供数据包分片和重组、正确的定序、多供应商互操作性及入站和出站流量的负载均衡等功能。

MPPP 允许对数据包进行分片并在多个点对点链路上将这些数据段同时发送到同一个远程地址。在用户定义的负载阈值下，多个物理层链路将恢复运行。MPPP 可以只测量入站流量的负载，也可以只测量出站流量的负载，但不能同时测量入站和出站流量的负载。

以下命令对多个链路执行负载均衡功能：

```
Router(config)#interface serial 0/0
Router(config-if)#encapsulation ppp
Router(config-if)#ppp multilink
```

multilink 命令没有任何参数。要禁用 PPP 多链路，可使用 no ppp multilink 命令。使用 show interfaces serial 命令校验 HDLC 或 PPP 封装的配置是否正确。

6.2.5　PAP 与 CHAP 配置案例

1. PAP 身份验证协议

PPP 定义可扩展的 LCP，允许协商身份验证协议以便在允许网络层协议通过该链路传输之前验证对等点的身份。RFC 1334 定义了两种身份验证协议，包括 PAP 和 CHAP。PAP 是非常基本的双向过程。未经任何加密，用户名和口令以纯文本格式发送。如果通过此验证，则允许连接。CHAP 比 PAP 更安全，它通过三次握手交换共享密钥。

PPP 会话的身份验证阶段是可选的。如果使用了身份验证，就可以在 LCP 建立链路并选择身份验证协议之后验证对等点的身份，此活动将在网络层协议配置阶段开始之前进行。身份验证选项会要求链路的呼叫方输入身份验证信息，这就确保了用户的呼叫行为得到了管理员的许可。然后，对等路由器会交换身份验证消息。

PPP 具有的一项功能是对第二层执行身份验证，此外还可以对其他层执行身份验证、加密、访问控制和一般安全措施。PAP 使用双向握手为远程节点提供了一种简单的身份验证方法。PAP 不支持交互。在使用 ppp authentication pap 命令时，系统将以一个 LCP 数据包的形式发送用户名和口令，而不是由服务器发送登录提示并等候响应。如图 6-20 所示，在 PPP 完成链路建立阶段之后，远程节点在该链路上重复发送用户名—口令对，直到发送节点确认该用户名—口令对或终止连接为止。

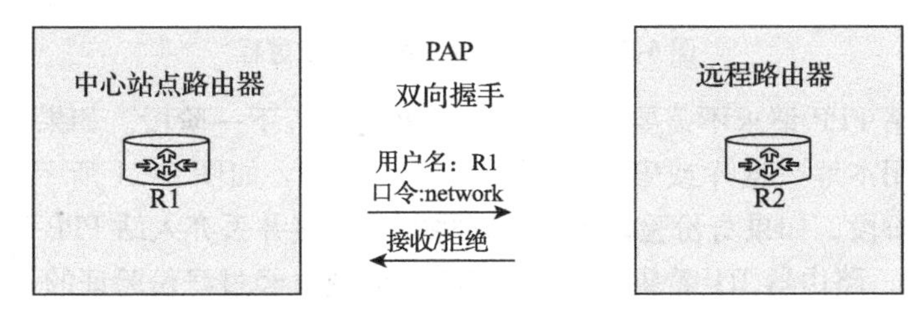

图 6-20　PAP 身份验证过程

在接收节点，身份验证服务器将检查用户名和口令，以决定允许或拒绝连接。然后，服务器将向请求方返回接受或拒绝消息。PAP 并非可靠的身份验证协议。如果使用 PAP，将通过链路以明文形式发送口令，也就无从防护回送或反复试错攻击。远程节点将控制登录尝试的频率和时间。

尽管如此，PAP 还是有其用武之地。例如，PAP 仍可用于以下情形：

1）当系统中安装了大量不支持 CHAP 的客户端应用程序时。

2）当不同供应商实现的 CHAP 互不兼容时。

3）当模拟主机远程登录必须使用纯文本口令时。

2. 挑战握手验证协议（CHAP）

一旦建立了 PAP 身份验证，CHAP 必然会停止工作，这会让网络容易遭到攻击。与一次性身份验证的 PAP 不同，CHAP 定期执行消息询问，以确保远程节点仍然拥有有效的口令值。口令值是个变量，在链路存在时该值不断改变，并且这种改变是不可预知的。

在完成 PPP 链路建立阶段之后，本地路由器将向远程节点发送一条询问消息。远程节点将采用单向哈希函数计算而得的值做出响应，该函数通常是基于口令和询问消息的消息摘要 5（MD5）。本地路由器根据自己计算的预期哈希值来检查响应。如果这两个值相同，则发起方节点会确认该身份验证；否则，它会立即终止连接。

CHAP 通过使用唯一且不可预测的可变询问消息值提供回送攻击防护功能。因为询问消息唯一而且随机变化，所以得到的哈希值也是随机的唯一值。反复发送询问信息限制了暴露在任何单次攻击下的时间。本地路由器或第三方身份验证服务器控制着发送询问信息的频率和时机。在配置 PPP 时，可以使用流程图帮助理解 PPP 身份验证过程。如图 6-21 所示，流程图直观地展示了 PPP 封装和身份验证过程。

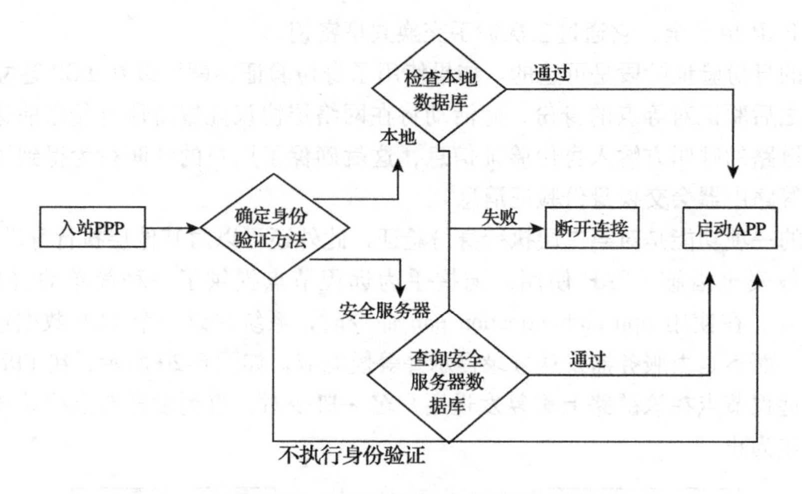

图 6-21　PPP 封装和身份验证过程

例如，如果入站 PPP 请求不需要身份验证，PPP 将进入下一阶段。如果入站 PPP 请求需要身份验证，则将使用本地数据库或安全服务器验证其身份。如图 6-21 所示，如果身份验证成功，则将进入下一阶段，如果身份验证失败，则将断开连接并丢弃入站 PPP 请求。

如图 6-22 所示，路由器 R1 希望与路由器 R2 之间建立经过身份验证的 PPP Chap 连接。

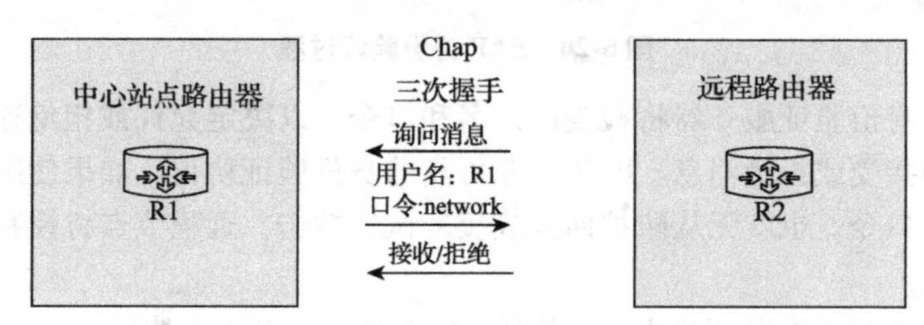

图 6-22　Chap 身份验证过程

步骤 1：R1 首先使用 LCP 与路由器 R2 协商链路连接，在 PPP LCP 协商期间，两个系统同意使用 Chap 身份验证。

步骤 2：路由器 R2 生成一个 ID 和一个随机数并将 ID、随机数连同用户名一起作为 Chap 询问消息数据包发送到 R1。

步骤 3：R1 将使用挑战者（R2）的用户名并利用本地数据库交叉引用该用户名来查找相关联的口令。随后，R1 将使用 R2 的用户名、ID、随机数和共享加密口令生成一个唯一的 MD5 哈希数。

步骤 4：接着，路由器 R1 将询问消息 ID、哈希值及其用户名（R1）发送到 R2。

步骤 5：R2 使用它最初发送给 R1 的 ID、共享加密口令和随机数生成自己的哈希值。

步骤 6：R2 将自己的哈希值与 R1 发送的哈希值进行比较。如果这两个值相同，R2 将向 R1 发送链路建立响应。

如果身份验证失败，系统会生成一个 Chap 失败数据包，其结构如下：

04 = Chap 失败消息类型。

id = 从响应数据包中复制而得。

“Authentication failure”或类似文本消息，是供用户阅读的说明性信息。

注意：R1 和 R2 上的共享加密口令必须相同。

3. PAP 与 Chap 配置实例

案例一：假如你是某公司的网络管理人员，该公司包括总公司和分公司两部分，分别使用一台路由器连接两个部门，总公司和分公司之间希望能够申请一条广域网专线进行连接。在你了解当前路由器的广域网接口支持的数据链路层协议后，以确定选择哪一种广域网链路使公司各部门网络间互通。

案例二：假如你是某公司的网络管理人员，公司为了满足不断增长的业务需求，申请了专线接入，当客户端路由器与 Internet 服务提供商进行协商时，需要验证身份，配置路由器以保证链路的建立，并考虑安全性。

两台路由器利用 V.35 线缆通过 WAN 口相连，可以采用 DDN、FR 或 ISDN 等专用线路互联，通过路由器的以太网口连接主机，并使 console 口与主机的 com 口相连，通过超级终端登录到路由器进行配置，拓扑结构如图 6-23 所示。

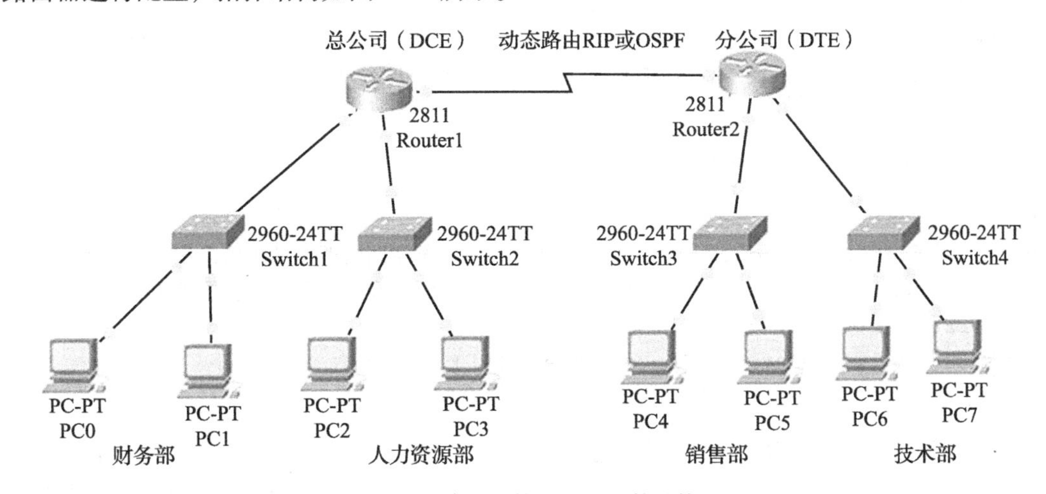

图 6-23　广域网协议配置拓扑结构图

本案例采用两台路由器、四台交换机，计算机作为控制台终端，通过路由器的 console 登录路由器，即用路由器随机携带的标准配置线缆的水晶头，一端插在路由器的 console 口上，另一端的 9 针接口插在计算机的 com 口上。同时，为了实现 Telnet 配置，用一根网线的一端连接交换机的以太网口，另一端连接计算机的网口，然后两台路由器使用 V.35 专用电缆通过同步串口（WAN 口）连接在一起，使用一台计算机进行试验结果并验证（与控制台使用同一台计算机），同时配置静态路由使之相互通信。完成此案例可以采用 PAP 或 CHAP 验证。

（1）PAP 验证　PPP 是在点到点链路上承载网络层数据包的一种链路层协议，由于它能够提供用户验证、易于扩充，并且支持同异步通信，因而获得广泛应用。

1）PPP 定义了一整套的协议，包括链路控制协议（LCP）、网络层控制协议（NCP）和验证协议（PAP 和 CHAP）等。其中：

① 链路控制协议主要用来建立、拆除和监控数据链路。

② 网络层控制协议主要用来协商在该数据链路上所传输的数据包的格式与类型。

③ 用于网络安全方面的验证协议族。

2）PAP 验证为两次握手验证，口令为明文，PAP 验证的过程如下：

① 被验证方发送用户名和口令到验证方。

② 验证方根据本端用户表查看是否有此用户以及口令是否正确，然后返回不同的响应（Acknowledge or Not Acknowledge）。

3）配置步骤：在静态路由或动态路由的基础上进行本次工作任务。

① 首先配置路由器 Router1（远程路由器，被认证方）在路由器 Router2（中心路由器，认证方）取得验证：

```
Router1(config)#interface  serial0/0/0
Router1(config-if)#encapsulation ppp     (两端路由器上的串口采用 PPP 封装)
% LINEPROTO-7-UPDOWN: Line protocol on Interface Serial0/0/0, changed state to down (系统信息)
Router1(config-if)#ppp  pap sent-username Router1 password 123456
```

（在远程路由器 Router1 上，配置在中心路由器上登录的用户名和密码，用户名为“Router1”，密码“123456”）

② 中心路由器 Router2 的配置过程：

```
Router2(config)#interface  serial0/0/0
Router2(config-if)#encapsulation ppp        (在路由器上的串口采用 PPP 封装)
Router2(config-if)#ppp  authentication  pap  (在中心路由器上配置 PAP 验证)
Router2(config-if)#exit
Router2(config)#username Router1 password 123456
```

（在中心路由器 Router2 上为远程路由器设置用户名和密码）

③ 以上步骤只是配置 Router1（远程路由器）在 Router2（中心路由器）取得验证，即单向验证。然而在实际应用中，通常采用双向验证，即 Router2 要验证 Router1，而 Router1 也要验证 Router2。此时 Router1 为中心路由器，Router2 为远程路由器：

```
Router1(config)#interface  serial0/0/0
Router1(config-if)#ppp  authentication  pap  (在中心路由器上配置 PAP 验证)
Router1(config)#username Router2 password 654321
```

（在中心路由器 Router1 上为远程路由器设置用户名和密码）

④ 在远程路由器 Router2 上配置用什么用户名和密码在远程路由器上登录，具体配置如下：

```
Router2(config-if)#ppp  pap sent-username Router2 password 654321
```

（2）CHAP 验证

1）CHAP 验证为三次握手验证，口令为密文（密钥）。CHAP 验证过程如下：

① 验证方向被验证方发送一些随机产生的报文（Challenge），并同时将本端的主机名附带上一起发送给被验证方。

② 被验证方根据此报文中验证方的主机名和本端的用户表查找用户口令字，若找到用户表中与验证方主机名相同的用户，便利用报文 ID、此用户的密钥（口令字）和 MD5 算法对该随机报文进行加密，将生成的密文和自己的主机名发回验证方（Response）。

③ 验证方用自己保存的被验证方口令字和 MD5 算法对原随机报文加密，比较二者的密文，

根据比较结果返回不同的响应（Acknowledge or Not Acknowledge）。

2）配置需求：在本次工作任务中，要求路由器 Quidway1 用 CHAP 方式验证路由器 Quidway2。

3）配置步骤：

```
Router1(config)#username Router2 password 123456  （配置对方的用户名和密码）
Router2(config)#username Router1 password 123456
（配置对方的用户名和密码,需要注意的是双方的密码要相同）
Router1(config)#interface  serial0/0/0
Router1(config-if)#encapsulation ppp      （两端路由器上的串口采用 PPP 封装）
Router1(config-if)#ppp  authentication  chap  （在中心路由器上配置 Chap 验证）
Router2(config)#interface  serial0/0/0
Router2(config-if)#encapsulation ppp
Router2(config-if)#ppp  authentication  chap
```

6.2.6　PPP 身份验证故障排除

身份验证是一项需要正确执行的功能，否则可能会危及串行连接的安全性。与不使用身份验证的配置一样，始终使用 show interfaces serial 命令校验配置。未经测试，切不可想当然地认为身份验证配置会正常工作。通过调试可以确认配置正确无误。调试 PPP 身份验证的命令是 debug ppp authentication。

debug ppp authentication 命令的示例输出如下所示：

```
R#debug ppp authentication
Serial0: Unable to authentication. No name received from peer
Serial0: Unable to validate CHAPresponse. USERNAME pioneer not found.
Serial0: Unable to validate CHAPresponse. No password defined for USERNAME pionner Remote message is Unknow name
Serial0: remote passed CHAP authentication.
Serial0: Passed CHAP authenticationwitch remote.
Serial0: CHAP input code=4 id=3 len=48
```

以下是关于该输出的说明：

1）第 一 行是说路由器无法在接口 Serial0 上进行身份验证，因为对等点未发送名称。

2）第 二 行是说路由器无法校验 Chap 响应，因为用户名“pioneer”未找到。

3）第 三 行是说未找到“pioneer”的口令。此行其他可能的响应还有：未收到要验证身份的用户名，用户名未知，未找到指定用户名的密钥，收到的 MD5 响应消息太短，或者 MD5 比较失败。

4）最后一行，code = 4 表示验证失败，其他代码值如下：

1 = 询问消息。

2 = 响应。

3 = 成功。

4 = 失败。

id = 3 是每个 LCP 数据包格式的 ID 编号。

len = 48 是不含报头的数据包长度。

6.3　帧中继协议

6.3.1　帧中继协议简介

帧中继（Frame Relay）技术是在 X. 25M 分组交换技术的基础上发展起来的一种快速分组交换技术，主要工作在 OSI 的物理层和数据链路层，如图 6-24 所示。

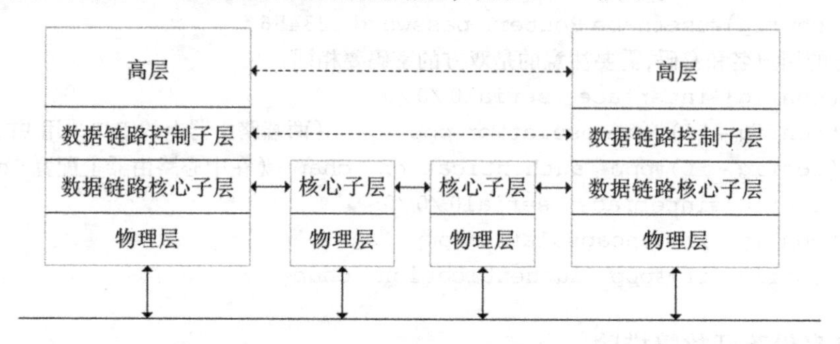

图 6-24　帧中继与 OSI 的对应关系

概括地讲，帧中继技术是在数据链路层用简化的方法和交换数据单元的快速分组交换技术。在通信线路质量不断提高，用户终端智能化也不断提高的基础上，帧中继技术省去了 X. 25M 分组交换网中的差错控制和流量控制功能，这就意味着帧中继网在传送数据时可以使用得更简单而高效。同时，帧中继采用虚电路技术（Virtual Circuits ，VCs），能充分利用网络资源，具有吞吐量高、延时低、适合突发性业务等特点。而且帧中继数据单元至少可以达 1600B，所以帧中继协议十分适合在广域网中连接局域网，如图 6-25 所示。

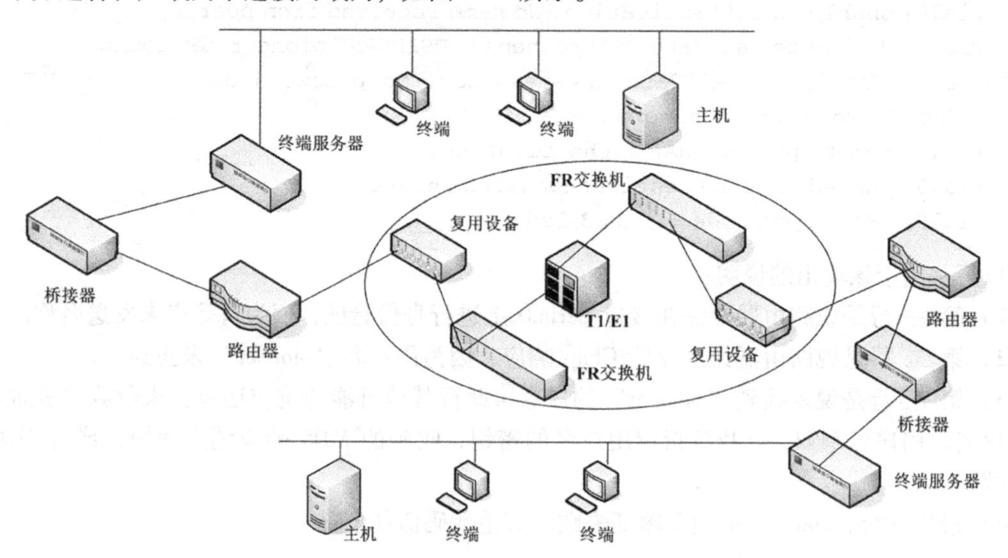

图 6-25　帧中继网络的组成

1. 帧中继的帧格式

帧中继采用可变长度的帧来封装不同 LAN 网（如以太网、令牌环、FDDI 等）的不同长度的数据包，其数据在网络中以帧为单位进行传送，其帧结构中只有标志字段，地址字段、信息字段和帧校验序列字段，而不存在控制字段。帧中继的帧格式如图 6-26 所示。

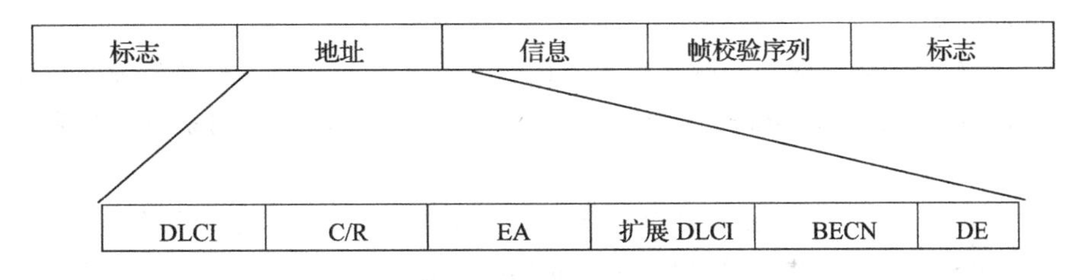

图6-26　帧中继的帧格式

（1）标志字段　是一个特殊的8比特组01111110，它的作用是标志一帧的开始和结束。在地址标志之前的标志为开始标志，在帧校验列（FCS）字段之后的标志为结束标志。

（2）地址字段　主要用来区分同一通路上多个数据链路连接，以便实现帧的复用/分路。地址字段的长度一般为2B，必要时最多可扩展到4B。地址字段通常包括以下信息：

1）数据链路连接标识符DLCI：唯一标识一条虚电路的多比特字段，用于区分不同的帧中继连接。在后面我们会详细介绍。

2）命令/响应指示C/R：1bit字段，指示该帧为命令帧或响应帧。在帧中继协议中，该位没有定义，并且透明地通过网络。

扩展地址比特EA：1bit字段，地址字段中的最后一个字节设为1，前面字节设为0。

3）扩展的DLCI（Extended DLCI）。

4）前向拥塞指示比特FECN：1bit字段，通知用户端网络在与发送该帧相同的方向正处于拥塞状态。假定但并不强制用户采取某种行为以减轻拥塞。

5）后向拥塞指标比特BECN：1bit字段，通知用户端网络在发送该帧相反的方向正处于拥塞状态。假定但并不强制用户采取某种行为以减轻拥塞。

6）优先丢弃比特DE：1bit字段，用于指示在网络拥塞情况下可丢弃该信息帧。

（3）信息字段　包含的是用户数据，可以是任意的比特序列，它的长度必须是整数个字节。帧中继信息字节最大长度为262B，网络应能支持协商的信息字段的最大字节数至少为1600，用来支持如LAN互联之类的应用，以尽量减少用户设备分段和重组用户数据的需要。此字段的内容在网络上传输时不被改变，并且不被帧中继协议接受。

（4）帧校验序列（FCS）　用于检测数据是否被正确地接受。此FCS作用于帧中所有比特，除了标志与FCS本身。在帧中继接入设备的发送端及接收端都要进行CRC校验的计算，如果结果不一致，则丢弃该帧。当地址字段改变后，FCS必须要重新计算。

2. 帧中继的特性

1）帧中继技术主要用于传递数据业务，将数据信息以帧的形式进行传送。

2）帧中继传送数据使用的传输链路是逻辑连接，而不是物理连接。在一个物理连接上可以复用多个逻辑连接，可以实现带宽的复用和动态分配。

3）帧中继协议简化了X.25M的第三层功能，使网络节点的处理大大简化，提高了网络对信息的处理效率。采用物理层和链路层的两级结构，在链路层也只保留了核心子集部分。

4）在链路层完成统计复用、帧透明传输和错误检测，但不提供发现错误后的重传操作。省去了帧编号、流量控制、应答和监视等机制，大大节省了交换机的开销，提高了网络吞吐量、降低了通信时延。一般帧中继用户的接入速率在64kbit/s～2Mbit/s。

5）交换单元一帧的信息长度比分组长度要长，预约的最大帧长度至少要达到1600B/帧，适合封装局域网的数据单元。

6）提供一套合理的带宽管理和防止拥塞的机制，用户有效地利用预约的带宽，即承诺的信息速率（Committed Information Rate，CIR），还允许用户的突发数据占用未预定的带宽，以提高网络资源的利用率。

7）与分组交换一样，帧中继采用面向连接的交换技术。可以提供交换虚电路（Switched Virtual Circuit，SVC）和永久虚电路（Permanent Virtual Circuit，PVC）业务，但目前已应用的帧中继网络只采用PVC业务。

帧中继技术适用于以下两种情况：

1）当用户需要数据通信，其带宽要求为64kbit/s～2Mbit/s，而参与通信的各方面多于两个的时候使用帧中继是一种较好的解决方案。

2）当数据业务量为突发性时，由于帧中继具有动态分配带宽的功能，选用帧中继可以有效的处理突发性数据。

3. 帧中继的应用

帧中继比较典型的应用有两种：帧中继接入和帧中继交换。帧中继接入即作为用户端承载上层报文，接入到帧中继网络中。帧中继交换指在帧中继网络中，直接在链路层通过PVC交换转发用户的报文。

帧中继网络提供了用户设备（如路由器、桥、主机等）之间进行数据通信的能力，用户设备被称作数据终端设备（即DTE）；为用户设备提供接入的设备，属于网络设备，被称为数据通信设备（即DCE）。DTE和DCE之间的接口被称为用户—网络接口（即UNI）；网络与网络之间的接口被称为网络—网络接口（即NNI）。帧中继网络可以是公用网络或者是某一企业的私有网络，也可以是直接连接公用网络。

4. 数据链路连接标识（DLCI）

帧中继协议是一种统计复用的协议，它在单一物理传输线路上能够提供多条虚电路。每条虚电路是用DLCI（Data Link Connection Identifier）来标识的。虚电路是面向连接的，它将用户数据帧按顺序传送至目的地。根据建立虚电路方式的不同，将帧中继虚电路分为两种类型：永久虚电路（PVC）和交换虚电路（SVC）。永久虚电路是指给用户提供固定的虚电路。这种虚电路是通过人工设定产生的，如果没有人为取消它，它一直是存在的。交换虚电路是指通过协议自动分配的虚电路，当本地设备需要与远端设备建立连接时，它首先向帧中继交换机发出“建立虚电路请求”报文，帧中继交换机如果接受该请求，就为它分配一虚电路。在通信结束后，该虚电路可以被本地设备或交换机取消。也就是说这种虚电路的创建/删除不需要人工操作。现在帧中继中使用最多的方式是永久虚电路方式，即手工配置虚电路方式。由于它的简单、高效和复用，使之特别适用于数据通信。

本地管理接口（Local Management Interface，LMI）协议用于建立和维护路由器和交换机之间的连接。LMI协议还用于维护虚电路，包括虚电路的建立、删除和状态改变。

数据链路连接标识（Data Link Connecition Identifiter，DLCI）用于标识每一个PVC。通过帧中继帧中地址字段的DLCI，可以区分出该帧属于哪一条虚电路。虚电路的DLCI只在本地接口有效，只具有本地意义，不具有全局有效性，即在帧中继网络中，不同的物理接口上相同的DLCI并不表示是同一个虚连接。例如，在路由器串口1上配置一条DLCI为100的PVC，尽管有相同的DLCI，但并不是同一个虚连接，即在帧中继网络中，不同物理接口上相同的DLCI并不表示是同一个虚连接。

帧中继网络用户接口上最多可支持1024条虚电路，其中用户可用的DLCI范围是16～1007，其余为协议保留、供特殊使用，如帧中继LMI协议占用DLCI为0和1023的PVC。由于帧中继虚电路是面向连接的，则本地不同的DLCI连接到不同的对端设备。

5. 帧中继地址映射

帧中继地址映射（MAP）是把对端设备的协议地址与连接对端设备的DLCI关联起来，以便高层协议使用对端设备的协议地址能够寻址到对端设备。帧中继主要用来承载IP协议，发送IP地址和下一跳的DLCI的映射关系。地址映射表可以由手工配置，也可以由Inverse ARP协议动态维护。路由器管理者通过配置MAP把这些可用的DLCI号映射到远端的网络层地址，例如，可以映射到对端路由器一个接口的IP地址。

在帧中继中支持子接口的概念，在一个物理接口上可以定义多个子接口，子接口和主接口共同对应一个物理接口。子接口只是逻辑上的接口，在逻辑上与主接口的地位是平等，在子接口上可以配置IP地址、DLCI和MAP。在同一个物理接口下的主接口和子接口不能指定相同的DLCI，因为它们对应同一个物理接口，每个物理接口上的DLCI必须是唯一的。

6.3.2　配置基本帧中继

1. 启用帧中继封装

在串行接口上配置帧中继，如图6-27所示。图中显示了帧中继链路两端的路由器R1和R2，两台路由器均使用配置脚本进行配置。

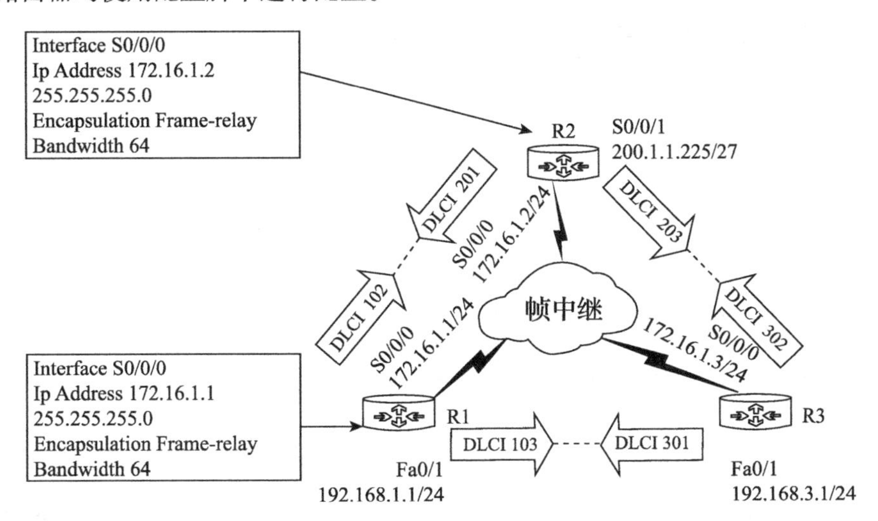

图6-27　帧中继的基本配置

步骤1：设置接口的IP地址。

使用ip address命令设置接口的IP地址，R1的IP地址为172.16.1.1/24，R2的IP地址为172.16.1.2/24。

步骤2：配置封装。

encapsulation frame-relay接口配置命令用于启用帧中继封装并允许在受支持的接口上处理帧中继。

步骤3：设置带宽。

使用 bandwidth 命令设置串行接口的带宽。以 kbit/s 为单位指定带宽。该命令通知路由协议已为该链路静态配置了带宽。EIGRP 和 OSPF 路由协议使用带宽值计算并确定链路的度量。

步骤 4：设置 LMI 类型（可选）。

在路由器自动感应 LMI 类型时，此步骤为可选步骤。Cisco 路由器支持三种类型的 LMI：Cisco、NSI Annex D 和 Q933-A Annex A，Cisco 路由器默认的 LMI 类型是 Cisco。

2. 封装选项

要将封装从 HDLC 更改为帧中继，可以使用 encapsulation frame-relay [cisco | ietf] 命令。no 形式的 encapsulation frame-relay 命令会删除接口上的帧中继封装并将接口恢复为默认的 HDLC 封装。

受支持接口上启用的默认帧中继封装为 Cisco 封装。如果连接到另一台 Cisco 路由器，则使用该选项。许多非 Cisco 设备也支持这种类型的封装。它使用 4 B 的头部，其中 2 B 用于标识 DLCI，2 B 用于标识数据包类型。IETF 封装类型符合 RFC 1490 和 RFC 2427 的规定。如果连接到非 Cisco 路由器，则请使用该选项。

3. 校验配置

show interfaces serial 命令的输出可用来检验配置：

```
R1#show interface serial 0/0/0
Serial 0/0/0 is up, line protocol is up
Hardware is GT96K Serial
Internet address is 172.16.1.1/24
MTU 1500 bytes, BW 64 Kbit, DLY 20000 usec,
Reliability 255/255, txload 1/255, rxload 1/255
Encapsulation FRAME-RELAY, loopback not set
Keepalive set (10 sec)
R2#show interface serial 0/0/0
Serial 0/0/0 is up, line protocol is up
Hardware is GT96K Serial
Internet address is 172.16.1.2/24
MTU 1500 bytes, BW 64 Kbit, DLY 20000 usec,
Reliability 255/255, txload 1/255, rxload 1/255
Encapsulation FRAME-RELAY, loopback not set
Keepalive set (10 sec)
```

4. 配置静态帧中继映射

路由器支持帧中继上的所有网络层协议，如 IP、IPX 和 AppleTalk，地址到 DLCI 的映射可通过静态映射或动态映射完成。动态映射通过逆向 ARP 功能来完成。由于逆向 ARP 为默认启用的配置，因此无须另外执行任何命令即可在接口上配置动态映射。

静态映射需要在路由器上手动进行配置。静态映射的建立应根据网络需求而定。要在下一跳协议地址和 DLCI 目的地址之间进行映射，可使用 frame-relay map protocol protocol-address dlci [broadcast] 命令。

帧中继、ATM 和 X. 25M 都是非广播多路访问（NBMA）网络。NBMA 网络只允许在虚电路上或通过交换设备将数据从一台计算机传输到另一台计算机。NBMA 网络不支持组播或广播流量，因此，一个数据包不能同时到达所有目的地。这就需要通过广播将数据包手动复制到所有目的地。

某些路由协议可能需要更多的配置选项。例如，RIP、EIGRP 和 OSPF 需要进行更多的配置才可获得 NBMA 网络的支持。鉴于 NBMA 不支持广播流量，可以使用关键字 broadcast 作为转发路由更新的简化方式。关键字 broadcast 允许在永久虚电路上广播和组播，实际上是将广播转换为单播，以便另一个节点可获取路由更新。

如图 6-28 所示，R1 使用 frame-relay map 命令将虚电路映射到 R2。

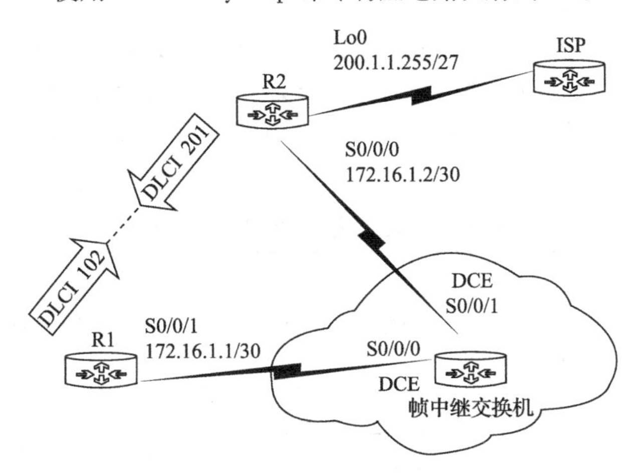

图 6-28　静态帧中继映射

R1 的配置命令如下：

```
Interface s0 /0 /1
Ip address 172.16.1.1 255.255.255.252
Encapsulation frame - relay
Bandwidth 64
Frame - relay map ip 172.16.1.2 102 broadcast
```

在配置静态地址映射时如何使用各种关键字，见表 6-2。

表 6-2　静态地址映射配置命令说明

命令参数	描　述
protocol	定义受支持的协议、桥接或逻辑链路控制：appletalk、decnet、dlsw、ip、ipx、llc2、rsrb、vines 和 xns
protocol-address	定义目的路由器接口的网络层地址
dlci	定义连接远程协议地址所用的本地 DLCI
broadcast	（可选）允许在 VC 上广播或组播。此参数允许在 VC 上使用动态路由协议

要检验帧中继映射，可使用 show frame-relay map 命令：

```
R1 #show frame - relay map
Serial0 /0 /1 (up):ip 172.16.1.2 dlci 102(0x66,0x1860), static,
Broadcast,
CISCO, status defined, active
R2 #show frame - relay map
Serial0 /0 /1 (up):ip 172.16.1.1 dlci 201(0Xc9,0x3090), static,
Broadcast,
CISCO, status defined, active
```

6.3.3 配置高级帧中继

通过将部分网状帧中继网络分割为若干更小的全网状（或点对点）子网，使子接口突破了帧中继网络的局限性。每个子网都分配有自己的网络号，对协议来说就好像该子网可以通过独立的接口访问一样。点对点子接口无须编号即可用于 IP 协议，这样降低了可能带来的寻址负担。

要创建子接口，应使用 interface serial 命令，指定端口号，后面加上点号（.）和子接口号。为方便排除故障，请使用 DLCI 作为子接口号。还必须使用关键字 multipoint 或 point - to - point 指定该接口是点对点接口还是点对多点接口，因为这里没有默认设置。这些关键字的定义，见表 6-3。

表 6-3　配置点对点子接口语法关键字

命令参数	说　明
subinterface-number	子接口号的范围为 1 ～ 4294967293。点号（.）之前的接口号必须与子接口所属的物理接口号相同
multipoint	如果所有路由器位于同一子网中，则选择此项
point-to-point	要让每对点对点路由器都有自己的子网，则选择此项。点对点链路通常使用子网掩码 255.255.255.252

图 6-29 所示的命令用于创建将 PVC 103 连接到 R3 的点对点子接口 R1（config-if）# interface serial 0/0/0.103 point-to-point。

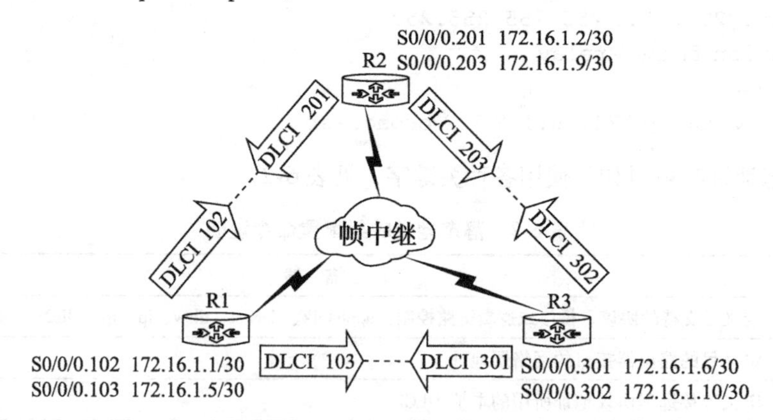

图 6-29　配置点对点子接口

如果子接口配置为点对点接口，则还必须对该子接口的本地 DLCI 进行配置以便将其与物理接口区分开来。对于启用逆向 ARP 的多点子接口，也必须配置 DLCI。对于配置为静态路由映射的多点子接口，无须配置 DLCI。帧中继服务提供商负责分配 DLCI 编号，这些编号的范围为 16 ～ 992，通常仅具有本地意义。编号范围随所用的 LMI 不同而不同。

frame-relay interface-dlci 命令用于在子接口上配置本地 DLCI。如 R1（config-subif）#frame-relay interface-dlci 103。

图 6-29 显示的 R1 有两个点对点子接口，S0/0.0.102 子接口连接到 R2，S0/0/0.103 子接口连接到 R3，每个子接口位于不同的子网上。

要在物理接口上配置子接口，需要执行以下步骤：

步骤 1：删除为该物理接口指定的任何网络层地址。如果该物理接口带有地址，本地子接口将无法接收数据帧。

步骤 2：使用 encapsulation frame-relay 命令在该物理接口上配置帧中继封装。

步骤 3：为已定义的每条永久虚电路创建一个逻辑子接口，指定端口号，后面加上点号（.）和子接口号。为方便排除故障，建议将子接口号与 DLCI 号设定一致。

步骤 4：为该接口配置 IP 地址并设置带宽。

此时，我们将配置 DLCI。前面已讲过，帧中继服务提供商负责分配 DLCI 编号。

步骤 5：使用 frame-relay interface-dlci 命令在该子接口上配置本地 DLCI。查看路由器 R1 的配置信息如下：

```
Interface s0/0/0
No ip address
Encapsulation frame-relay
No shutdown
Exit
Interface s0/0/0.102 point-to-point
Ip address 172.16.1.1 255.255.255.252
Bandwidth 64
Frame-relay interface-dlci 102
Exit
Interface s0/0/0.103 point-to-point
Ip address 172.16.1.5 255.255.255.252
Bandwidth 64
Frame-relay interface-dlci 103
```

6.3.4　帧中继故障排除

帧中继通常是非常可靠的服务。虽然如此，帧中继网络的性能有时也会低于预期水平，需要进行故障排查。例如，用户可能会报告电路上的连接缓慢，并且断断续续。电路可能会陷入瘫痪。无论如何，网络中断都会导致生产效率的下降，因而造成损失。建议的最佳做法是在问题出现之前检验配置。

在配置帧中继永久虚电路之后和排除故障的过程中，使用 show interfaces 命令检验帧中继在该接口上是否正常运行。在帧中继网络中，路由器通常被视为 DTE 设备。然而，路由器也可被配置成帧中继交换机。在这种情况下，在将路由器配置成帧中继交换机之后，该路由器也就变成了 DCE 设备。

show interfaces 命令用于显示封装的设置方式及有用的第一层和第二层状态信息，包括：

1）LMI 类型。

2）LMI DLCI。

3）帧中继的 DTE/ DCE 类型。

第一步总是确认该接口的配置是否正确。下面显示了 show interfaces 命令的输出示例，包含了有关封装、帧中继配置的串行接口的 DLCI 及 LMI 所用的 DLIC 的详细信息。必须确认这些值都是预期值，否则就要进行更改。

```
R1#show interfaces s0/0/1
Serial0/0/1 is up, line protocol is up
    Hardware is HD64570
    MTU 1500 bytes, BW 1544 Kbit, DLY 20000 usec,
       reliability 255/255, txload 1/255, rxload 1/255
    Encapsulation Frame Relay, loopback not set, keepalive set (10 sec)
    CRC checking enabled
    LMI enq sent  59, LMI stat recvd 59, LMI upd recvd 0, DTE LMI up
    LMI enq recvd 0, LMI stat sent  0, LMI upd sent  0
    LMI DLCI 1023  LMI type is CISCO  frame relay DTE
    FR SVC disabled,LAPF state down
    Broadcast queue 0/64, broadcasts sent/dropped 11/0, interface broadcasts 0
    Last input never, output never, output hang never
    Last clearing of "show interface" counters never
    Input queue: 0/75/0 (size/max/drops); Total output drops: 0
    Queueing strategy: weighted fair
    Output queue: 0/1000/64/0 (size/max total/threshold/drops)
       Conversations  0/0/256 (active/max active/max total)
       Reserved Conversations 0/0 (allocated/max allocated)
       Available Bandwidth 1158 kilobits/sec
    5 minute input rate 0 bits/sec, 0 packets/sec
    5 minute output rate 0 bits/sec, 0 packets/sec
       0 packets input, 0 bytes, 0 no buffer
       Received 0 broadcasts, 0 runts, 0 giants, 0 throttles
       0 input errors, 0 CRC, 0 frame, 0 overrun, 0 ignored, 0 abort
```

下一步是使用 show frame - relay lmi 命令查看某些 LMI 统计信息。在该命令的输出中查找任何非零的“Invalid”项。这就确定了问题是出现在运营商的交换机与本地路由器之间的帧中继通信上。下面显示了一个示例输出，其中显示了本地路由器和本地帧中继交换机之间交换的状态消息数量。

```
R1#show frame - relay lmi
LMI Statistics for interface Serial 0/0/1 (Frame Relay DTE) LMI TYPE —CISCO
    Invalid Unnumbered info 0         Invalid Prot Disc 0
    Invalid dummy Call Ref 0          Invalid Msg Type 0
    Invalid Status Message 0          Invalid Lock Shift 0
    Invalid Information ID 0          Invalid Report IE Len 0
    Invalid Report Request 0          Invalid Keep IE Len 0
    Num Status Enq.Sent 76            Num Status msgs Rcvd 76
    Num Update Status Rcvd 0          Num Status Timeouts 0
    Last Full Status Req 00:00:32     Last Full Status Rcvd 00:00:32
R1#show frame - relay lmi
LMI Statistics for interface Serial 0/0/1 (Frame Relay DTE) LMI TYPE —CISCO
    Invalid Unnumbered info 0         Invalid Prot Disc 0
    Invalid dummy Call Ref 0          Invalid Msg Type 0
    Invalid Status Message 0          Invalid Lock Shift 0
```

```
Invalid Information ID 0        Invalid Report IE Len 0
Invalid Report Request 0        Invalid Keep IE Len 0
Num Status Enq.Sent 78          Num Status msgs Rcvd 78
Num Update Status Rcvd 0        Num Status Timeouts 0
Last Full Status Req 00:00:04   Last Full Status Rcvd 00:00:04
```

使用 show frame – relay pvc [interfaceinterface] [dlci] 命令查看永久虚电路和流量统计信息。此命令也可用于查看路由器收到的 BECN 数据包和 FECN 数据包的数量。PVC 的状态可以是 active（活动）、inactive（非活动）或 deleted（已删除）。

show frame – relay pvc 命令用于显示路由器上配置的所有永久虚电路的状态信息，还可以指定特殊的永久虚电路。在收集所有统计信息之后，使用 clear counters 命令重置统计计数器。在清零计数器之后，先等待 5 ~ 10 min，然后再次执行 show 命令。注意观察是否有任何新错误。如需与运营商联系，这些统计信息将有助于运营商解决问题。

最后一步是确认 frame – relay inverse – arp 命令是否将远程 IP 地址解析为本地 DLCI。使用 show frame – relay map 命令显示当前映射条目和有关该连接的信息。

```
R1#show frame - relay map
Serial 0/0/0 (up): ip 172.16.1.1 dlci 100(0x64,0x1840), dynamic, broadcast,
                   CISCO, status defined, active
```

输出将显示以下信息：

1）172.16.1.1 是远程路由器的 IP 地址，此地址可通过逆向 ARP 过程动态获取。

2）100 是十进制的本地 DLCI 号。

3）0x64 是十六进制的 DLCI 号，0x64 = 十进制的 100。

4）0x1840 是电缆上出现的值，该值取决于 DLCI 位在帧中继数据帧的地址字段中的分布方式。

5）该永久虚电路上默认启用广播/组播。

6）永久虚电路的状态为 active。

若要清除动态创建的帧中继映射（使用逆向 ARP 创建），可使用 clear frame – relay – inarp 命令。如果检验过程表明帧中继配置运行不正确，则需要排除配置故障。

使用 debug frame – relay lmi 命令可确定路由器和帧中继交换机是否正确发送和接收 LMI 数据包。

```
R1#debug frame - relay lmi
Frame Relay LMI debugging is on
Displaying all Frame Relay LMI data
R1#
*Dec 25 00:06:32.425:Serial0/0/1(out):StEnq 110, yourseen 109,DTE up
*Dec 25 00:06:32.425: datagramstart = 0xE7829994, datagramsize =13
*Dec 25 00:06:32.425: FR encap = 0x00010308
*Dec 25 00:06:32.425: 00 75 51 01 00 53 02 01 00
*Dec 25 00:06:32.425:
*Dec 25 00:06:32.425: Serial0/0/1(in):Status, myseq 110,pak size 13
*Dec 25 00:06:32.425: RT IE 1,length 1, type 1
*Dec 25 00:06:32.425: RT IE 3,length 2, yourseq 110, myseq 110
```

```
R1#
*Dec 25 00:06:42.425: Serial0/0/1(out):StEnq, myseq 111, yourseen 110,DTE up
*Dec 25 00:06:42.425: datagramstart = 0xE7829994, datagramsize =13
*Dec 25 00:06:42.425: FR encap = 0x00010008
*Dec 25 00:06:42.425: 00 75 51 01 00 53 02 05 03
*Dec 25 00:06:42.425:
*Dec 25 00:06:42.425: Serial0/0/1(in):Status, myseq 111,pak size 13
*Dec 25 00:06:42.425: RT IE 1,length 1, type 1
*Dec 25 00:06:42.425: RT IE 3,length 2, yourseq 111, myseq 111
R1#undebug all
All possible debugging has been turned off
```

输出将显示以下信息：

1）“out”是路由器发送的 LMI 状态消息。

2）“in”是从帧中继交换机接收的消息。

3）完整的 LMI 状态消息为“type 0”（图中未显示）。

4）LMI 交换为“type 1”。

5）“dlci 100，status 0x2”表示 DLCI 100 的状态为 active。

发送逆向 ARP 请求时，路由器会使用三种可能的 LMI 连接状态更新其映射表。这些状态为 active 状态、inactive 状态和 deleted 状态。

1）Active 状态表示成功的端对端（DTE 到 DTE）电路。

2）Inactive 状态表示成功连接到交换机（DTE 到 DCE），但在永久虚电路的另一端未检测到 DTE。这可能是因为该交换机上的配置不完整或不正确。

3）Deleted 状态表示为该 DTE 配置的 DLCI 被交换机视为对该接口无效。

状态字段可能有以下值：

1）0x0：交换机已设置此 DLCI，但由于某种原因，该 DLCI 不可用。可能是因为永久虚电路的另一端已关闭。

2）0x2：帧中继交换机已配置 DLCI，且一切正常。

3）0x4：帧中继交换机没有为该路由器配置此 DLCI，但在过去某个时候曾经配置过此 DLCI。造成此问题的原因可能是：该路由器上的 DLCI 已被删除，服务提供商已从帧中继网云中删除此永久虚电路。

本章小结

广域网协议定义了在不同的广域网介质上的通信。广域网协议指 Internet 上负责路由器与路由器之间连接的数据链路层协议，主要用于广域网的通信协议比较多，如高级数据链路控制协议（HDLC）、点到点协议（PPP）、帧中继协议（FR）和 ATM 等。广域网的作用距离或延伸范围比局域网大，距离的量变导致了技术的质的变化。不同的广域网服务，其传输线路、网络设备的使用不同，但也有多种服务使用同一物理线路的情况，因此从其链路层协议的使用来区分广域网类型可能更恰当。对广域网的掌握应侧重于在路由器上正确配置广域网协议，实现 Intranet 之间的远程连接。

本章习题

一、选择题

1. 属于点到点连接的链路层协议有（　　）。

   A. X. 25M　　B. HDLC　　C. ATM　　D. PPP

2. 帧中继的使用链路层协议是（　　）。

   A. LAPB　　B. LAPD　　C. LAPF　　D. HDLC

3. PPP 中，（　　）主要用于协商在该数据链路上所传输的数据包的格式与类型。

   A. 链路控制协议（LCP）　　B. PPP 扩展协议

   C. 网络层控制协议族（NCPS）　　D. PAP、CHAP

4. 帧中继是一种（　　）的协议。

   A. 面向连接　　B. 网络协议　　C. 无连接　　D. 可靠

5. 串行连接比并行连接更适用于长距离传输的原因是（　　）。

   A. 并行连接可能发生过度衰减

   B. 并行连接仅可通过两条电线传输，因此传输数据的速度要慢很多

   C. 并行连接不支持差错校验

   D. 并行连接可能发生电线之间的串扰以及时滞

6. 下列关于 HDLC 封装的说法中正确的是（　　）。

   A. HDLC 支持 PAP 和 CHAP 身份验证

   B. HDLC 和 PPP 相互兼容

   C. HDLC 是 Cisco 路由器上的默认串行接口封装方法

   D. HDLC 使用控制字段来标记每个帧的开头和结尾

7. 网络控制协议可为 PPP 连接提供（　　）功能。

   A. 允许多种第 三 层协议在同一物理链路上工作

   B. 建立和终止数据链路

   C. 为 PPP 提供身份验证功能

   D. 管理网络拥塞以及测试链路质量

8. 根据执行 show interface Serial0/0 命令后的输出，已经建立了（　　）个 NCP 会话。

```
Router# show interface serial0/0
Serial0/0 is up, line protocol is up
  Hardware is HD64570
  Internet address is 10.140.1.2/24
  MTU 1500 bytes, BW 1544 kbit, DLY 20000 usec, rely 255/255, load 1/255
  Encapsulation PPP, loopback not set, keepalive set (10 sec)
  LCP Open
  Open: IPCP, CDPCP
  38097 packets output, 2135697 bytes, 0 underruns
  0 output errors, 0 collisions, 6045 interface resets
  0 output buffer failures, 0 output buffers swapped out
  482 carrier transitions
  DCD=up DSR=up DTR=up RTS=up CTS=up
```

   A. 1　　B. 2　　C. 3　　D. 4

9. 从路由器 Peanut 向地址 192.168.50.10 发出了一次 ping 命令，发送该 ping 命令时将使用的 DLCI 编号是（　　）。

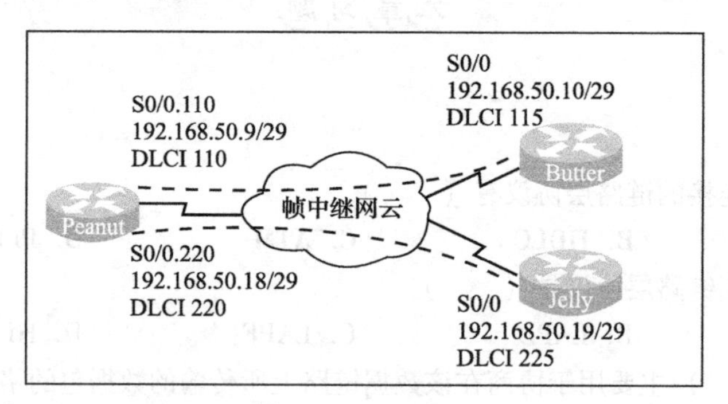

A. 115　　B. 225　　C. 220　　D. 110

10. 子接口 S0/0.110 上的点对点配置对路由器的运作产生的影响是（　　）。

```
interface Serial0/0.110 point-to-point
 ip address 10.1.1.1 255.255.255.252
 bandwidth 64
 frame-relay interface-dlci 110
```

A. 它与多个物理接口建立多个 PVC 连接

B. 有助于节约 IP 地址

C. 它需要在子接口上配置 encapsulation 命令

D. 它既消除了水平分割问题，又不增大出现路由环路的可能性

二、简答题

1. HDLC 协议包括哪三种操作模式？这三种操作模式有什么区别？
2. 简述 PPP 的运行过程。PAP 与 CHAP 有什么区别？
3. 简述 FR 协议的特性及帧格式。

第7章　网络安全技术

7.1　网络安全技术简介

网络安全问题已被推到网络管理和网络构建的前线。总体而言，安全方面的主要问题在于如何在两个关键需求上达到平衡：既要开放网络以支持业务发展，又要保护隐私、个人信息和战略业务信息。要对组织的网络加以保护，最重要的一步就是推行有效的安全策略。有了安全策略的指引，各种活动才能有序开展，资源才能得到恰当利用，从而保护组织的网络不受侵害。

7.1.1　常见的安全威胁

早在20世纪80年代，攻击者必须具备高深的计算机、编程和网络知识才能利用基本的工具进行简单的攻击。随着时间的推移，攻击者的方法和工具不断改进，不再需要精深的知识即可进行攻击，许多以前无法参与计算机犯罪的人现在也具有了这样的能力。

随着威胁、攻击和利用方式的不断发展，各种用于形容攻击参与者的术语层出不穷。最为常见的术语包括：

1）白帽客（White Hat）：指那些寻找系统或网络漏洞，然后向系统所有者报告以便其修复漏洞的个人。从理论上说，白帽客通常关心的是如何保护IT系统，而黑帽客（白帽客的对立群体）则喜欢破坏IT系统安全。

2）黑客（Hacker）：一般术语，历史上用于形容计算机编程专家。最近，该术语常用于形容那些企图通过未授权方式恶意访问网络资源的人，带有贬义。

3）黑帽客（Black Hat）：用于形容那些为牟取个人利益或经济利益，利用计算机系统知识侵入非授权使用的系统或网络的群体。骇客即属于一种黑帽客。

4）骇客（Cracker）：用于更为准确地形容非法访问网络资源的恶意群体的术语。

5）电话飞客（Phreaker）：指利用电话网络执行非法功能的个人。盗用电话网络的目的一般是侵入电话系统（通常通过付费电话）免费拨打长途电话。

6）垃圾邮件发送者（Spammer）：指发送大量未经请求的电子邮件消息的个人。垃圾邮件发送者通常利用病毒控制家用计算机，并利用它们发送大量消息。

7）网络钓鱼者（Phisher）：指使用电子邮件或其他手段哄骗其他人提供敏感信息（如信用卡号码或密码）的个人。网络钓鱼者通常仿冒那些可以合法获取敏感信息的可信团体。

攻击者的目标是破坏网络目标或网络中运行的应用程序。许多攻击者通过以下七个步骤来收集信息和发动攻击。

步骤1：执行线索分析（侦察）。公司网页可能会泄漏信息，如服务器的IP地址。攻击者可以根据这些信息掌握公司安全状况或公司线索。

步骤2：收集信息。攻击者可以通过监视网络流量来进一步收集信息，他们使用如Wireshark之类的数据包嗅探器获取信息，如FTP服务器和邮件服务器的版本号。带有漏洞的数据库之间交叉引用会使公司的应用程序存在潜在的漏洞。

步骤3：利用用户获取访问权。有时员工选择的密码很容易被破解。此外，狡猾的攻击者也会欺骗员工提供与访问权相关的敏感信息。

步骤4：提高权限。攻击者获得基本的访问权后，他们会使用一些技巧来提高其网络权限。

步骤5：收集其他密码和机密信息。访问权限提高后，攻击者会利用其技术获取对经过重重防护的敏感信息的访问权。

步骤6：安装后门。攻击者可通过后门进入系统而不会被检测到。最常见的后门是开放的侦听 TCP 或 UDP 端口。

步骤7：利用已入侵的系统。攻击者会利用已入侵的系统，进而攻击网络中的其他主机。

1. 开放式网络与封闭式网络

从宏观上看，网络管理员所面临的安全难题是如何平衡两种重要需求：保持网络开放以支持业务发展的需求；以及保护隐私、个人信息和战略业务信息的需求。

网络安全模型遵循渐进式发展轨迹，最开始是开放除明确拒绝外的所有服务，现在则是有限服务，默认拒绝必要服务外的所有服务。在开放式网络中，安全风险是不言而喻的。而在封闭式网络中，组织中的个人或群组会以策略的形式确定规则来约束行为。

有时，要更改访问策略，可能只需告诉网络管理员启用该服务即可。而在某些公司中，必须修正企业安全策略后管理员才能启用该服务。例如，安全策略禁止使用即时消息（IM）服务，但根据员工的需求，公司可能会更改其策略。

管理网络安全的一种极端方法是将网络与外部网络隔离。封闭式网络仅与可信方和受信站点建立连接。封闭式网络不允许连接到公共网络。因为没有外部连接，所以采用这种方法设计的网络可以免受外部攻击。但是，内部威胁仍然存在。封闭式网络对预防企业内部的攻击无能为力。

2. 漏洞

讨论网络安全性时，人们往往会谈到三个术语：漏洞、威胁和攻击。

1）漏洞是指每个网络和设备固有的薄弱程度。这些设备包括路由器、交换机、台式计算机、服务器，甚至安全设备。

2）威胁是指喜欢利用安全弱点并具有相关技能的个人。这些人会不断寻找新的漏洞和弱点。

3）威胁使用各种各样的工具、脚本和程序发起对网络和网络设备的攻击。一般而言，受到攻击的网络设备都是端点设备，如服务器和台式计算机。

漏洞（或称缺陷）主要包括技术缺陷、配置缺陷和安全策略缺陷，具体见表7-1。

表7-1　漏　洞

配置缺陷	存在的问题
用户账户不安全	用户信息在网络上使用不安全的方式传输，导致用户名和密码被他人窃取
系统账户的密码容易被猜到	此问题很常见，通常是因为用户密码选择不当，容易被猜出所导致
Internet 服务配置错误	在 Web 浏览器上打开 JavaScript 往往会导致访问不受信任的站点时遭受恶意 JavaScript 攻击，IIS、FTP 和终端服务也会带来问题
产品的默认设置不安全	许多产品的默认设置容易带来安全问题
网络设备配置错误	设备本身配置错误会带来严重的安全问题，例如，误配置的访问列表、路由协议或 SNMP 社区字符串可能带来大量安全隐患

3. 对物理基础架构的威胁

提及网络安全或者计算机安全时，人们脑海中可能浮现的是攻击者利用软件漏洞执行攻击的画面。一种不太引人注意，但同样严重的威胁是对设备物理安全的威胁。如果这些资源遭到物理性破坏，攻击者便可借此拒绝对网络资源的使用。

物理威胁分为四类：

1）硬件威胁。对服务器、路由器、交换机、布线间和工作站的物理破坏。

2）环境威胁。指极端温度（过热或过冷）或极端湿度（过湿或过干）。

3）电气威胁。电压尖峰、电源电压不足（电气管制）、不合格电源（噪声），以及断电。

4）维护威胁。指关键电气组件处理不佳（静电放电），缺少关键备用组件、布线混乱和标识不明。

其中部分问题可以通过制定相关策略得到解决，而另一些则与组织中良好的领导能力和管理分不开。如果物理安全措施不够充分，则网络有可能遭到严重破坏。

以下是一些防范物理威胁的方法：

1）消除硬件威胁。锁好配线间，仅允许得到授权的人员进入。防止通过掉落的天花板、架空地板、窗户、管道或其他非安全入口点进入配线间。使用电子访问控制，并记录所有进入请求。使用安保摄像头监控机构内的活动。

2）消除环境威胁。通过温度控制、湿度控制、加强空气流通、远程环境警报，以及记录和监控来营造适当的工作环境。

3）消除电气威胁。通过安装 UPS 系统和发电机装置、遵守预防性维护计划、安装冗余电源，以及执行远程报警和监控来减少电气问题。

4）消除维护威胁。电缆布线整齐有序、标记重要电缆和组件、采用静电放电规程、贮存关键备件，以及控制对控制台端口的访问。

7.1.2　网络攻击的类型

1. MAC 地址泛洪

MAC 地址泛洪是一种常见的攻击，交换机中的 MAC 地址表包含交换机某个给定物理端口上可用的 MAC 地址及每个 MAC 地址关联的 VLAN 参数。当第二层交换机收到帧时，交换机在 MAC 地址表中查找目的 MAC 地址。所有交换机型号都使用 MAC 地址表来进行第二层交换。当帧到达交换机端口时，交换机可获得源 MAC 地址并将其记录在 MAC 地址表中。如果存在 MAC 地址条目，交换机则将把帧转发到 MAC 地址表中指定的 MAC 地址端口。如果 MAC 地址不存在，则交换机的作用类似集线器，并将帧转发到交换机上的每一个端口。MAC 地址表溢出攻击有时称为 MAC 地址泛洪攻击。

如图 7-1 所示，主机 A 向主机 B 发送流量。交换机收到帧，并在其 MAC 地址表中查找目的 MAC 地址。如果交换机在 MAC 地址表中无法找到目的 MAC，则交换机将复制帧并将其从每一个交换机端口广播出去。

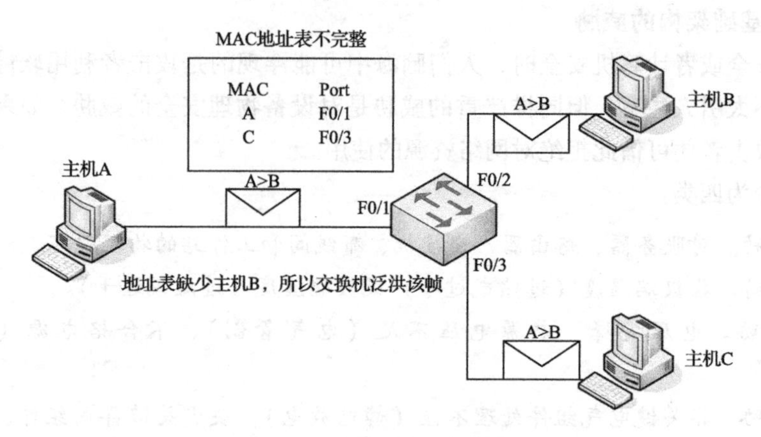

图 7-1　交换机接收单播帧

主机 B 收到帧并向主机 A 发送响应。交换机随后获知主机 B 的 MAC 地址位于端口 2，并将该信息写入 MAC 地址表，如图 7-2 所示。

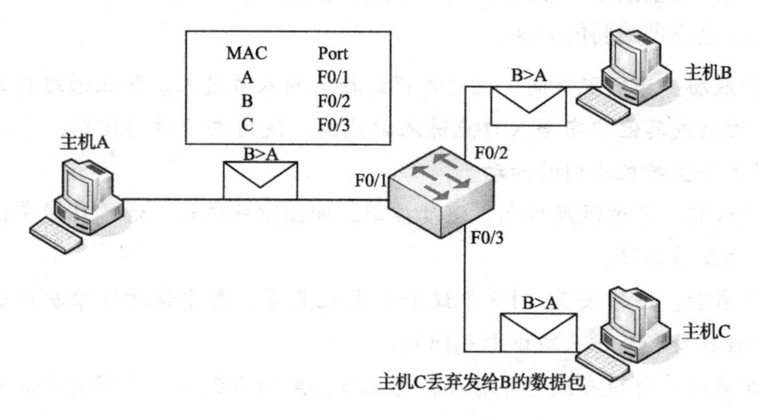

图 7-2　主机 B 接收单播帧

主机 C 也收到从主机 A 发到主机 B 的帧，但是因为该帧的目的 MAC 地址为主机 B，因此主机 C 丢弃该帧，如图 7-3 所示。

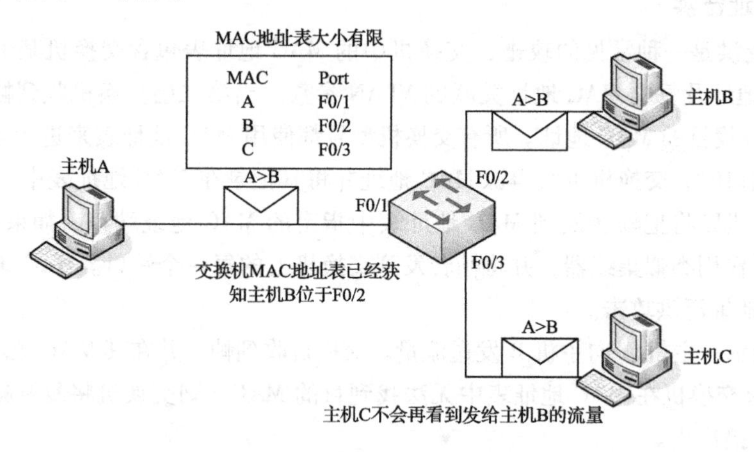

图 7-3　交换机在单个端口上转发帧

现在，由主机 A（或任何其他主机）发送给主机 B 的任何帧都转发到交换机的端口，而不是从每一个端口广播出去。

理解 MAC 地址表溢出攻击工作方式的关键是要知道，MAC 地址表的大小是有限的。MAC 地址泛洪利用这一限制用虚假源 MAC 地址轰炸交换机，直到交换机 MAC 地址表变满。交换机随后进入称为“失效开放”（Fail - Open）的模式，开始像集线器一样工作，并将数据包广播到网络上的所有机器。因此，攻击者可以看到从受害主机发送到无 MAC 地址表条目的另一台主机的所有帧。图 7-4 演示了攻击者如何使用交换机的正常操作特性来阻止交换机正常工作。

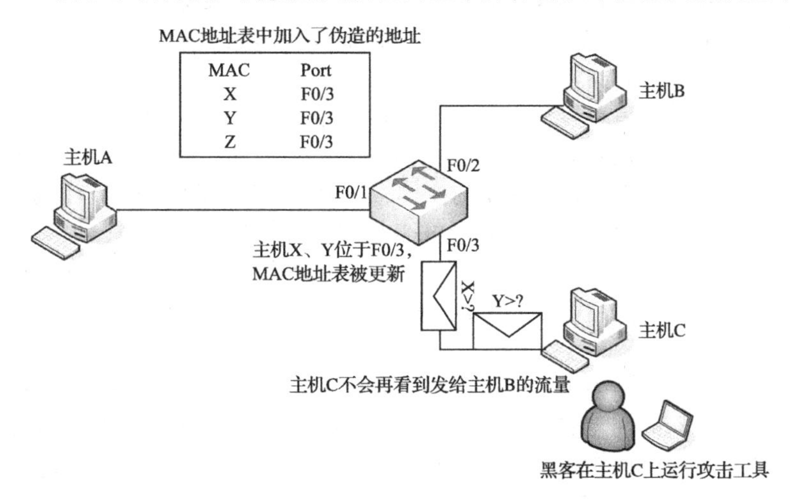

图 7-4　主机 C 使用伪造的源地址发送数据

某些网络攻击工具每分钟可以在交换机上生成 155000 个 MAC 条目。MAC 地址表的最大限量因交换机而异。图 7-4 中，攻击工具在屏幕右下角 MAC 地址为 C 的主机上运行。此工具用伪造的数据包来泛洪攻击交换机，数据包中包含随机生成的源和目的 MAC 地址及源和目的 IP 地址。经过很短时间之后，交换机中的 MAC 地址表将被填满，直到无法接受新条目。当 MAC 地址表中充满无效的源 MAC 地址时，交换机开始将收到的所有帧都转发到每一个端口。

只要网络攻击工具一直运行，交换机的 MAC 地址表就会始终保持充满。当发生这种情况时，交换机开始将所有收到的帧从每一个端口广播出去，这样一来，从主机 A 发送到主机 B 的帧也会从交换机上的端口 3 向外广播，如图 7-5 所示。

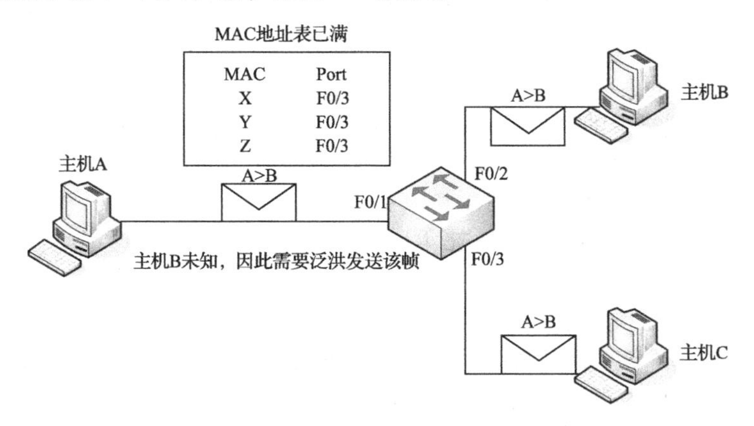

图 7-5　黑客接收网络中的所有帧

2. Telnet 攻击

Telnet 协议可被攻击者用来远程侵入交换机。在前面，为 VTY（虚拟终端）线路配置了登录口令，并将这些线路设置为需要口令身份验证才能允许访问。这样就提供了必要的基本安全性，有助于使交换机免受未经授权的访问。但是，这并不是保护 VTY 线路访问的安全方法。攻击者可以利用工具来对交换机的 VTY 线路实施暴力密码破解攻击。

3. 暴力密码攻击

利用数据包嗅探器获得通过明文传输的用户账户和密码是密码攻击的一种。但密码攻击通常是指反复尝试登录到共享资源（如服务器或路由器），以确定用户账户和密码。这种反复尝试的方式称为“字典攻击”或“暴力攻击”。

要发动字典攻击，攻击者可以使用如 L0phtCrack 或 Cain 之类的工具。这些程序反复尝试使用从字典中得来的单词作为用户登录。字典攻击通常都会成功，因为用户习惯于选择简单的密码，这些密码长度短，是单个词语或简单的变体，所以很容易猜测，如为单词添加数字 1。

另一种密码攻击方法即使用彩虹表。彩虹表是预先计算的密码序列，它由一连串纯文本密码链组成。每条链以随机选择的纯文本密码开始，随后连续应用其变体。攻击软件将不断应用彩虹表中的密码，直到成功获取正确的密码。要发动彩虹表攻击，攻击者可以使用如 L0phtCrack 之类的工具。

暴力攻击工具更为复杂，因为它使用字符集组合来计算由这些字符组成的每个可能的密码，并尝试使用这些密码进行全面搜索。该方法的缺点是完成此类攻击需要花费更长的时间。暴力攻击工具可以在不到一分钟内破解简单的密码。而更长、更复杂的密码则可能需要花费几天或几周才能破解。

可以通过培训用户使用复杂的密码并指定最小密码长度来应对密码攻击。应对暴力攻击的方法则是限制失败登录尝试的次数。但是，暴力攻击还可以在离线状态下进行。例如，如果攻击者通过窃听或访问配置文件窥探到加密的密码，则攻击者可以在没有实际连接到主机的情况下尝试破解密码。

暴力密码攻击的第一阶段是攻击者使用一个常用密码列表和一个专门设计的程序，这个程序使用字典列表中的每一个词来尝试建立 Telnet 会话。幸运的话，如果选择不使用字典中的词，那么此时，仍然是安全的。在暴力攻击的第二阶段，攻击者又使用一个程序，这个程序创建顺序字母组合，试图“猜测”密码。只要有足够的时间，暴力密码攻击可破解几乎所有使用的密码。限制暴力密码攻击漏洞的最简单办法是频繁更改密码，并使用大小写字母和数字随机混合的强密码。

4. 信任利用攻击

信任利用攻击的目标是攻破一台受信任的主机，然后使用它作为跳板攻击网络中的其他主机，如图 7-6 所示。如果公司网络中的主机受到防火墙的保护（内部主机），但该主机可以通过防火墙外部的信任主机（外部主机）进行访问，那么就可以通过可信的外部主机攻击内部主机。

要避免遭受基于信任利用的攻击，可以严格限制网络中的信任级别，如在包含多台公共服务器的公共服务网段部署私有 VLAN。防火墙内部的系统不应该完全信任防火墙外部的系统。此类信任应该限于特定的协议，并且应该尽可能使用除 IP 地址以外的方式进行身份验证。

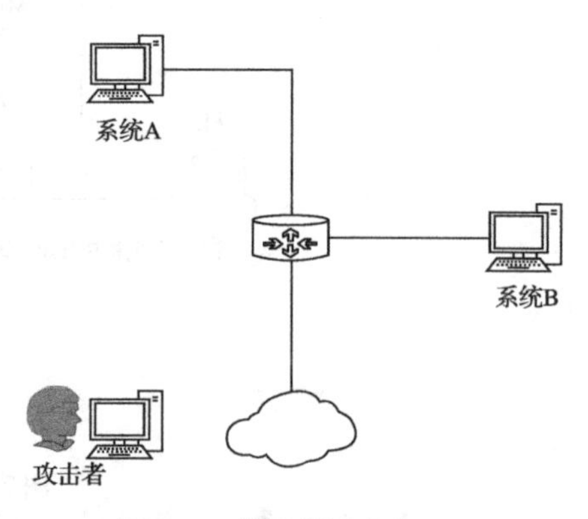

图 7-6　信用利用攻击

5. 端口重定向攻击

端口重定向攻击是信任利用攻击的一种，如图7-7所示。它使用被入侵的主机来传递正常情况下会被防火墙拦截的流量。考虑使用带有三个接口，且每个接口连接一台主机的防火墙。其中，位于外部的主机可以连接到位于公共服务网段上的主机，但无法连接到位于内部的主机。可公开访问的网段通常称为非军事区（DMZ）。公共服务网段上的主机可以同时连接到内部主机和外部主机。如果攻击者能够入侵公共服务网段上的主机，那他们可以通过安装软件，将来自外部主机的流量直接重定向到内部主机。尽管两者之间的通信没有违反防火墙中实行的规则，但现在外部主机达到了目的，能够通过公共服务主机上的端口重定向过程连接到内部主机。一种能够提供此类访问的实用程序是 netcat。

避免端口重定向的方法主要是使用适当的信任模型，所要选取的信任模型视网络而定（如前所述）。当系统遭受攻击时，基于主机的入侵检测系统（IDS）可以帮助检测攻击者，并防止在主机上安装此类实用程序。

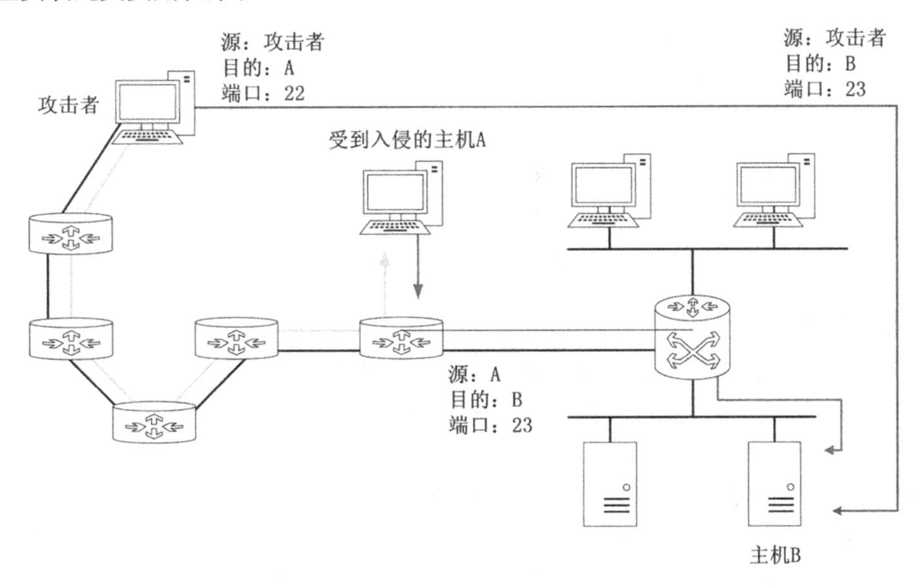

图7-7 端口重定向攻击

6. 中间人攻击

中间人（MITM）攻击是指攻击者设法将自己置于两台合法主机之间，并据此发动攻击，如图7-8所示。攻击者可能允许主机之间进行正常通信，但他会定期操纵这两台主机之间的会话。攻击者可以使用多种手段介入两台主机之间。这些方法的详细说明已超出本课程的范围，此处只简要介绍一种常见的方法——透明代理（Proxy），以帮助我们了解 MITM 攻击的本质。

在透明代理攻击中，攻击者可能通过网络钓鱼电子邮件或欺诈网站控制一名受害者。然后攻击者在合法网站的 URL 前面添加另一个 URL（预先设计好的 URL）。例如，将 http:www.lnjd.com 变成 http:www.attacker.com/http://www.lnjd.com。具体的攻击步骤如下：

① 当受害者请求网页时，受害者的主机将把请求发送到攻击者的主机。

② 攻击者的主机接收到请求，从合法网站获取实际页面。

③ 攻击者可以改变合法网页，并任意改变其中的数据。

④ 攻击者随后将所请求的网页转发给受害者。

其他类型的 MITM 攻击可能更具危害性。如果攻击者设法进入重要位置，他们将可以窃取信息，劫持当前会话以获取私有网络资源的访问权、发动 DoS 攻击、破坏传输数据，或者在网络会话中加入新的信息。

要避免 WAN MITM 攻击，可以使用 VPN 隧道，这样攻击者只能看到无法破译的已加密文本。LAN MITM 攻击使用 Ettercap 和 ARP 中毒之类的工具。通常可以通过在 LAN 交换机上配置端口安全功能来消除大多数 LAN MITM 攻击。

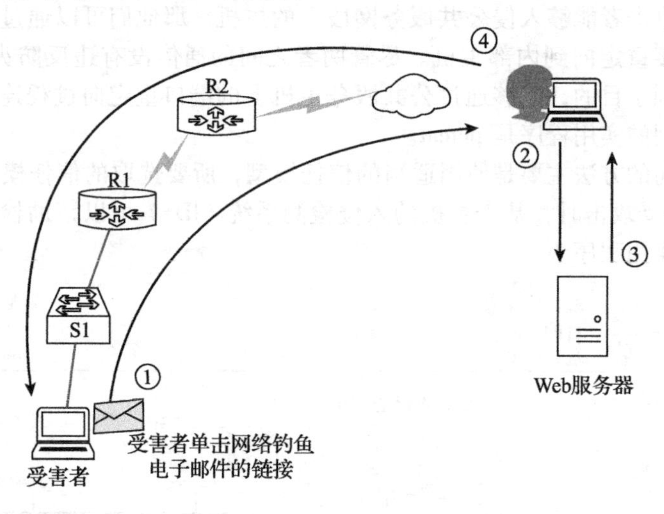

图 7-8　中间人攻击

7. 拒绝服务（DoS）攻击

另一类 Telnet 攻击是 DoS 攻击。在 DoS 攻击中，攻击者利用了交换机上所运行的 Telnet 服务器软件中的一个缺陷，这个缺陷可使 Telnet 服务不可用。这种攻击极其令人头疼，因为它妨碍管理员执行交换机管理功能。

拒绝服务（DoS）是指攻击者通过禁用或破坏网络、系统或服务来拒绝为特定用户提供服务的一种攻击方式。DoS 攻击包括使系统崩溃或将系统性能降低至无法使用的状态。但是，DoS 也可以只是简单地删除或破坏信息。大多数情况下，执行此类攻击只需简单地运行黑客程序或脚本。因此，DoS 攻击成为最令人惧怕的攻击方式。

DoS 攻击是知名度最高的攻击，并且也是最难防范的攻击，即使在攻击者社区中，DoS 攻击也被认为是虽然简单但十分恶劣的方式，因为发起这种攻击非常容易。由于其实施简单，破坏力强大，安全管理员需要特别关注 DoS 攻击。DoS 攻击的方式多种多样，不过其目的都是通过消耗系统资源使授权用户无法正常使用服务。

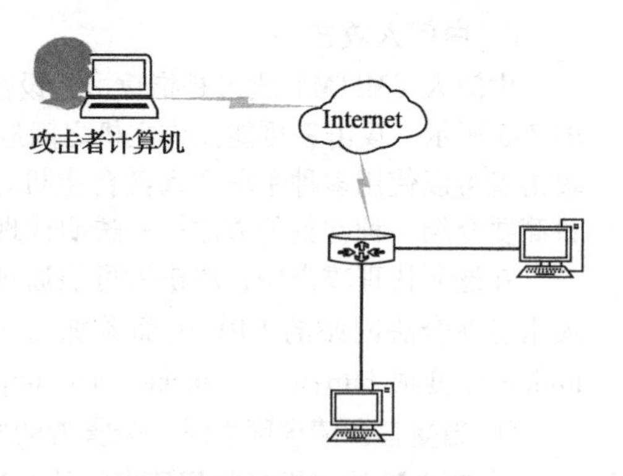

图 7-9　死亡之 ping 攻击

死亡之 ping 攻击盛行的时间可以追溯到 20 世纪 90 年代末期，如图 7-9 所示。它利用了较旧版本操作系统中的漏洞。此类攻击会修改 ping 数据包报头中的 IP 部分，使得数据包中的数据表面上看起来比实际数据更多。通常情况下，ping 数据包的长度为 64 ~ 84 B，而死亡之 ping 可以高达 65535 B。发送如此庞大的 ping 可能会导致较旧的目标计算机崩溃。大多数网络已经不再易于遭受此类攻击。

SYN 泛洪攻击利用了 TCP 三次握手。它会向目标服务器发送大量 SYN 请求（超过 1000 个）。服务器使用常规的 SYN－ACK 响应做出回复，但恶意主机始终不发送最后的 ACK 响应来完成握手过程。这会大量占用服务器资源，直到资源最终耗尽而无法响应有效的主机请求，如图 7-10 所示。

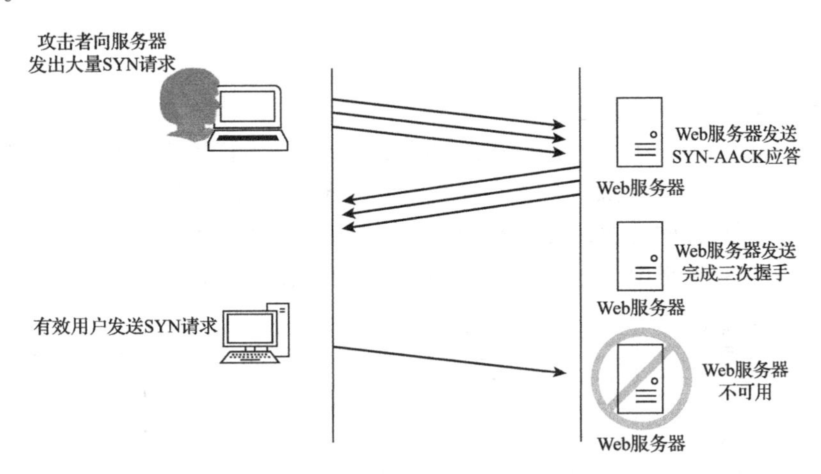

图 7-10　SYN 泛洪攻击

其他类型的 DoS 攻击包括：

（1）电子邮件炸弹　指向个人、列表或域批量发送电子邮件，从而独占电子邮件服务的程序。

（2）恶意小程序　指破坏或占用计算机资源的 Java、JavaScript 或 ActiveX 程序。

8. **分布式** DoS（DDoS）**攻击**

分布式 DoS（DDoS）攻击的目的是使用非法数据淹没网络链路，如图 7-11 所示。这些数据会淹没 Internet 链路，导致合法流量被丢弃。DDoS 使用的攻击方式类似于标准 DoS 攻击，但规

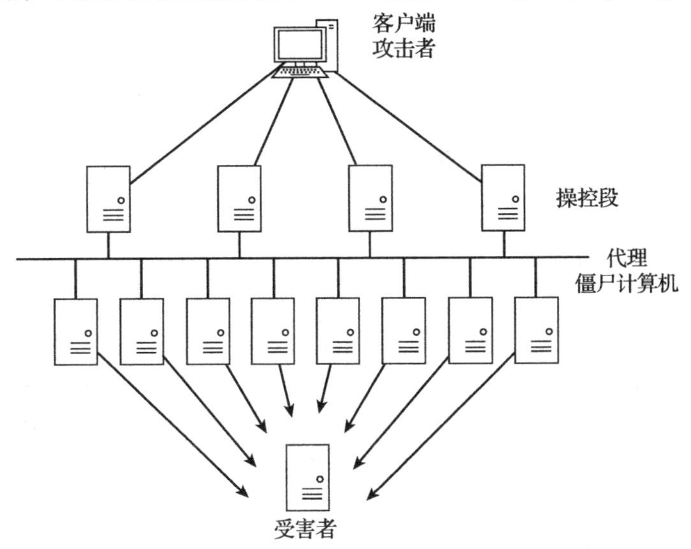

图 7-11　分布式 DoS 攻击

模远比 **DoS** 攻击更大，通常会有成百上千个攻击点试图淹没攻击目标。

通常，DDos 攻击包括三个部分：

1）一个“客户端”，通常是发起攻击的人。

2）一个“操控端”，这是已被入侵的主机，其上运行着攻击者程序，每个“操控端”可以控制多个“代理”。

3）一个“代理”，这是运行攻击者程序的已被入侵的主机，它负责生成直接发往预定受害者的数据包流。

以下是 DDoS 攻击的一些示例。

（1）Smurf 攻击　Smurf 攻击使用伪造的广播 ping 消息向目标系统泛洪，如图 7-12 所示。首先攻击者从有效的伪造源 IP 地址向网络广播地址发送大量 ICMP 回应请求。由于路由器会执行第三层广播到第二层广播的功能，大多数主机都将使用 ICMP 回应做出应答，从而导致通信流量剧增。在多路访问广播网络中，每个回应数据包很可能有数百台机器做出应答。

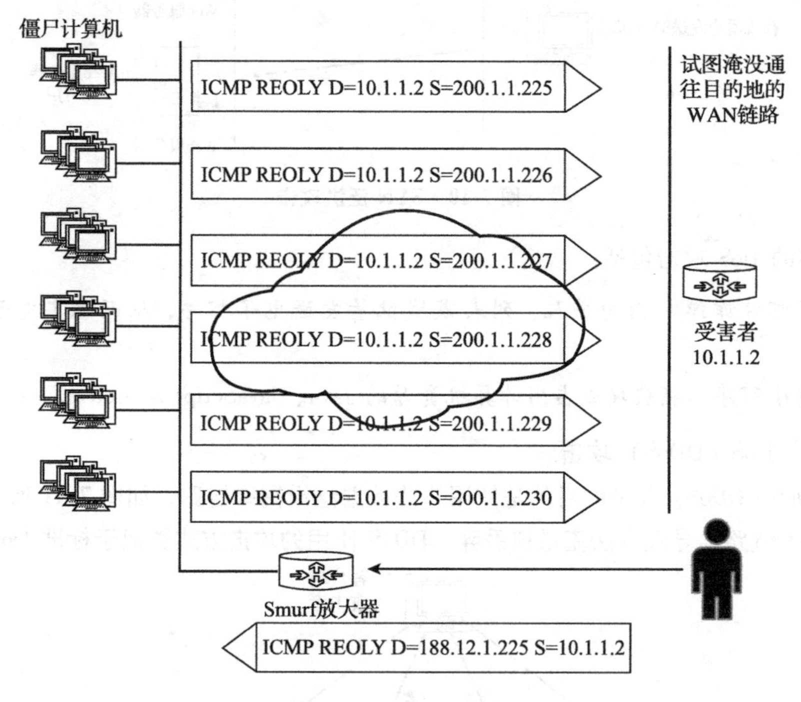

图 7-12　Smurf 攻击

例如，假设网络包含 100 台主机，并且攻击者使用高性能的 T1 链路。攻击者伪造受害者的源地址向目标网络的广播地址（称为反弹站点）发送 768 kbit/s 的 ICMP 回应请求数据包流。这些 ping 数据包到达包含 100 台主机的广播网络中的反弹站点之后，每台主机都将接收该数据包并做出应答，从而产生 100 个出站 ping 应答。结果反弹站点所使用的出站带宽总计将达到 76.8 Mbit/s。随后，这些流量将被发送给受害者（即发起初始数据包的伪造源）。

DoS 和 DDoS 攻击可以通过实施特殊的反欺骗和反 DoS 访问控制列表来加以防范。ISP 也可规定流量速率，以限制不必要的流量通过网络。常见的例子是限制允许进入网络的 ICMP 流量，因为该流量仅用于诊断目的。

（2）侦察攻击　外部攻击者可以使用 Internet 工具（如 Nslookup 和 Whois 实用程序）轻松

地确定分配给公司或实体的 IP 地址空间。确定 IP 地址空间后，攻击者可以 ping 这些公有 IP 地址以确定哪些地址正在使用。有时攻击者可能会使用 ping 扫描工具（如 fping 或 gping）来自动化这一过程，这些工具可以系统地 ping 给定范围或子网内的所有网络地址。这类似于浏览电话簿的某一部分，拨打其中列出的每个号码，看哪些号码有人接听。

当确定了活动的 IP 地址之后，入侵者可以使用端口扫描程序确定活动 IP 地址上哪些网络服务或端口处于活动状态。端口扫描程序（如 Nmap 或 Superscan）是专为搜索网络主机的开放端口而设计的软件。端口扫描程序查询端口以确定目标主机上运行的应用程序及操作系统（OS）的类型和版本。根据这些信息，入侵者可以确定是否存在可供利用的漏洞。如图 7-12 所示，网络侦测工具（如 Nmap）可用于执行主机发现、端口扫描、版本检测和操作系统检测。其中许多工具都能方便地获得，而且使用方法简单。

网络窃听和数据包嗅探是用于指代窃听行为的常用术语。通过窃听收集到的信息可用于对网络进行其他类型的攻击。

以下是窃听的两种常见用途：

1）信息收集。网络入侵者识别出数据包中携带的用户名、密码或信息。

2）信息窃取。入侵者窃取内部或外部网络中传输的数据。网络入侵者还可以通过未授权访问从联网的计算机中窃取数据，如闯入或窃听金融机构的通信并设法获得信用卡号。

一种易被窃听的数据是 SNMP 第 1 版中以明文方式发送的社区字符串。SNMP 是一种管理协议，它为网络设备提供收集状态信息并将该信息发送给管理员的方法。入侵者可以窃听 SNMP 查询，并收集有关网络设备配置的有价值数据。此外，网络中传输的用户名和密码也容易被截获。窃听通信的常用方法是捕获 TCP/IP 或其他协议数据包，然后使用协议分析器或类似实用程序将内容解码。

以下是应对窃听的三种最有效的方法：

1）使用交换网络代替集线器，这样通信流量不会广播到所有端点或网络主机。

2）在不为系统资源或用户增加额外负担的情况下，使用符合组织数据安全需要的加密技术。

3）实施并强制执行策略规定，禁止使用易被窃听的协议。例如，因为 SNMP 第 3 版可以加密社区字符串，所以公司可以禁止使用 SNMP 第 1 版，但允许使用 SNMP 第 3 版。

加密可以为数据提供保护，防止窃听攻击、密码破解程序或数据篡改。几乎每家公司都会有一些敏感交易信息，如果被窃听者获知这些信息，将会对公司造成负面影响。加密可以确保当敏感数据在易被窃听的介质中传输时，不会被窃听者篡改或查看到其内容。当数据到达目的主机时，需要对其进行解密。

有一种称为仅负载加密的加密方法。该方法加密位于用户数据报协议（UDP）或 TCP 报头之后的负载部分（数据部分）。该方法使 Cisco IOS 路由器和交换机能够读取网络层信息，并将流量作为任何其他 IP 数据包转发。流量交换和所有访问列表功能都能使用仅负载加密，而且工作方式与处理普通文本流量的方式相同，因此能够为所有数据保持必需的服务质量（QoS）。

（3）恶意代码攻击　最终用户工作站最容易遭受的是蠕虫、病毒和特洛伊木马攻击。蠕虫会执行代码，并将自身的副本安装到受感染计算机的内存中，进而感染其他主机。病毒是附加在其他程序上的恶意软件，其目的是在工作站上执行特定恶意功能。特洛伊木马与蠕虫或病毒的不同之处仅在于整个应用程序经过伪装，看似无害，但实际上是攻击工具。

（4）蠕虫 蠕虫攻击的特点如下：

1）利用漏洞。蠕虫利用系统中已知的漏洞（如某些最终用户会天真地打开电子邮件中未经验证的可执行程序附件）进行自我安装。

2）传播机制。获得对主机的访问权后，蠕虫会将其自身复制到该主机上，然后选择新的目标。

3）提升权限。一旦主机感染上蠕虫，攻击者便可以访问该主机，而且通常是作为特权用户访问。攻击者可以利用本地漏洞将自身权限提高到管理员级别。

通常，蠕虫是一种自包含程序，它会攻击系统，并试图利用目标中的特定漏洞。成功利用漏洞后，蠕虫从攻击主机上将自身程序复制到新发掘的系统中，然后使用相同的方式感染其他系统。2007 年 1 月，蠕虫感染了流行的 MySpace 社区，毫无防备的用户助长了蠕虫的传播，使得蠕虫开始使用“w0rm. EricAndrew”在用户网站中自我复制。

防范蠕虫攻击需要系统管理和网络管理人员的共同努力。系统管理、网络工程和安全运营人员之间的协作对于有效响应蠕虫事件至关重要。推荐采用以下步骤来防范蠕虫攻击：

1）限制。限制网络中的蠕虫传播。隔离未受感染的网络部分。

2）接种。尽可能将所有系统打上补丁，扫描出存在漏洞的系统。

3）隔离。追查网络内部每台受感染的机器。将被感染的机器断网、从网络中移除或阻止它们访问网络。

4）治疗。清理所有被感染的系统并打上补丁。有些蠕虫可能需要完全重新安装核心系统才能清理干净。

（5）病毒和特洛伊木马 病毒是附加在其他程序上的恶意软件，其目的是在工作站上执行特殊的恶意功能。例如，有一种附加到 command. com（Windows 系统的主要解释程序）上的程序会删除特定文件并感染所能发现的其他任何版本的 command. com。

特洛伊木马的不同之处仅在于整个应用程序经过伪装，看似无害，但实际上是攻击工具。如特洛伊木马可以伪装成游戏程序。当用户玩游戏时，特洛伊木马会将自身副本通过邮件发送到该用户通讯簿中的每个地址。其他用户将收到该游戏并加入到玩游戏的行列，特洛伊木马因此得以传播到每个通讯簿中的所有地址。

病毒通常需要某种传递机制（病毒携带者，如将 zip 文件或其他某些可执行文件作为电子邮件附件），以便将病毒代码从一个系统传递到另一个系统。区别计算机蠕虫与计算机病毒的关键要素在于病毒需要人类参与才可传播。

通过在用户级别和可能感染病毒的网络级别有效使用防病毒软件，可以限制此类应用程序的传播。防病毒软件可以检测到大多数病毒和许多特洛伊木马应用程序，并能防止它们在网络中传播。随时了解这些攻击的最新发展动态，也可以更有效地防范这些攻击。随着新病毒或特洛伊木马应用程序的不断涌现，企业必须保持当前的防病毒软件为最新版本。

Sub7（或称 Subseven）是常见的特洛伊木马，它会在用户系统中安装后门程序。它在无组织攻击和有组织攻击中都非常普遍。在无组织攻击中，缺乏经验的攻击者可能只是使用该程序使鼠标光标消失。而在有组织威胁中，骇客可以用它来安装键击记录程序（用于记录所有用户键击操作的程序）以捕获敏感信息。

7.1.3 常规防范技术

配置好交换机安全性之后，需要确保未给攻击者留下任何可乘之机。网络安全是一个复杂而且不断变化的话题。网络安全工具可帮助测试网络中存在的各种弱点。这些工具可让你扮演黑客和网络安全分析师的角色。利用这些工具，可以发起攻击并审核结果，以确定如何调整安全策略来防止某种给定攻击。

网络安全工具所使用的功能一直在不断发展。例如，网络安全工具一度曾注重于在网络上进行侦听的服务，并检查这些服务的缺陷。而现在，由于邮件客户端和 Web 浏览器中存在的缺陷，病毒和蠕虫得以传播。现代网络安全工具不仅检测网络上的主机的远程缺陷，而且能确定是否存在应用程序级的缺陷，如客户端计算机上缺少补丁。网络安全性不再仅局限于网络设备，而且一直延伸到了用户桌面。安全审计和渗透测试是网络安全工具所执行的两种基本功能。

1. **网络安全审计**

网络安全工具可用于执行网络的安全审计。安全审计可揭示攻击者只需监视网络流量就能收集到哪类信息。利用网络安全审计工具可以用伪造的 MAC 地址来泛洪攻击 MAC 表，然后就可以在交换机开始从所有端口泛洪流量时审核交换机端口。因为合法的 MAC 地址映射将老化，并被更多伪造的 MAC 地址映射所替代，这样就能确定哪些端口存在危险，并且未正确配置为阻止此类攻击。

计时是成功执行审计的重要因素。不同的交换机在其 MAC 表中支持不同数量的 MAC 地址。确定要在网络上去除的虚假 MAC 地址的理想数量可能需要技巧。此外，还必须对付 MAC 表的老化周期。如果在执行网络审计时，虚假 MAC 地址开始老化，则有效 MAC 地址将开始填充 MAC 表，这将限制利用网络审计工具可监视的数据。

2. **网络渗透测试**

网络安全工具还可用于对网络执行渗透测试，找出网络设备配置中存在的弱点，也可以执行多种攻击，而且大多数工具套件都附带大量文档，其中详细说明了执行相应的攻击所需要的语法。由于这些类型的测试可能对网络有负面影响，因此需要在严格受控的条件下，遵循综合网络安全策略中详细说明的规程来执行。当然，如果网络仅仅是基于小教室，则可以安排在教师的指导下尝试自己的网络渗透测试。

安全的网络其实是一个过程，而不是结果。不可仅仅是为交换机启用了安全配置就宣称安全工作大功告成。要实现安全的网络，需要有一套全面的网络安全计划，计划中需定义如何定期检验网络是否可以抵御最新的恶意网络攻击。安全风险不断变化的局面意味着，所需要的审计和渗透工具应能不断更新以找出最新的安全风险。现代网络安全工具的常见的功能包括：

（1）服务识别　借助工具使用 Internet 编号指派机构（IANA）端口号来分析主机。这些工具应能发现在非标准端口上运行的 FTP 服务器或在 8080 端口上运行的 Web 服务器，而且它们还应能测试在主机上运行的所有服务。

（2）SSL 服务支持　测试使用 SSL 级安全性的服务，包括 HTTPS、SMTPS、IMAPS 和安全证书。

（3）非破坏性测试和破坏性测试　例行执行对网络性能没有影响或只有适度影响的非破坏性安全审计。这类工具还应允许执行可严重降低网络性能的破坏性审计。破坏性审计可用来查看网络抵御入侵者攻击的强度。

（4）漏洞数据库　漏洞一直在不停变化。

网络安全工具需要设计为可插入代码模块中，然后运行针对特定漏洞的测试。这样就能维护一个大型的漏洞数据库，并将库中的漏洞数据上传到工具，以确保测试最新的漏洞。

使用网络安全工具可以完成以下操作：

1）捕获聊天消息。

2）从 NFS 流量中捕获文件。

3）捕获通用日志格式的 HTTP 请求。

4）捕获 Berkeley Mbox 格式的邮件消息。

5）捕获密码。

6）显示在浏览器中实时捕获的 URL。

7）用随机的 MAC 地址泛洪攻击交换 LAN。

8）伪造对 DNS 地址/指针查询的响应。

9）截获交换 LAN 上的数据包。

3. 主机和服务器安全性

（1）设备加固　当在计算机上安装新的操作系统时，安全设置保留为默认值。在大多数情况下，这种安全级别并不够。以下是适用于大部分操作系统的一些简单步骤：

1）立即更换默认用户名和密码。

2）限制对系统资源的访问，只有授权用户才可以访问。

3）尽可能关闭和卸载任何不必要的服务和应用程序。

保护网络主机（如工作站 PC 和服务器）非常重要。当把这些主机添加到网络时，需要对其进行保护，并在有新的安全补丁时尽可能使用安全补丁更新这些主机。此外还可以使用其他一些方法来保护主机。防病毒软件、防火墙和入侵检测工具都有助于保护网络主机。因为许多业务资源可能存放在单台文件服务器上，所以保证该服务器可访问且可用尤为重要。

（2）防病毒软件　安装主机防病毒软件可抵御已知病毒。防病毒软件可以检测到大多数病毒和许多特洛伊木马应用程序，并能防止它们在网络中传播。

防病毒软件通过两种方式完成这项工作：

1）扫描文件，将文件的内容与病毒字典中的已知病毒进行比较。匹配的文件将以最终用户定义的方式进行标记。

2）监控在主机上运行的可疑程序，这些可疑程序可能标志着该主机已感染病毒。此类监控可能包括数据捕获、端口监控等。

（3）个人防火墙　通过拨号连接、DSL 或电缆调制解调器连接到 Internet 的个人计算机与企业网络一样容易遭到攻击。安装在个人计算机中的防火墙可以防范攻击。个人防火墙并非设计用于 LAN 环境（如基于设备或基于服务器的防火墙），如果与其他网络客户端、服务、协议或适配器一同安装，则它们可能会阻止网络访问。

（4）操作系统补丁　防范蠕虫及其变体的最有效方法是从操作系统厂商处下载安全更新，并为所有存在漏洞的系统应用补丁。然而对于本地网络中不受控制的用户系统而言，要做到这一点比较困难，而且如果这些系统通过虚拟专用网络（VPN）或远程访问服务器（RAS）远程连接到网络，情况将更加复杂。管理大量系统时，会牵涉到创建用于部署在新系统或升级系统上的标准软件映像（经授权可在已部署客户端系统中使用的操作系统和可信任的应用程序）。这些映像可能不包括最新的补丁，而且不断重新制作集成最新补丁的映像也非常耗时耗力。将补丁应用到所有系统中需要这些系统以某种方式连接到网络，而这或许并不现实。

一种管理关键安全补丁的解决方案是创建中央补丁服务器，所有系统必须在设定的时间段后与该服务器通信。对于主机尚未安装的补丁，可以在没有用户干预的情况下自动从补丁服务器上下载并安装。除安装来自操作系统厂商的安全更新外，确定哪些设备存在漏洞这一工作可以通过查找漏洞的安全审计工具来加以简化。

（5）入侵检测和防御　入侵检测系统（IDS）可以检测对网络的攻击，并将日志发送到管理控制台。入侵防御系统（IPS）可以防御对网络的攻击，并提供除检测以外的以下主动防御机制：

1）防御。阻止检测到的攻击。

2）应对。使系统对今后来自恶意源的攻击免疫。

可以在网络级别或主机级别实施两种技术中的任意一种，或者同时使用两种技术以提供最强保护。

① 基于主机的入侵检测系统。基于主机的入侵检测通常作为内联技术或被动技术实现，具体取决于厂商。被动技术是第一代技术，称为基于主机的入侵检测系统（HIDS）。HIDS 会在发生攻击并造成破坏后把日志发送到管理控制台。

② 基于主机的入侵防御系统。内联技术称为基于主机的入侵防御系统（HIPS），它可以实际阻止攻击、防止造成破坏，并阻止蠕虫和病毒传播。可以将主动检测设置为自动关闭网络连接或停止受影响的服务，随后立即采取补救措施。

HIPS 软件必须安装在每台主机（服务器或台式计算机）上，以便监视在主机上执行的活动和对主机执行的活动。该软件称为代理软件。代理软件执行入侵检测分析和防御。它还可以向中央管理/策略服务器发送日志和警报。

HIPS 的优势在于它可以监视操作系统进程并保护关键系统资源，如仅存在于特定主机上的文件。这意味着它可以在某些外部进程试图以某种方法（包括使用隐藏的后门程序）修改系统文件时通知网络管理员。代理安装在可公开访问的服务器，以及公司邮件服务器和应用程序服务器上。代理向位于公司防火墙内部的中央控制台服务器报告事件。此外，主机上的代理还可以将记录通过电子邮件发送给管理员。

7.1.4　企业安全策略

安全策略是一组指导原则，其目的是为保护网络免受来自企业内部和外部的攻击。制定策略之前，先思考以下问题：网络如何帮助组织实现其远景目标、任务，以及战略规划？业务需求会对网络安全产生什么影响？如何将这些需求转化为购买专用设备和加载到这些设备上的配置？

安全策略对组织而言有以下作用：

1）提供审计现有网络安全，以及将需求与现状进行对比的方法。

2）规划安全改进，包括设备、软件和程序。

3）定义公司管理层、管理员和用户的角色和责任。

4）定义允许哪些行为和不允许哪些行为。

5）定义处理网络安全事件的流程。

6）作为站点间的标准，支持全局性的安全实施和执行。

7）有必要时可为诉讼提供证据。

安全策略文档是动态文件，这表示该文档永远不会结束，并且会随着技术和员工需求的变化而不断更新。它充当着管理目标和特定安全需求之间的桥梁。全面的安全策略应具备以下基本功能：

1）保护人员和信息。

2）设置用户、系统管理员、管理人员和安全人员的预期行为准则。

3）授权安全人员进行监控、探测和调查。

4）定义违规行为及其处置方式。

安全策略适用于每个人，包括员工、承包商、供应商和访问网络的客户。但是，安全策略应区别对待每一类群体。应该仅为每个群体展示与其工作和网络访问级别相对应的策略部分。

例如，没有必要解释每件事的理由。可以假定技术人员已经知道包含特定要求的原因。经理们或许不会对要求的技术层面感兴趣；他们可能仅想从宏观角度进行了解或明白支持该要求的理论。当最终用户了解制定安全规定的理由后，他们会更愿意遵守这些策略。因此，单个文档可能无法满足大型组织中所有人员的需要。

以下是组织采用的一些常规安全策略：

1）权限和范围声明。定义谁是企业安全策略的发起者，谁负责实施这些策略，以及策略的覆盖范围。

2）合理使用规定（AUP）。定义设备和计算服务的合理用途，以及用于保护企业公共资源和专有信息的正确员工行为。

3）标识和身份验证策略。定义公司使用哪些技术来确保仅授权人员可以访问公司数据。

4）Internet 访问策略。定义员工和访客应如何使用公司的 Internet 连接，哪些行为允许，哪些不允许。

5）园区访问策略。定义员工和访客合理使用园区技术资源的行为。

6）远程访问策略。定义远程用户如何使用公司的远程访问基础架构。

7）事件处理程序。指定谁将响应安全事件，以及事件的处理方式。

除这些关键性的安全策略外，某些组织可能还需要其他一些策略，包括：

1）账户访问请求策略。标准化组织内的账户和访问请求流程。用户和系统管理员如果不遵守标准账户和访问请求流程，则可能会导致组织被诉讼。

2）采购评估策略。定义有关公司采购的责任，并定义在采购评估方面信息安全小组必须达到的最低要求。

3）审计策略。定义审计策略以确保信息和资源的完整性。这包括依照相关流程调查事件、确保遵守安全策略，以及根据需要监控用户和系统活动。

4）信息敏感性策略。定义如何根据信息的敏感度来分类和保护信息。

5）密码策略。定义创建、保护和更改强密码的标准。

6）风险评估策略。为信息安全小组定义要求并提供权限，以便其确定、评估和纠正业务相关的信息基础架构的风险。

7）全局 Web 服务器策略。定义适用于所有 Web 主机的标准。

随着电子邮件的广泛使用，组织可能还希望制定与电子邮件相关的专用策略，例如：

1）自动转发电子邮件策略。规定在未经相应经理或主管批准的情况下，禁止将电子邮件自动转发到外部目的地。

2）电子邮件策略。定义内容标准，以防止损害企业的公众形象。

3）垃圾邮件策略。定义如何报告和处理垃圾邮件。

远程访问策略可能包括：

1）拨号访问策略。定义授权人员应如何进行适当的拨号访问及使用。

2）远程访问策略。定义从位于公司外部的主机或网络连接到公司网络的标准。

3）VPN 安全策略。规定在通过 VPN 连接到组织网络方面有哪些要求。

7.1.5　路由器 IOS 备份、恢复与升级

1. 路由器的基本配置

配置路由器时，需要执行一些基本任务，包括：

1）命名路由器。

2）设置口令。

3）配置接口。

4）配置标语。

5）保存路由器更改。

6）检验基本配置和路由器操作。

基本配置命令语法见表 7-2。

表 7-2　基本配置命令语法

语法含义	配置命令
系统名	Router(config)#hostname *name*
设置口令 （控制台、特权、远程）	Router(config)#line console 0 Router(config-line)#password *password* Router(config-line)#login Router(config)#enable secret *password* Router(config)#line vty 0 4 Router(config-line)#password *password* Router(config-line)#login
标语	Router(config)#banner motd # message #
接口	Router(config)#interface *type number* Router(config-if)#description *description* Router(config-if)#ip address *address mask* Router(config-if)#no shutdown
保存	Router#copy running-config startup-config Destination filename [startup-config]? Building configuration... [OK]
校验命令	Router#show running-config Router#show startup-config Router#show interfaces Router#show ip interface brief Router#show ip route

第一个提示符出现在用户模式下。用户模式可以查看路由器状态，但不能修改其配置。不要将用户模式中使用的“用户”一词与网络用户相混淆。用户模式中的“用户”是指网络技术人员、操作员和工程师等负责配置网络设备的人员。

```
Router >
```

enable 命令用于进入特权执行模式。在此模式下，用户可以更改路由器的配置。路由器提示符在此模式下将从“ > ”更改为“#”。

```
Router > enable
Router#
```

（1）主机名和口令

1）进入全局配置模式。

```
Router#config terminal
```

2）为路由器设置唯一的主机名。

```
Router(config)#hostname R1
R1(config)#
```

3）设置一个口令，用于稍后进入特权执行模式。在实际应用中，路由器应采用强口令。
Router（config）#enable secret network

4）将控制台和 Telnet 的口令配置为 student。login 命令用于对命令行启用口令检查。如果不在控制台命令行中输入 login 命令，那么用户无须输入口令即可获得命令行访问权。

```
R1(config)#line console 0
R1(config - line)#password student
R1(config - line)#login
R1(config - line)#exit
R1(config)#line vty 0 4
R1(config - line)#password student
R1(config - line)#login
R1(config - line)#exit
```

（2）配置标语　在全局配置模式下，配置当天消息（Motd）标语。消息的开头和结尾要使用定界符“#”。定界符可用于配置多行标语，如下所示。

```
R1(config)#banner motd #
Enter TEXT message.End with the character '#'.
****************************************
WARNING!! Unauthorized Access Prohibited!!
****************************************
#
```

好的安全规划应包括对标语的适当配置。至少，标语应针对未授权的访问发出警告。切记不要配置类似“欢迎未授权用户光临”之类的标语。

（3）路由器接口配置

1）指定接口类型和编号以进入接口配置模式，然后配置 IP 地址和子网掩码。

```
R1(config)#interface Serial0/0
R1(config-if)#ip address 192.168.2.1 255.255.255.0
```

2）建议为每个接口配置说明文字，以帮助记录网络信息。说明文字最长不能超过240个字符。在生产网络中，可以在说明中提供接口所连接的网络类型，以及该网络中是否还有其他路由器等信息，以利于今后的故障排除工作。如果接口连接到ISP或服务运营商，输入第三方连接信息和联系信息也很有用，例如：

```
Router(config-if)#description Ciruit#VBN32696-123 (help desk:1-800-555-1234)
```

3）在实验室环境中，输入有助于故障排除的简单说明，例如：

```
R1(config-if)#description Link to R2
```

4）IP地址和说明配置完成后，必须使用no shutdown命令激活接口。这与接口通电类似。接口还必须连接到另一个设备（集线器、交换机、其他路由器等），才能使物理层处于活动状态。

```
Router(config-if)#no shutdown
```

在实验室环境中进行点对点串行链路布线时，电缆的一端标记为DTE，另一端标记为DCE。对于串行接口连接到电缆DCE端的路由器，其对应的串行接口上需要另外使用clock rate命令配置。

```
R1(config-if)#clock rate 64000
```

对于需要进行配置的所有其他端口，重复使用接口配置命令。

每个接口必须属于不同的网络。尽管IOS允许在两个不同的接口上配置来自同一网络的IP地址，但路由器不会同时激活两个接口。

例如，如果为R1的FastEthernet 0/1接口配置1.0.0.0/8网络上的IP地址，会出现什么情况呢？FastEthernet 0/0已分配到同一网络上的地址。如果为接口FastEthernet 0/1也配置属于这一网络的IP地址，则会收到以下消息：

```
R1(config)#interface FastEthernet0/1
R1(config-if)#ip address 1.1.1.2 255.0.0.0
1.0.0.0 overlaps with FastEthernet0/0
```

如果尝试使用no shutdown命令启用该接口，则会收到以下消息：

```
R1(config-if)#no shutdown
1.0.0.0 overlaps with FastEthernet0/0
FastEthernet0/1:incorrect IP address assignment
```

show ip interface brief命令的输出表明，为1.0.0.0/8网络配置的第二个接口FastEthernet 0/1仍然为“down”（关闭）状态。

```
R1#show ip interface brief
<省略部分输出>
FastEthernet0/1 1.1.1.2 YES manual administratively down down
```

（4）检验基本路由器配置　所有路由器的配置命令都已输入并立即存储于 R1 的运行配置文件内。running - config 文件存储于 RAM 中，是由 IOS 使用的配置文件。下一步工作是检验输入的命令，方法是使用以下命令显示运行配置：

```
R1#show running - config
    Building configuration...
    Current configuration : 693 bytes
    version 12.4
    hostname R1
    enable secret 5  $1 $ mERr $ h8 fNeuzwQ5 F8 joeWZbJYw1
    interface FastEthernet0 /0
    description R1 LAN
    ip address 1.1.1.1 255.0.0.0
    duplex auto
    speed auto
    !
    interface Serial0 /0 /0
    description Link to R2
    ip address 2.1.1.1 255.0.0.0
    clock rate 64000
    !
Banner motd ℃
    Enter TEXT message.End with the character '#'.
    ****************************************
WARNING!! Unauthorized Access Prohibited!!
    ****************************************
    ℃
    !
    line con 0
    password student
    login
    line vty 0 4
    password student
    login
    !
    end
```

既然已经输入基本配置命令，就必须将 running - config 保存到非易失性存储器，即路由器的 NVRAM。这样，路由器在断电或出现意外而重新加载时，才能够以当前配置启动。路由器配置完成并经过测试后，必须将 running - config 保存到 startup - config 作为永久性配置文件。

```
R1#copy running - config startup - config
```

在应用并保存基本配置后，可使用几个命令来检验是否已正确配置路由器。

R1#show running - config 命令会显示存储在 RAM 中的当前运行中配置。除几个特例外，所有用到的配置命令都会输入到 running - config，并由 IOS 立即执行。

```
R1#show startup - config
```

此命令会显示存储在 NVRAM 中的启动配置文件。此文件中的配置将在路由器下次重新启动时用到。只有当前的运行配置经过 copy running－config startup－config 命令保存到 NVRAM 中时，启动配置才会发生变化。请注意，启动配置和运行配置是相同的。它们之所以相同，是因为运行配置自上次保存以来没有发生变更。另外，show startup－config 命令还会显示已保存的配置所使用的 NVRAM 字节数。

```
R1#show ip route
Codes: C - connected, S - static, I - IGRP, R - RIP, M - mobile, B - BGP
       D - EIGRP, EX - EIGRP external, O - OSPF, IA - OSPF inter area
       N1 - OSPF NSSA external type 1, N2 - OSPF NSSA external type 2
       E1 - OSPF external type 1, E2 - OSPF external type 2, E - EGP
       i - IS-IS, L1 - IS-IS level-1, L2 - IS-IS level-2, ia - IS-IS
       inter area
       * - candidate default, U - per-user static route, o - ODR
       P - periodic downloaded static route
Gateway of last resort is not set
C    1.0.0.0/8 is directly connected, FastEthernet0/0
C    2.0.0.0/8 is directly connected, Serial0/0/0
```

此命令会显示 IOS 当前在选择到达目的网络的最佳路径时所使用的路由表。此处，R1 只包含经过自身接口到达直连网络的路由。

show interfaces 命令会显示所有的接口配置参数和统计信息。

```
R1#show interfaces
FastEthernet0/0 is up, line protocol is up (connected)
   Hardware is Lance, address is 0000.0c4b.6401 (bia 0000.0c4b.6401)
   Description: R1 LAN
   Internet address is 1.1.1.1/8
   MTU 1500 bytes, BW 100000 Kbit, DLY 100 usec,
      reliability 255/255, txload 1/255, rxload 1/255
   Encapsulation ARPA, loopback not set
   ARP type: ARPA, ARP Timeout 04:00:00,
   Last input 00:00:08, output 00:00:05, output hang never
   Last clearing of "show interface" counters never
   Input queue: 0/75/0 (size/max/drops); Total output drops: 0
   Queueing strategy: fifo
      Output queue :0/40 (size/max)
      5 minute input rate 0 bits/sec, 0 packets/sec
      5 minute output rate 0 bits/sec, 0 packets/sec
      0 packets input, 0 bytes, 0 no buffer
      Received 0 broadcasts, 0 runts, 0 giants, 0 throttles
      0 input errors, 0 CRC, 0 frame, 0 overrun, 0 ignored, 0 abort
      0 input packets with dribble condition detected
      0 packets output, 0 bytes, 0 underruns
      0 output errors, 0 collisions, 1 interface resets
      0 babbles, 0 late collision, 0 deferred
.....
```

```
R1#show ip interface brief
Interface          IP-Address    OK?  Method  Status                  Protocol
FastEthernet0/0     1.1.1.1      YES  manual   up                       up
FastEthernet0/1    unassigned    YES  manual   up                       up
Serial0/0/0         2.1.1.1      YES  manual   up                       up
Serial0/0/1        unassigned    YES  manual  down                     down
Vlan1            unassigned      YES  manual  administratively down  down
```

此命令会显示简要的接口配置信息，包括 IP 地址和接口状态，是排除故障的实用工具，也可以快速确定所有路由器接口状态。

（5）路由器口令恢复　以思科路由器 1841 为例，为路由器配置一个自己也记不住的密码，以便进行密码恢复。

```
Router>enable
Router#config terminal
Enter configuration commands, one per line.  End with CNTL/Z.
Router(config)#hostname R1
R1(config)#enable secret afe4658sjg54se89pok
R1(config)#exit
R1#copy running-config st
R1#copy running-config startup-config
Destination filename [startup-config]?
Building configuration...
[OK]
```

关闭路由器电源并重新开机，当控制台出现启动过程时，按“Ctrl + Break”组合键中断路由器的启动过程，进入 Rommon 模式。

```
System Bootstrap, Version 12.3(8r)T8, RELEASE SOFTWARE (fc1)
Cisco 1841 (revision 5.0) with 114688K/16384K bytes of memory.
Self decompressing the image :
######################
monitor: command "boot" aborted due to user interrupt
rommon 1  >confreg 0x2142
```

默认配置寄存器的值为 0x2102，此时修改为 0x2142，这会使路由器开机时不读取 NVRAM 中的配置文件。

```
rommon 2  >reset      (重启路由器,进入 Setup 模式)
Router>enable
Router#copy startup-config running-config  (把配置文件从 NVRAM 中复制到内存中,在此基础上修改密码)
Destination filename [running-config]?
495 bytes copied in 0.416 secs (1189 bytes/sec)
Router#config terminal
R1(config)#enable secret network  (修改为自己的密码,如果还配置了其他密码,也要一一修改)
R1(config)#config-register 0x2102  (将寄存器的值恢复正常)
R1(config)#exit
R1#copy running-config startup-config
```

```
Destination filename [startup - config]?
Building configuration...
[OK]
R1#reload （重启路由器,校验密码）
```

7.2　访问控制列表（ACL）

随着网络应用的日益普及，越来越多的私有网络连入公有网，网络管理员们开始需要面对一个非常重要的问题，即如何在保证合法访问的同时，对非法访问进行控制。这就需要对路由器转发的数据包做出区分，即需要包过滤口。包过滤技术是在路由器上实现防火墙的一种主要方式，而实现包过滤技术最核心内容就是使用 ACL 技术。

ACL 技术是 ISO 所提供的一种访问控制技术。初期仅应用于路由器，近年来扩展到三层交换机产品上，部分最新的二层交换机也开始提供 ACL 的支持。ACL 实质上是一组由 permit（允许）和 deny（拒绝）语句组成有序的条件集合，用来帮助路由器分析数据包的合法性。路由器通过检测报文的地址决定报文流的去向，并创建和维护路由表来完成基本的路由功能。此时网上的数据包借助路由器可以自由出入，网络的安全之门是洞开的。正确地放置 ACL 将起到防火墙的作用。为了满足与互联网间的访问控制，以及满足内部网络不同安全属性网络间的访问控制要求，在路由器上引入对节点和数据进行控制的访问列表，使得网络通信均通过它，以此控制网络通信及网络应用的访问权限。

在路由器接口上灵活地运用 ACL 技术，可以对入站接口、出站接口及通过路由器中继的数据包进行安全检测。路由器将接收到的协议数据包中的源地址、目的地址、端口号等信息与已设置的访问列表的条目进行核对，据此阻止非法用户对资源的访问，限制特定的用户的访问权限，实现在网络的出入端口处决定哪种类型的通信流量被转发或被阻塞，达到限制网络流量、提高网络性能的目的。

在前面我们已经学习如何使网络连通，而实际环境中网络管理员经常面临左右为难的境况，他们必须设法拒绝那些不希望的访问连接，同时又要允许正常的访问连接。虽然其他一些安全工具，如设置密码、回叫信号设备及硬件的保密装置等可以提供帮助，但它们通常缺乏基本流量过滤的灵活性和特定的扩展手段，这正是许多网络管理员所需要的，网络管理员多是允许局域网的用户访问互联网，却不愿意局域网以外的用户通过互联网使用 Telnet 服务登录到本局域网。

7.2.1　ACL 的工作原理

访问控制列表（ACL）是应用在路由器接口的指令列表（即规则），具有同一个服务列表编号或名称的 access - list 语句便组成了一个逻辑序列或者指令列表。这些指令列表用来告诉路由器，哪些数据包可以接收，哪些数据包需要拒绝。其原理是 ACL 使用包过滤技术，在路由器上读取 OSI 7 层模型的第 3 层及第 4 层包头中的信息，如源地址、目的地址、源端口、目的端口等，根据预先定义好的规则对包进行过滤，从而达到访问控制的目的。

ACL 可分为三种类型：

（1）标准访问控制列表　检查被路由数据包的源地址。其结果基于源网络/子网/主机 IP 地址，来决定是允许还是拒绝转发数据包。它使用 1 ~ 99 之间的数字作为编号。

（2）扩展访问控制列表　对数据包的源地址与目标地址均进行检查。它也能检查特定的协议、端口号及其他参数。它使用 100 ~ 199 之间的数字作为编号。

（3）复杂访问控制列表　包括动态 ACL、自反 ACL 和基于时间的 ACL。

ACL 的定义是基于协议的。换而言之，如果想控制某种协议的通信数据流，就要对该接口处的这种协议定义单独的 ACL。例如，如果路由器接口配置为支持三种协议（IP、IPX 和 AppleTalk），那么，至少要定义三个访问控制列表。通过灵活地配置访问控制，ACL 可以作为网络控制的有力工具来过滤流入、流出路由器接口的数据包。如图 7-13 所示，可以使用 ACL 根据判断条件拒绝数据包实现网络控制。

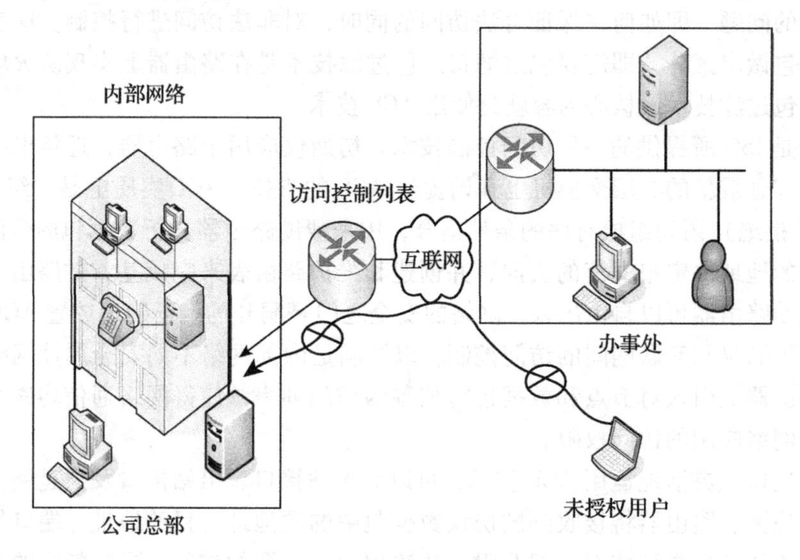

图 7-13　使用 ACL 根据判断条件拒绝数据包

访问控制列表为网络控制提供了一个强有力的工具。访问控制列表能够过滤通信量，即那些进出路由器接口的数据包，增加灵活性。这样的控制有助于限定网络通信量和某些用户及设备对网络的使用。

访问控制列表最常见的用途是作为数据包的过滤器。如果没有过滤器，那么，所有的数据包都能传输到网络的任一处。虽然访问控制列表经常与数据包过滤器联系在一起，但它还有许多其他用途。例如：

1）可指定某种类型的数据包的优先级，以对某些数据包优先处理。

2）访问控制列表还可以用来识别触发按需拨号路由选择（DDR）的相关通信量。

3）访问控制列表也是路由映射的基本组成部分。

提供网络访问的基本安全手段。例如，ACL 允许某一主机访问某网络，而阻止另一主机访问同样的网络。如图 7-14 所示，允许主机 A 访问人力资源网络，而拒绝主机 B 访问人力资源网络。如果没有在路由器上配置 ACL，那么，通过路由器的所有数据包将畅通无阻地到达网络的所有部分。

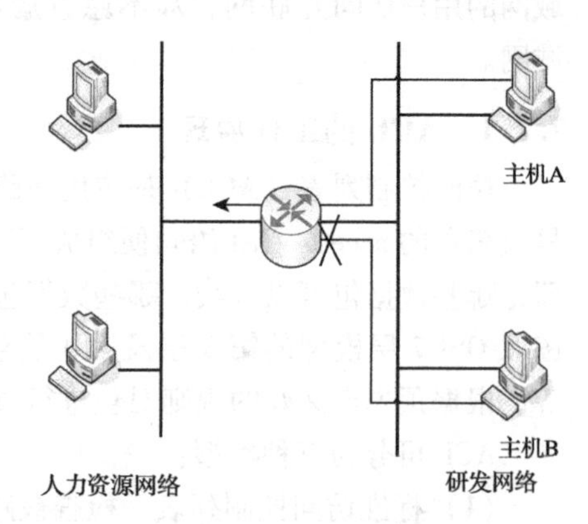

图 7-14　使用 ACL 可以阻止某指定网络访问另外一个指定网络

访问控制列表可用于 QoS（Quality of Service，服务

质量）对数据流量进行控制。例如，ACL 可以根据数据包的协议，指定某类数据包具有更高的优先级，路由器可以优先处理。对于不感兴趣的数据包类型，可以赋予低优先级或直接拒绝。这样，ACL 便起到了限制网络流量，减少网络拥塞的作用。

提供对通信流量的控制手段。例如，ACL 可以限定路由选择更新信息的长度，这种限定往往用来限制通过路由器的某一网段的通信流量。

通过访问控制列表，可以在路由器接口处决定哪种类型的通信流量被转发，哪种类型的通信流量被阻塞。例如，可以允许电子邮件通信流量被路由，同时却拒绝所有的 Telnet 通信流量。

1. 路由器对访问控制列表的处理过程

访问控制列表对路由器本身产生的数据包不起作用，如一些路由选择更新信息。ACL 是一组判断语句的集合，具体要对下列数据包进行检测并控制。

1）从入站接口进入路由器的数据包。

2）从出站接口离开路由器的数据包。

是否应用了访问控制列表，路由器对数据包的处理过程是不一样的。路由器会检查接口上是否应用了访问控制列表。

1）如果接口上没有 ACL，就对这个数据包继续进行常规处理。

2）如果对接口应用了访问控制列表，与该接口相关的一系列访问控制列表语句组合将会检测，若第一条不匹配，则依次往下进行判断，直到有任一条语句匹配，则不再继续判断，路由器将决定该数据包允许通过或拒绝通过。若最后没有任一条语句匹配，则路由器根据默认处理方式丢弃该数据包。

基于 ACL 的测试条件，数据包要么被允许，要么被拒绝。如果数据包满足了 ACL 的 Permit 的测试条件，数据包就可以被路由器继续处理。如果数据包满足了 ACL 的 Deny 的测试条件，就简单地丢弃该数据包。一旦数据包被丢弃，某些协议将返回一个数据包到发送端，以表明目的地址是不可到达的。

如图 7-15 所示，说明了 ACL 对数据的检查过程。

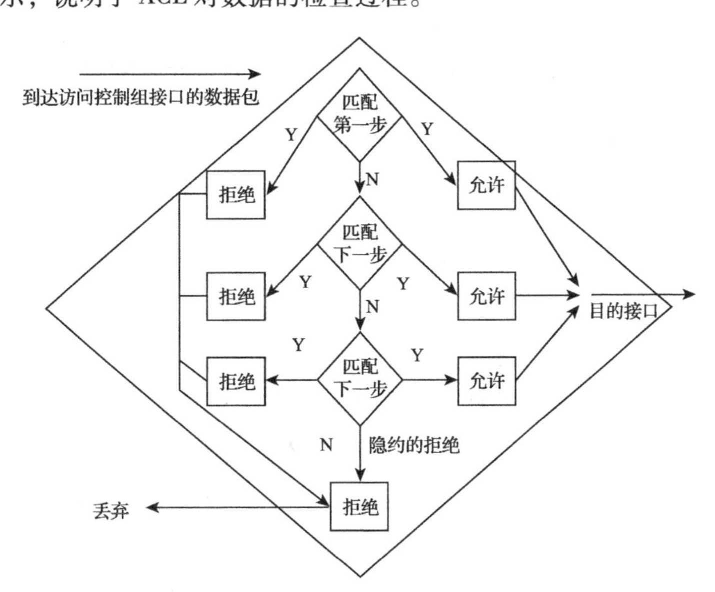

图 7-15　ACL 对数据包的检查过程

显然，根据路由器对访问控制列表的处理过程，在 ACL 中，各描述语句的放置顺序是很重要的。一旦找到了某一匹配条件，就结束比较过程，不再检查以后的其他条件判断语句。因此，要确保是按照从具体到普遍的次序来排列条目。例如，如果把一条允许所有主机数据包通过的语句放在想要拒绝来自某具体主机的数据包的语句前面，那么，将永远不会执行到这条拒绝语句，所有的数据包都将畅通无阻地通过。另外，要注意将较经常发生的条件放在较不经常发生的条件之前，以提高路由器的处理效率。

要记住，只有在数据包与第一个判断条件不匹配时，它才交给 ACL 中的下一个条件判断语句进行比较；在与某条语句匹配后，就结束比较过程，不再检查以后的其他条件判断语句；如果不与任一语句匹配，则它必与最后隐含的拒绝匹配。

最后一个隐含的判断条件语句涉及所有条件都不匹配的数据包。这个最后的测试条件与所有其他的数据包匹配，它的匹配结果是拒绝。如果要避免这种情况，那么，这个最后的隐含测试条件必须改为允许。一般隐含拒绝并不会出现在配置文件中。建议在配置文件中显式给出隐含拒绝条件判断语句，这样可以提高可读性。

2. 访问控制列表的入与出

使用命令 ip access - group，可把访问控制列表应用到某一接口上。其中，关键字 in 或 out 指明访问控制列表是对进来的（以接口为参考点），还是对出去的数据包进行控制。

Router（config - if）#ip access - group access - list - number {in | out}

在接口的一个方向上，只能应用一个访问控制列表。进入访问控制列表不处理从该接口离开路由器的数据包；对于访问控制列表而言，它不处理从该接口进入路由器的数据包。进入标准访问控制列表的处理过程，如图 7-16 所示。

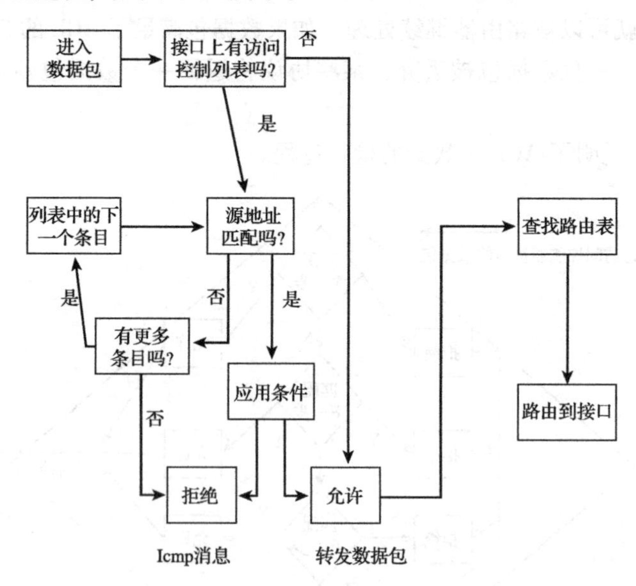

图 7-16 进入标准访问控制列表的处理过程

1）当接收到一个数据包时，路由器检查数据包的源地址是否与访问控制列表中的条件相符。

2）如果访问控制列表允许该地址，那么，路由器将停止检查访问控制列表，继续处理该数据包。

3）如果访问控制列表拒绝了这个地址，那么，路由器将丢弃该数据包，并且返回一个互联网控制消息协议（ICMP）的管理性拒绝（Administratively Prohibited）消息。

外出标准访问控制列表的处理过程，如图7-17所示。

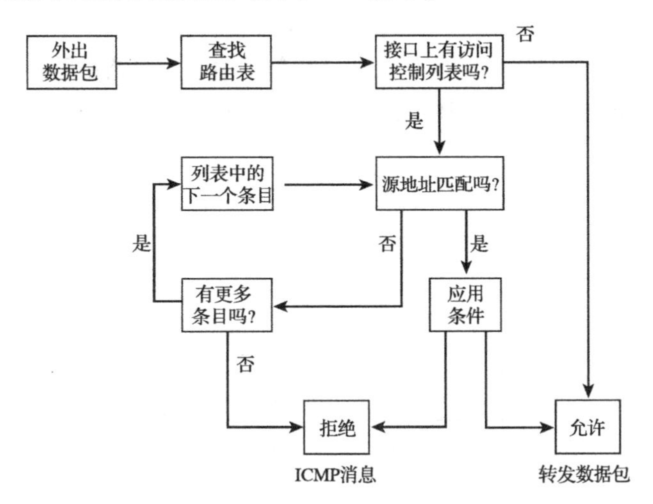

图7-17　外出标准访问控制列表的处理过程

1）在接收并将数据包转发到相应的受控制的接口后，路由器检查数据包的源地址是否与访问控制列表中的条目相符。

2）如果访问控制列表允许该地址，那么路由器将传输该数据包。

3）如果访问控制列表拒绝了这个地址，那么，路由器将丢弃该数据包，并且返回一个互联网控制消息协议的管理性拒绝消息。

上述两个处理过程的区别在于，路由器对进入的数据包先检查进入访问控制列表，对允许传输的数据包才查询路由表。而对于外出的数据包先查询路由表，确定目标接口后才查看外出访问控制列表。应该尽量把访问控制列表应用到入站接口，因为它比应用到出站接口效率更高，将要丢弃的数据包在路由器进行了路由表查询处理之前就拒绝它。

对于扩展访问控制列表的处理过程是类似的，这里不再重复。

3. 访问控制列表的 deny 和 permit

在路由器对访问控制列表的处理过程中，提到了基于ACL的测试条件，数据包要么被允许，要么被拒绝。用于创建访问控制列表的全局 access - list 命令中的关键字 permit/deny 可以实现上述功能。

下列语法结构给出了全局 access - list 命令的通用形式：

```
Router(config)#access -list access -list -number {permit/deny}{test conditions}
```

这里的全局 access - list 语句中的“permit”或“deny”，指明了IOS软件如何处理满足检测条件的数据包。

1）permit 选项意味着允许数据包通过应用了访问控制列表的接口。对入站接口来说，意味着被允许的数据包将继续处理；对出站接口来说，意味被允许的数据包将直接发送出去。

2）deny 选项意味着路由器拒绝数据包通过。如果满足了参数是 deny 的测试条件，就简单地丢弃该数据包。

这里的语句通过访问列表编号来识别访问列表，此编号还指明了访问列表的类别。access - list 语句中最后的参数指定了此语句所用的检测条件。检测可以很简单，只检测源地址（标准访问控制列表）。访问控制列表也可以进行扩展，不仅仅是按照源地址进行检测，还可以包括更多个条件。

下面是标准 ACL 设置测试条件的实例。在这个例子中，一个路由器连接两个子网组成网络，并利用 deny 和 permit 来设置访问控制列表，如图 7-18 所示。

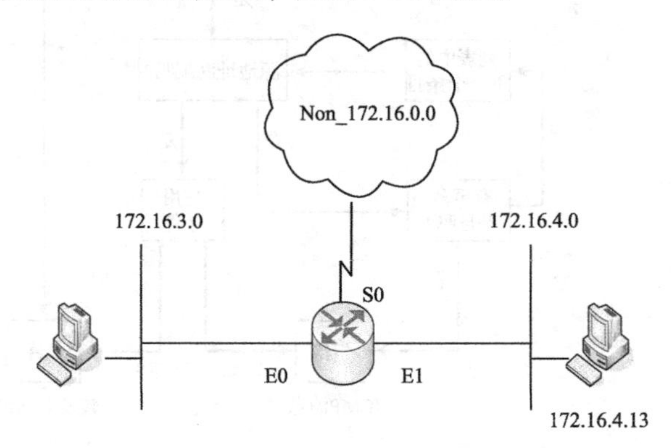

图 7-18　一个路由器连接两个子网所组成网络的拓扑图

第一步：创建访问控制列表。

```
Router(config)#access - list 1 deny  172.16.4.13 0.0.0.0
```

拒绝来自主机 172. 16. 4. 13 的数据包，其中的“1”表明这是一个标准访问控制列表。

```
Router(config)#access - list 1 permit 172.16.0.0 0.0.255.255
```

允许网络 172. 16. 0. 0 的所有流量通过。

提示： 这两条命令的顺序不能颠倒。否则，不会执行拒绝 172. 16. 4. 13 的数据包的命令。

```
Router(config)#access - list  1  permit 0.0.0.0 255.255.255.255
```

允许任何流量通过。如果没有这条命令，该列表将只允许 172. 16. 0. 0 的流量通过。注意，在它之后是隐含拒绝所有流量。

第二步：应用到接口 F0/0 的出方向上。

```
Router(config)#interface  fastethernet  0/0
Router(config - if)#ip  access - group  1  out
```

如果在访问控制列表的条目生成之前用 ip access - group 命令将其应用到接口上，结果将是 permit any（允许所有的数据包）。如果只输入一条允许行，则一旦输入，该列表将从“允许所有的数据包”变为“拒绝大多数数据包”语句（由于列表末端隐含的“拒绝所有的数据包起作用”）。因此，在把访问权限表应用到接口之前，一定要创建它。

如果要删除一个访问控制列表，首先在接口模式下输入命令：no ip access - group 并带有它的全部参数。

然后再在全局模式下输入命令：no access - list 并带有它的全部参数。

4. 访问控制列表的通配符

1）使用通配符 any。使用二进制反码的十进制表示方法相当单调乏味，最普遍的反码使用方式是使用缩写字。当网络管理员配置测试条件时，可用缩写字来代替冗长的反码字符串，它将大大减少输入量。

假设网络管理员要在访问控制列表测试中允许访问任何目的地址。为了指出是任何 IP 地址，网络管理员将要输入 0.0.0.0；然后还要指出访问控制列表将要忽略任何值，相应的反码位是全 1，即 255.255.255.255。不过，管理员可以使用缩写字 any，把上述测试条件表达给 IOS 软件。这样，管理员就不需要输入 0.0.0.0 255.255.255.255，而只要使用通配符 any 即可。

例如，对于下面的测试条件：

```
Router(config)#access-list 1 permit 0.0.0.0  255.255.255.255
```

可以用 any 改写成：

```
Router(config)#access-list 1 permit any
```

2）使用通配符 host。当网络管理员想要与整个 IP 主机地址的所有位相匹配时，IOS 允许在访问控制列表的反码中使用缩写字 host。

假设网络管理员想要在访问控制列表的测试中拒绝特定的主机地址。为了表示这个主机 IP 地址，管理员将要输入 172.16.30.29，然后指出这个访问控制列表将要测试这个地址的所有位，相应的反码位全为 0，即 0.0.0.0。

管理员可以使用缩写字 host，表达上面所说的这种测试条件。例如，下面的测试语句：

```
Router(config)#access-list 1 permit 172.16.30.29  0.0.0.0
```

可以改写成：

```
Router(config)#access-list 1 permit host 172.16.30.29
```

7.2.2 ACL 的分类

在此我们将学习三类的访问控制列表：标准访问控制列表、扩展访问控制列表和复杂访问控制列表。标准 IP 访问控制列表只对源 IP 地址进行过滤。扩展访问控制列表不仅可以过滤源 IP 地址，还可以对目的 IP 地址、源端口、目的端口等进行过滤。当使用命名的访问控制列表，还可以用名字来创建访问控制列表。

在实际应用中，访问控制列表的种类要丰富得多，包括按照时间对内或对外的流量进行控制，根据第二层的 MAC 地址进行控制等新功能，以及增加来在标准和扩展访问控制列表中插入动态条目的能力，还可以通过访问控制列表来防止黑客攻击 Web 服务器和其他网络设备。

1. 标准访问控制列表

当管理员想要阻止来自某一特定网络的所有通信流量，或允许来自某一特定网络的所有通信流量时，可以使用标准访问列表实现这一目的。标准访问控制列表根据数据包的源 IP 地址来允许或拒绝数据包，如图 7-19 所示。标准 IP 访问控制列表的访问控制列编号是 1 ~ 99。

标准访问控制列表是针对源 IP 地址而应用的一系列允许和拒绝条件。路由器逐条测试数据包的源 IP 地址与访问控制列表的条件是否相符，一旦匹配，就将决定路由器是接收还是拒绝数据包。因为只要匹配了某一个条件之后，路由器就停止继续测试剩余的条件，所以，条件的次序是非常关键的。如果所有的条件都不能够匹配，路由器将拒绝该数据包。

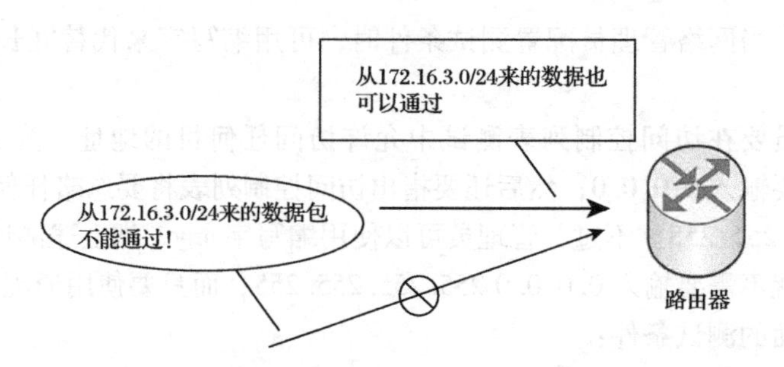

图 7-19　标准访问控制列表只基于源 IP 地址进行过滤

对于单独的一个 ACL，可以定义多个条件判断语句。每个条件判断语句都指向同一个固定的 ACL，以便把这些语句限制在同一个 ACL 之内。另外，ACL 中条件判断语句的数量是无限的，其数量的大小只受内存的限制。当然，条件判断语句越多，该 ACL 的执行和管理就越困难。因此，合理地设置这些条件判断语句将有效地防止出现混乱。

当访问控制列表中没有剩余条目时，所采取的行动是拒绝数据包，这非常重要，访问控制列表中的最后一个条目是众所周知的隐含拒绝一切，所有没有明确被允许的数据流都将被隐含拒绝。图 7-20 说明了标准访问控制列表的处理过程。

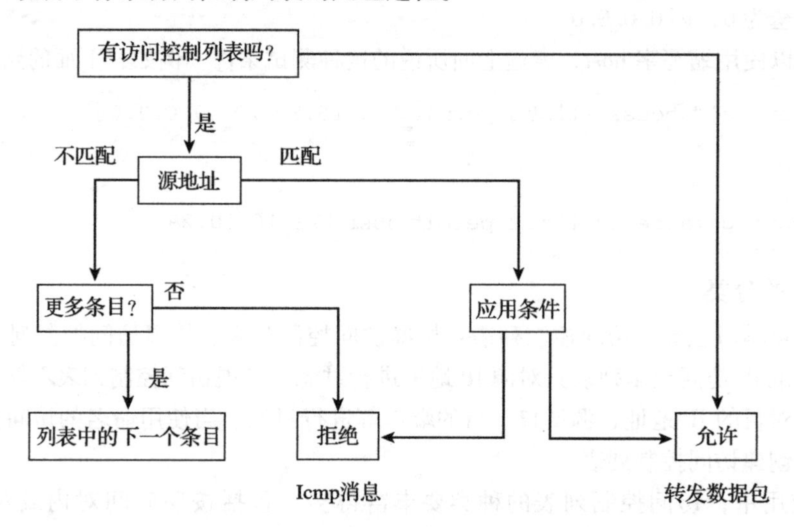

图 7-20　标准访问控制列表处理过程

当配置访问控制列表时，顺序很重要。要确保按照从具体到普遍的次序来排列条目。例如，如果想要拒绝一个具体的主机地址并且允许所有其他主机，那么，要确保有关这个具体主机的条目最先出现。

（1）标准访问控制列表的应用与配置　标准 ACL 检查可以被路由的数据包的源地址，从而允许或拒绝基于网络、子网和主机 IP 地址及某一协议族的数据包通过路由器。

1）配置和显示访问列表：可以使用全局配置命令 access - list 来定义一个标准的访问控制列表，并给它分配一个数字编号。详细语法如下：

```
Router(config)#access - list access - list - number {permit |deny} source [source
-wildcard]【log】
```

另外，可以通过在 access - list 命令前加 no 的形式，来消除一个已经建立的标准 ACL。语法如下：

```
Router(config)#no access-list  access-list-number
```

下面是 access-list 命令参数的详细说明：

①access-list-number 访问控制列表编号，用来指出属于哪个访问控制列表（对于标准 ACL 来说，是1~99的一个数字）。

②permit/deny 如果满足测试条件，则允许/拒绝该通信流量。

③source 数据包的源地址，可以是主机地址，也可以是网络地址。可以有两种不同的方式来指导数据包的源地址：一是采用不同十进制的32比特位数字表示，每8位为一组，中间用点号隔开，如用不同的方式来指定数据包的源地址，即168.123.23.23。二是使用关键字 any 作为一个源地址和反码（如0.0.0.0 255.255.255.255.0）的缩写字。

④source-wildcard 用来跟源地址一起采用哪些位需要进行匹配操作。有两种方式来指点 source-wildcard：一是采用不同十进制的32位数字表示，每8位为一组，中间用点号隔开。如果某位为1，则表明这一位不需要进行匹配操作，如果为0则表明这一位需要严格匹配。二是使用关键字 any 作为一个源地址和反码（如0.0.0.0 255.255.255.255.0）的缩写字。

⑤log（可选项）生成相应的日志信息。

⑥使用 show access-list 命令来显示所有访问控制列表的内容，也可以使用这个命令显示一个访问控制列表的内容。

2）在下面的例子中，一个标准 ACL 允许3个不同网络的流量通过：

```
Access-list 1 permit 192.5.34.0 0.0.255.255
Access-list 1 permit 128.88.0.0  0.0.255.255
Access-list 1 permit 36.0.0.0 0.255.255.255
```

提示：所有其他的访问都隐含地被拒绝了。

在这个例子中，反码位作用于网络地址的相应位，从而决定哪些主机可以相匹配。对于那些源地址与 ACL 条件判断语句不匹配的流量，将被拒绝通过。向访问列表中加入语句时，这些语句加入到列表末尾。对于使用编号的访问控制列表，编号列表的单个语句是无法删除的。如果管理员要改变访问列表，必须先要删除整个访问列表，然后重新输入改变的内容。建议在 TFTP 服务器上用文本编辑器生成访问控制列表，然后下载到路由器上。也可以使用终端仿真器或 PC 上的 Telnet 会话来将访问列表剪切、粘贴到处于配置模式的路由器上。

（2）访问控制列表与出站口的联系　Access-group 命令把某个现存的访问控制列表与某个出站接口联系起来。对于该命令要记住，在每个端口、每个协议、每个方向上只能有一个访问控制列表。下面是 access-group 命令的语法格式：

```
Router(config-if)#ip access-group access-list-number { in | out }
```

其中，各个参数的说明如下：

①access-list-number 访问控制列表编号，用来指出链接到这一接口的 ACL 编号。

②in/out 用来指示该 ACL 是应用到流入接口（in），还是流出接口（out）。

下面是一些标准 ACL 的配置实例。如图7-21所示在一个路由器连接两个子网所组成的网络中，第一个例子允许源网络地址是 172. 16. 0. 0 的通信流量通过；第二个例子拒绝源地址位为 172. 16. 4. 13 的通信流量，允许所有其他的流量；第三个例子拒绝来自子网 172. 16. 4. 0 的所有通信流量，而允许所有其他的通信流量。

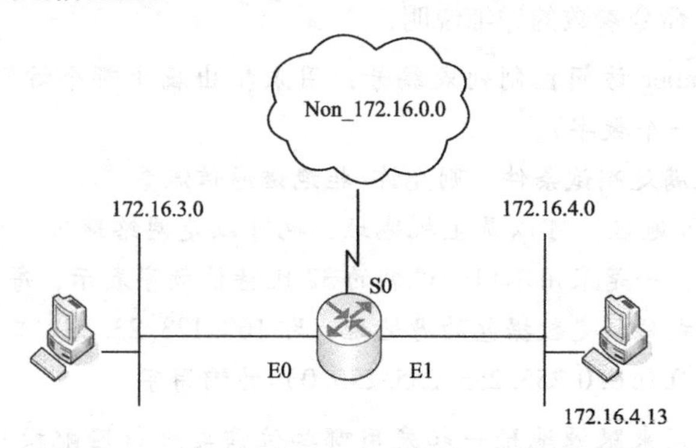

7-21　一个路由器连接两个子网所组成的网络实例

③允许特定源的通信流量通过。

在此 ACL 只允许源网络地址为 172. 16. 0. 0 的通信流量通过，而阻塞其他所有的通信流量。实现过程如下：

第一步：创建允许来自 172. 16. 0. 0 的流量的 ACL。

```
Router(config)#access-list  1  permit  172.16.0.0  0.0.255.255
Router(config)#access-list  1  deny any
```

第二步：应用到接口 F0/0 和 E1 的出方向上。

```
Router(config)#interface  fastethernet 0/0
Router(config-if)#ip  access-group  1  out
Router(config)#interface  fastethernet 0/1
Router(config-if)#ip  access-group  1  out
```

④拒绝特定主机的通信流量。

在下面的例子中，说明了如何设计 ACL 阻塞来自特定主机 172. 16. 4. 13 的通信流把所有其他的通信流量从以太网 F0/0 接口转发出去。它的第一条 access – list 命令通过 deny 参数来拒绝指定主机的通信流量，这里的掩码 0. 0. 0. 0 要求测试条件对所有位都要进行严格测试。

实现步骤如下：

第一步：创建拒绝来自 172. 16. 4. 13 的流量的 ACL。

```
Router(config)#access-list  1  deny  host  172.16.4.13
Router(config)#access-list  1  permit  0.0.0.0  255.255.255.255(或者 any)
```

第二步：应用到接口 F0/0 的出方向。

```
Router(config)#interface  fastethernet 0/0
Router(config-if)#ip  access-group  1  out
```

⑤拒绝特定子网的通信流量。

下面的例子说明了，如何设计 ACL 阻塞特定子网 172. 16. 4. 0 的通信流量，而允许所有其他的通信流量，并把它们转发出去。注意这里的反掩码——0. 0. 0. 255，开头的三个 8 位组的 0 表示测试条件需要关注这些位。另外，还要注意用来代替源地址的缩写字 any 的使用情况。

拒绝特定子网通信流量的实现步骤如下：

第一步：创建拒绝来自子网 172. 16. 4. 0 的流量的 ACL。

```
Router(config)#access-list 1 deny  172.16.4.0  0.0.0.255
Router(config)#access-list 1 permit  any
```

第二步：应用到接口 F0/0 的出方向。

```
Router(config)#interface  fastethernet 0/0
Router(config-if)#ip access-group  1  out
```

2. **扩展访问控制列表**

扩展访问控制列表通过启用基于源和目的地址、传输层协议和应用端口号的过滤来提供更高程度的控制。利用这些特性，可以基于网络的应用类型来限制数据流。

如图 7-22 所示的扩展 IP 访问控制列表处理流程图，扩展访问控制列表行中的每个条件都必须匹配才认为该行被匹配，才会施加允许或拒绝条件。只要有一个参数或条件匹配失败，就认为该行不被匹配，并立即检查访问控制列表中的下一行。

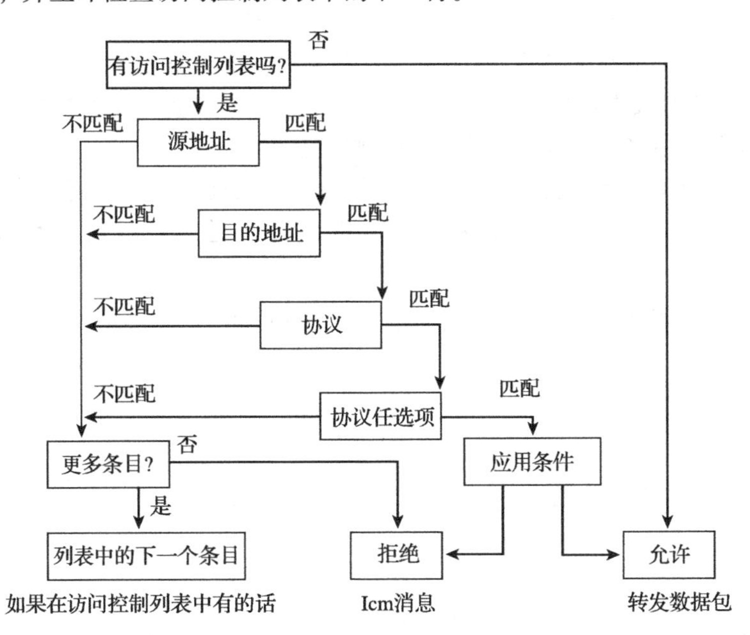

图 7-22 扩展 IP 访问控制列表处理流程图

扩展 ACL 比标准 ACL 提供了更广阔的控制范围，因而更受网络管理员的偏爱。例如，要是只想允许外来的 Web 通信量通过，同时又要拒绝外来的 FTP 和 Telnet 等通信量时，就可以通过使用扩展 ACL 来达到目的。这种扩展后的特性给网络管理员提供了更大的灵活性，可以灵活多变地设置 ACL 的测试条件。数据包是否被允许通过该端口，既可以基于它的源地址，也可以基于它的目的地址。例如，要求一边允许从 F0/0 来的 E-mail 通信流量抵达目的地 S0，一边又拒绝远程登录和文件传输。要实现这种控制，可以在接口 F0/0 绑定一个扩展 ACL，即使用一些精确的逻辑条件判断语句创建的 ACL。一旦数据包通过该接口的时候，绑定在该接口的 ACL 就检查这些数据包，并且进行相应的处理。

使用扩展 ACL 可以实现更加精确的流量控制。扩展 ACL 的测试条件即可检查数据包的源地址，也可以检查数据包的目的地址。此外，在每个扩展 ACL 条件判断语句的后面部分，还通过一个特定参数字段来指定一个可选的 TCP 或 UDP 的端口号。这些端口号通常是 TCP/IP 中"著名"端口号。常见的著名端口号见表 7-3。

表 7-3　常见的著名端口号

端口号	关键字	描　述	TCP/UDP
20	FTP - DATA	（文件传输协议）FTP（数据）	TCP
21	FTP	（文件传输协议）FTP	TCP
23	TELNET	终端连接	TCP
25	SMTP	简单邮件传输协议	TCP
42	NAMESERVER	主机名字服务器	UDP
53	DOMAIN	域名服务器（DNS）	TCP/UDP
69	TFTP	普通文件传输协议（TFTP）	UDP
80	WWW	万维网	TCP

基于这些扩展 ACL 的测试条件，数据包要么被允许，要么被拒绝。对入站接口来说，意味着被允许的数据包将继续进行处理。对出站接口来说，意味着被允许的数据包将直接转发，如果满足了参数是 deny 的条件，就简单地丢弃该数据包。

路由器的这种 ACL 实际上提供了一种防火墙控制功能，用来拒绝通信流量通过端口。一旦数据包被丢弃，某些协议将返回一个数据包到发送端，以表明目的地址是不可到达的。

在扩展 ACL 中，命令 access - list 的完全语法格式如下：

```
Router(config)#access - list access - list - number {permit I deny} protocol
[source source - wildcard destination destination - wildcard] [operator operan]
[established][log]
```

下面是该命令有关参数的说明：

①access - list - number 访问控制列表编号。使用 100 ~ 199 之间的数字来标识一个扩展访问控制列表。

②Permit/deny 用来表示在满足测试条件的情况下，该入口是允许还是拒绝后面指定地址的通信流量。

③protocol 用来指定协议类型，如 IP、TCP、UDP、ICMP、GRE 及 IGRP。

④source、destination 源和目的，分别用来标识源地址和目的地址。

⑤source - wildcard、destination - wildcard 反码，source - wildcard 是源反码，与源地址相对应；destination - wildcard 是目的反码，与目的地址对应。

⑥operator operan lt（小于）、gt（大于）、eq（等于）、neq（不等于）和一个端口号。

⑦established 如果数据包使用一个已建立连接（例如该数据包的 ACK 位设置了），便可以允许 TCP 信息量通过。

接下来，就可以使用 ip access - group 命令把已存在的扩展 ACL 连接到一个接口。它的使用方法与标准访问控制列表中所述相同，这里不再细述。

下面介绍扩展 ACL 配置的实例。第一个例子将拒绝 FTP 通信流量通过 F0/0 接口；第二个例子只拒绝 Telnet 通信流量经过 F0/0，而允许其他所有流量经过 F0/0。

1）拒绝所有从 172. 16. 4. 0 到 172. 16. 3. 0 的 FTP 通信流量通过 F0/0。

第一步：创建拒绝来自 172. 16. 4. 0、去往 172. 16. 3. 0、ftp 流量的 ACL。

```
Router(config)#access - list  101  deny  tcp  172.16.4.0  0.0.0.255  172.16.3.0
0.0.0.255  eq  21
Router(config)#access - list  101  permit ip  any any
```

第二步：应用到接口 F0/0 的出方向。

```
Router(config)#interface  fastthernet  0/0
Router(config - if)#ip  access - group  101  out
```

在此访问控制列表（ACL 101）绑定到一个出站接口 F0/0 上。注意，该 ACL 并没有完全拒绝 FTP 服务类型的通信流量，它仅仅拒绝了端口 21 上的通信流量。因为 FTP 服务可以容易地通过配置到别的端口来实现。

提示：要记住，所谓的著名端口也仅仅是“著名”而已，并不能保证特定服务一定与特定的端口相绑定，尽管它们往往是绑在一起的。

2）拒绝来自指定子网的 Telnet 通信流量。只拒绝所有通过 F0/0 从 172. 16. 4. 0 到 172. 16. 3. 0 的 Telnet 通信流量通过 E0，而允许其他的通信流量。

第一步：创建拒绝来自 172. 16. 4. 0、去往 172. 16. 3. 0 的 Telnet 流量的 ACL。

```
Router(config)#access - list 101  deny  tcp  172.16.4.0  0.0.0.255  172.16.3.0
0.0.0.255  eq  23
Router(config)#access - list  101  permit ip  any any
```

第二步：应用到接口 F0/0 的出方向上。

```
Router(config)#interface  fastethernet  0/0
Router(config - if)#ip  access - group  101  out
```

查看和验证访问控制列表的命令与标准 ACL 的命令相同。

3. 复杂访问控制列表

1）访问控制列表的命名。在标准 ACL 和扩展 ACL 中，可以使用一个字母数字组合的字符串（名字）代替前面所使用的数字（1 ~ 199）来表示 ACL 的编号，称为命名 ACL。命名 ACL 还可以用来从某一特定的 ACL 中删除个别的控制条目，这样可以让网络管理员方便地修改 ACL，而不用必须完全删除一个 ACL，然后再重新建立一个 ACL 来进行修改。

可以在下列情况下使用命名 ACL：

①需要通过一个字母数字串组成的名字来直观地表示特定的 ACL。

②对于某一给定的协议，在同一路由器上，有超过 99 个的标准 ACL 或者有超过 100 个的扩展 ACL 需要配置。

另外，在使用命名ACL的过程中，需要注意：

①ISO11.2以前的版本不支持命名ACL。

②不能以同一个名字命名多个ACL。另外，不同类型的ACL也不能使用相同的名字。

③命名IP访问列表允许从指定的访问列表删除单个条目，但条目无法有选择地插入到列表中的某个位置。如果添加一个条目到列表中，那么该条目添加到列表末尾。

④在命名的访问控制列表下，permit和deny命令的语法格式与前述有所不同。

ACL命名的命令语法如下：

```
Router(config)#ip  access-list {standard |extended} name
```

在ACL配置模式下，通过指定一个或多个Permit（允许）及Deny（拒绝）条件，来决定一个数据包是允许通过还是被丢弃。

注意，在命名的访问控制列表下，permit和deny命令的语法格式与前述有所不同：

```
Router(config{std |ext} -nacl)#{permit |deny  } {source  [source-wildcard] |any}
{test conditions }[log]
```

可以使用带no形式的对应permit或deny命令，来删除一个permit或deny命令：

```
Router(config{std |ext} -nacl)#no {permit |deny} {source  [source-wildcard] |any}
{test conditions }
```

这里test conditions的使用可参考标准和扩展访问控制列表中相应的内容。

2）命名的访问控制列表的应用。下面的例子说明了如何建立一个命名扩展ACL，以便只拒绝通过F0/0端口从172.16.4.0到172.16.3.0的Telnet通信流量，而允许其他的通信流量。实现步骤如下：

第一步：创建名为Cisco的命名访问控制列表。

```
Router(config)#ip access-list  extended  cisco
```

第二步：指定一个或多个Permit及Deny条件。

```
Router(config-ext-nacl)#deny tcp 172.16.4.0 0.0.0.255 172.16.3.0 0.0.0.255 eq 23
Router(config-ext-nacl)#permit ip  any  any
```

第三步：应用到接口F0/0的出方向。

```
Router(config)#interface  fastethernet  0/0
Router(config-if)#ip access-group  cisco out
```

3）查看ACL列表。

①命令show ip interface用来显示IP接口信息，并显示ACL是否正确设置。

②命令show access-list用来显示所有ACL的内容。如果输入一个ACL的名字和数字做完该命令的可选项，网络管理员可以查看特定的列表。

③命令show running-config也可以用来查看ACL的具体配置条目，以及如何应用到某个端口上。

4）基于时间的访问控制列表。基于时间的访问控制列表可以规定内网的访问时间。目前几乎所有的防火墙都提供了基于时间的控制对象，路由器的访问控制列表也提供了定时访问的功能，用于在指定的日期和时间范围内应用访问控制列表。

它的语法规则如下：

①为时间段起名。

```
Router(config)#time-range  time-range-name
```

②配置时间对象。

③配置绝对时间。

```
Router(config-time-range)#absolute {start time date [end time date] | end time date}
```

start *time date*：表示时间段的起始时间。*time* 表示时间，格式为"hh: mm"。*date* 表示日期，格式为"日 月 年"。end *time date*：表示时间段的结束时间，格式与起始时间相同。

示例：absolute start 08:00 1 Jan 2010 end 10:00 1 Feb 2010（即从2010年1月1日8:00开始到2010年2月1日10:00结束）。

④配置周期时间。

```
Router(config-time-range)#periodic day-of-the-week hh:mm to [day-of-the-week] hh:mm
periodic {weekdays |weekend |daily} hh:mm to hh:mm
```

day-of-the-week：表示一个星期内的一天或者几天，Monday，Tuesday，Wednesday，Thursday，Friday，Saturday，Sunday。

hh：*mm*：表示时间。

weekdays：表示周一到周五。

weekend：表示周六到周日。

daily：表示一周中的每一天。

示例：periodic weekdays 09:00 to 18:00（即周一到周五每天的09:00到18:00）。

应用时间段：在ACL规则中使用time-range参数引用时间段，只有配置了time-range的规则才会在指定的时间段内生效，其他未引用时间段的规则将不受影响，但要确保设备的系统时间的正确。

5）配置实例。假设规定上班期间8:00~20:00启用规则、周末全天启用规则，具体配置如下：

```
Router(config)#time-range worktime
Router(config-time-range)#periodic weekends 00:00 to 23:59
Router(config-time-range)#periodic monday 08:00 to friday 20:00
```

7.2.3 ACL的位置

在适当的位置放置ACL可以过滤掉不必要的流量，使网络更加高效。ACL可以充当防火墙来过滤数据包并去除不必要的流量，ACL的放置位置决定了是否能有效减少不必要的流量。例如，会被远程目的地拒绝的流量不应该消耗通往该目的地的路径上的网络资源。

每个ACL都应该放置在最能发挥作用的位置。基本的规则是：

1）将扩展ACL尽可能靠近要拒绝流量的源。这样，才能在不需要的流量流经网络之前将其过滤掉。

2）因为标准 ACL 不会指定目的地址，所以其位置应该尽可能靠近目的地。

让我们思考一个在网络中放置 ACL 的例子。所要采用的接口和网络位置要根据使用 ACL 的目的来确定。

如图 7-23 所示，管理员希望阻止源自 192.168.1.0/24 网络的流量进入 192.168.3.0/24 网络。如果在 R1 出站接口上设置 ACL，则会阻止 R1 将流量发送到其他位置。解决方案是在 R3 的入站接口上放置标准 ACL，以阻止所有来自源地址 192.168.1.0/24 的流量。标准 ACL 可以满足此处的需要，因为它仅关心源 IP 地址。

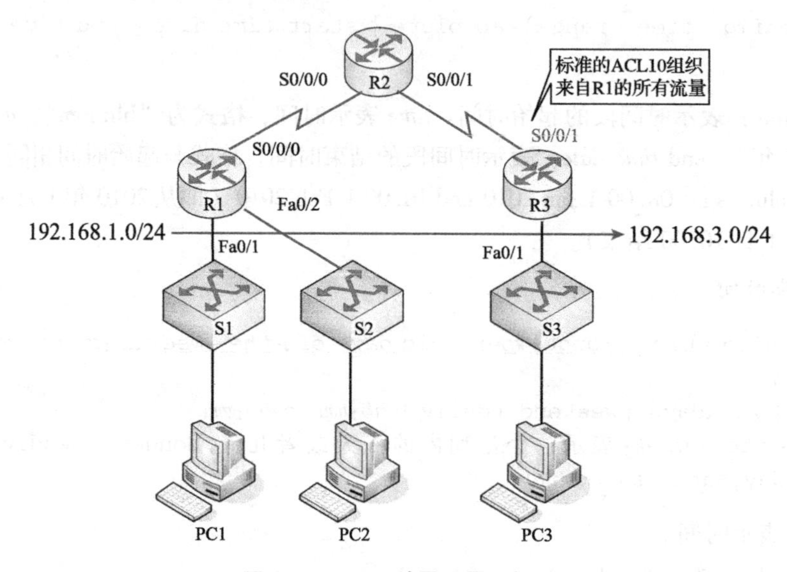

图 7-23　ACL 放置位置示例 1

要考虑到管理员仅可在自己能够控制的设备上放置 ACL。因此，放置位置必须在网络管理员的控制范围内。如图 7-24 所示，192.168.1.0/24 网络和 192.168.2.0/24 网络（本例中分别称为 One 和 Two）的管理员希望拒绝来自 Two 的 Telnet 和 FTP 流量进入 192.168.3.0/24 网络（本例中称为 Three）。同时，其他流量必须能从 One 离开。

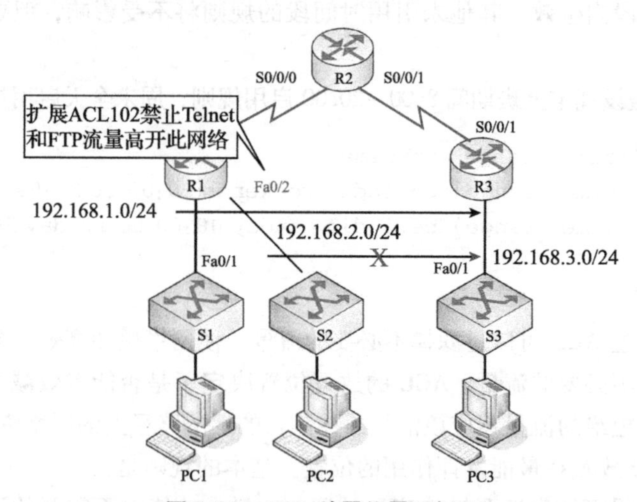

图 7-24　ACL 放置位置示例 2

有几种方法可以做到这一点。在 R3 上放置阻止 Two 发出的 Telnet 和 FTP 流量的扩展 ACL 可以完成该任务，但管理员不能控制 R3。此解决方案还是无法阻止不需要的流量通过整个网络，它仅在目的地阻止了不需要的流量，这影响了总体网络效率。

另一种解决方案是使用出站扩展 ACL，该 ACL 同时指定源和目的地址（分别为 One 和 Three），并且规定："来自 Two 的 Telnet 和 FTP 流量不允许发往 Three。"将该扩展 ACL 放置在 R1 的出站 S0/0/0 端口上。该解决方案的一个缺点是尽管允许 Telnet 和 FTP 流量，来自 One 的流量仍会经过一些 ACL 处理。

更好的办法是移动到更靠近源的地方，在 R1 的入站 Fa0/2 接口上放置扩展 ACL。这样可以确保来自 Two 的数据包不会进入 R1，从而无法进入 One，甚至无法进入 R2 或 R3。到其他目的地址和端口的流量仍然允许通过 R1。

7.3 标准 ACL

标准 ACL 是通过使用 IP 包中的源 IP 地址进行过滤，从而允许或拒绝某个 IP 网络、子网或主机的所有通信流量通过路由器的接口。网络管理员可以使用标准 ACL 阻止来自某一网络的所有通信流量，或者允许来自某一特定网络的所有通信流量，或者拒绝某一协议簇（如 IP）的所有通信流量。

当流量进入路由器时，将按 ACL 语句条目在路由器中的顺序进行比较。路由器会逐条比对 ACL 语句，直到发现匹配条目。因此，应该将最频繁使用的 ACL 条目放在列表顶部。如果路由器检查到列表末尾时仍然没有发现匹配条目，那它将拒绝该流量，因为 ACL 会隐式拒绝不符合任何所测试条件的所有流量。如果 ACL 中仅包含一个 Deny 条目，则其效果与拒绝所有流量相同。必须在 ACL 中至少包含一条 Permit 语句，否则所有流量都会被阻止。

如图 7-25 所示的标准 ACL，两个 ACL（101 和 102）具有相同的效果。网络 192.168.1.0 能够访问网络 192.168.3.0，而 192.168.2.0 网络则不能。

```
ACL 101:
Access - list 101 permit ip 192.168.1.0 0.0.0.255 192.168.3.0 0.0.0.255
ACL 102:
Access - list 102 permit ip 192.168.1.0 0.0.0.255 192.168.3.0 0.0.0.255
Access - list 102 deny ip any any
```

7.3.1 标准 ACL 的配置逻辑

标准 ACL 的配置逻辑，如图 7-26 所示。路由器会检查进入 Fa0/0 的数据包的源地址：

```
access - list 2 deny 192.168.1.1
access - list 2 permit 192.168.1.0 0.0.0.255
access - list 2 deny 192.168.0.0 0.0.255.255
access - list 2 permit 192.0.0.0 0.255.255.255
```

如果允许数据包通过，那么它们将通过路由器路由到输出接口。如果不允许数据包通过，则数据包将在传入接口被丢弃。

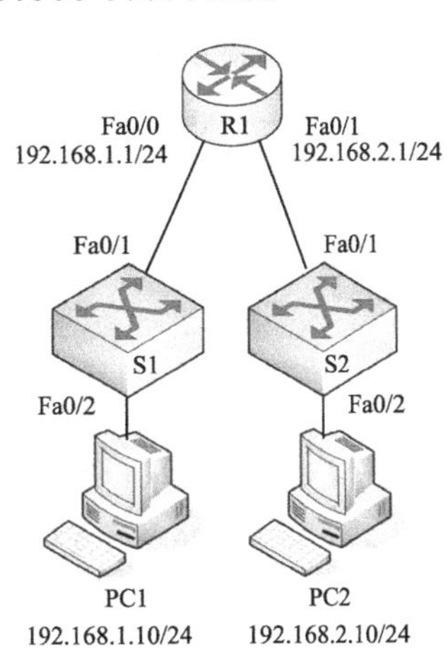

图 7-25 标准 ACL

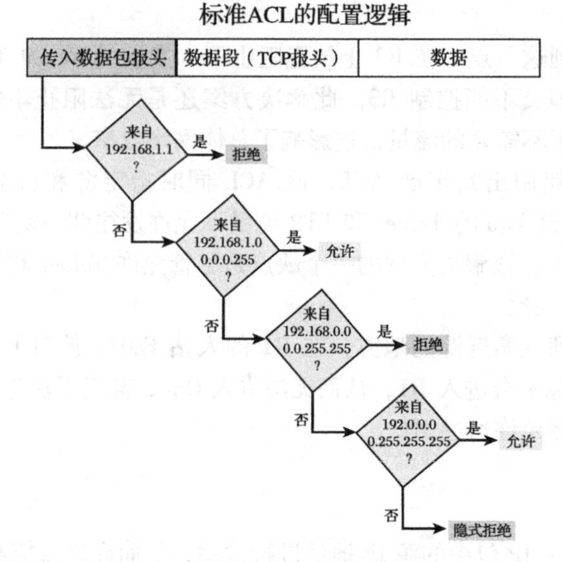

图 7-26　标准 ACL 的配置逻辑

7.3.2　ACL 通配符掩码

ACL 语句包含掩码，也称为通配符掩码。通配符掩码是一串二进制数字，它告诉路由器应该查看子网号的哪个部分。尽管通配符掩码与子网掩码没有任何功能上的联系，但它们确实具有相似的作用。此掩码用于确定应该为地址匹配应用多少位 IP 源或目的地址。掩码中的数字 1 和 0 标识如何处理相应的 IP 地址位。但是，这两种掩码的用途不同，所遵循的规则也不同。

通配符掩码和子网掩码都为 32 位，并且都使用二进制的 1 和 0。子网掩码使用二进制 1 和 0 标识 IP 地址的网络、子网和主机部分。通配符掩码使用二进制 1 和 0 过滤单个 IP 地址或一组 IP 地址，以便根据 IP 地址允许或拒绝对资源的访问。仔细设置通配符掩码后，便可以允许或拒绝单个或多个 IP 地址。

通配符掩码和子网掩码之间的差异在于它们匹配二进制 1 和 0 的方式。通配符掩码使用以下规则匹配二进制 1 和 0：

① 通配符掩码位 0：匹配地址中对应位的值。

② 通配符掩码位 1：忽略地址中对应位的值。

如图 7-27 所示的 ACL 通配符掩码，说明了不同的通配符掩码如何过滤 IP 地址。在示例中，请记住二进制 0 表示匹配，而二进制 1 则表示忽略。

128	64	32	16	8	4	2	1		二进制8位数中比特位的位置及地址值
									示例
0	0	0	0	0	0	0	0	=	匹配所有地址位（全部匹配）
0	0	0	0	0	0	0	0	=	忽略最后6个地址位
0	0	0	0	0	0	0	0	=	忽略最后4个地址位
0	0	0	0	0	0	0	0	=	忽略开头6个地址位
0	0	0	0	0	0	0	0	=	不检查地址（忽略二进制8位数中的位）

0表示匹配对应地址位的值
1表示忽略对应地址位的值

图 7-27　ACL 通配符掩码

通配符掩码通常也称为反码，原因在于它与子网掩码的工作方式相反，子网掩码采用二进制 1 表示匹配，而二进制 0 则表示不匹配。表 7-4 显示了将 0.0.255.255 通配符掩码应用到 32 位 IP 地址的结果，请记住二进制 0 表示应匹配的值。

表 7-4　通配符掩码示例 1

	十进制地址	二进制地址
要处理的 IP 地址	192.168.1.0	11000000.10101000.00000001.00000000
通配符掩码	0.0.255.255	00000000.00000000.11111111.11111111
结果 IP 地址	192.168.0.0	11000000.10101000.00000000.00000000

1. 使用通配符掩码匹配 IP 子网

刚开始计算通配符掩码时，可能会觉得有点混乱。第一个示例中的通配符掩码规定 IP 192.168.1.1 中的每一位都必须精确匹配，此通配符掩码等价于子网掩码 255.255.255.255，见表 7-5。

表 7-5　通配符掩码示例 2

	十进制地址	二进制地址
IP 地址	192.168.1.1	11000000.10101000.00000001.00000001
通配符掩码	0.0.0.0	00000000.00000000.00000000.00000000
结果	192.168.1.1	11000000.10101000.00000001.00000001

在第二个示例中，通配符掩码规定任意地址都可匹配。此通配符掩码等价于子网掩码 0.0.0.0，见表 7-6。

表 7-6　通配符掩码示例 3

	十进制地址	二进制地址
IP 地址	192.168.1.1	11000000.10101000.00000001.00000001
通配符掩码	255.255.255.255	11111111.11111111.11111111.11111111
结果	0.0.0.0	00000000.00000000.00000000.00000000

第三个示例中的通配符掩码显示，其与 192.168.1.0 /24 网络中的任意主机匹配。此通配符掩码等价于子网掩码 255.255.255.0，见表 7-7。

表 7-7　通配符掩码示例 4

	十进制地址	二进制地址
IP 地址	192.168.1.1	11000000.10101000.00000001.00000001
通配符掩码	0.0.0.255	00000000.00000000.00000000.11111111
结果	192.168.1.0	11000000.10101000.00000001.00000000

这些示例都非常简单直观。但是，通配符掩码的计算则需要一点技巧。表 7-8 中两个示例比刚才看到的那三个示例更复杂。在示例 1 中，前两组二进制 8 位数和第三组二进制 8 位数的前四位必须精确匹配。第三组二进制 8 位数的后四位和最后一组二进制 8 位数可以是任何有效

的数字。结果该掩码会检查从 192.168.16.0 到 192.168.31.0 的地址。

表 7-8　复杂通配符掩码示例

		十进制地址	二进制地址
示例 1	IP 地址	192.168.16.1	11000000.10101000.00010000.00000000
	通配符掩码	0.0.15.255	00000000.00000000.00001111.11111111
	结果范围	192.168.16.0 至 192.168.31.0	11000000.10101000.00010000.00000000 至 11000000.10101000.00011111.00000000
示例 2	IP 地址	192.168.1.0	11000000.10101000.00000001.00000000
	通配符掩码	0.0.254.255	00000000.00000000.11111110.11111111
	结果范围	192.168.1.0	11000000.10101000.00000001.00000000

表 7-8 中显示的通配符掩码匹配前两组二进制 8 位数和第三组二进制 8 位数中的最低位。最后一组二进制 8 位数和第三组二进制 8 位数中的前七位可以是任何有效的数字。结果是该掩码会允许或拒绝所有来自 192.168.0.0 主网的奇数子网的所有主机。

计算通配符掩码可能相当麻烦，利用 255.255.255.255 减去相应子网掩码这一方法可以简化计算过程。例如，想允许 192.168.3.0 网络中所有用户的访问，因为其子网掩码是 255.255.255.0，所以可以从 255.255.255.255 中减去子网掩码 255.255.255.0，得到的通配符掩码为 0.0.0.255。

```
  255.255.255.255
- 255.255.255.000
-----------------
    0.  0.  0.255
```

现在，假设想允许子网 192.168.3.32 /28 中的 14 位用户访问网络。该 IP 子网的子网掩码是 255.255.255.240，因此从 255.255.255.255 中减去子网掩码 255.255.255.240。得到的通配符掩码为 0.0.0.15。

```
  255.255.255.255
- 255.255.255.240
-----------------
    0.  0.  0. 15
```

假设想只匹配网络 192.168.10.0 和 192.168.11.0。同样，可以从 255.255.255.255 中减去对应的子网掩码（本例中为 255.255.254.0）。结果是 0.0.1.255。

```
  255.255.255.255
- 255.255.254.000
-----------------
    0.  0.  1.255
```

尽管可以使用以下两条语句得到相同的结果：

```
R1(config)#access-list 10 permit 192.168.10.0
R1(config)#access-list 10 permit 192.168.11.0
```

但按以下方式配置通配符掩码更有效率：

```
R1(config)#access-list 10 permit 192.168.10.0 0.0.3.255
```

该语句看似没有明显提升效率，但我们可以考虑以下例子：假设我们现在要匹配从

192. 168. 16. 0 到 192. 168. 31. 0 的网络：

```
R1(config)# access - list 10 permit 192.168.16.0
R1(config)# access - list 10 permit 192.168.17.0
R1(config)# access - list 10 permit 192.168.18.0
R1(config)# access - list 10 permit 192.168.19.0
R1(config)# access - list 10 permit 192.168.20.0
R1(config)# access - list 10 permit 192.168.21.0
R1(config)# access - list 10 permit 192.168.22.0
R1(config)# access - list 10 permit 192.168.23.0
R1(config)# access - list 10 permit 192.168.24.0
R1(config)# access - list 10 permit 192.168.25.0
R1(config)# access - list 10 permit 192.168.26.0
R1(config)# access - list 10 permit 192.168.27.0
R1(config)# access - list 10 permit 192.168.28.0
R1(config)# access - list 10 permit 192.168.29.0
R1(config)# access - list 10 permit 192.168.30.0
R1(config)# access - list 10 permit 192.168.31.0
```

配置以下通配符掩码远比上面的方式更为高效：

```
R1(config)# access - list 10 permit 192.168.16.0 0.0.15.255
```

2. 通配符位掩码关键字

使用二进制通配符掩码位的十进制表示有时可能显得比较冗长。此时可使用关键字 host 和 any 来标识最常用的通配符掩码，从而简化此任务。这些关键字避免了在标识特定主机或网络时输入通配符掩码的麻烦，还可提供有关条件的源和目的地的可视化提示，使 ACL 更加易于理解。

host 选项可替代 0. 0. 0. 0 掩码。此掩码表明必须匹配所有 IP 地址位，即仅匹配一台主机。any 选项可替代 IP 地址和 255. 255. 255. 255 掩码。该掩码表示忽略整个 IP 地址，这意味着接受任何地址。

示例 1：匹配单个 IP 地址的通配符掩码过程。如图 7-28 所示，在本示例中，可以不使用 192. 168. 10. 10 0. 0. 0. 0，而是输入 host 192. 168. 10. 10。

图 7-28　匹配通配符掩码示例 1

示例 2：匹配任意 IP 地址的通配符掩码过程。如图 7-29 所示，在本示例中，可以不使用 0. 0. 0. 0 255. 255. 255. 255，而是使用关键字 any。

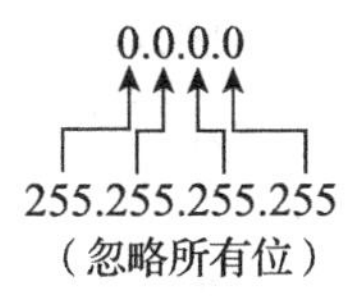

图 7-29　匹配通配符掩码示例 2

3. any 和 host 关键字

使用 any 选项来代替 IP 地址为 0.0.0.0 及通配符掩码为 255.255.255.255 的情况如下所示：

```
R1(config)#access-list 1 permit 0.0.0.0 255.255.255.255
R1(config)#access-list 1 permit any
```

使用 host 选项代替通配符掩码如下所示：

```
R1(config)#access-list 1 permit 192.168.10.10 0.0.0.0
R1(config)#access-list 1 permit host 192.168.10.10
```

7.3.3 标准 ACL 配置案例

1. 配置标准 ACL 的步骤

如图 7-30 所示，仅允许单个网络的标准 ACL 的示例，该 ACL 仅允许源网络为 192.168.1.0 的流量从 S0/0/0 转发出去，来自 192.168.1.0 以外网络的流量将被阻塞。

配置标准 ACL 之后，可以使用 ip access-group 命令将其关联到接口：

```
Router(config-if)#ip access-group {access-list-number | access-list-name} {in | out}
```

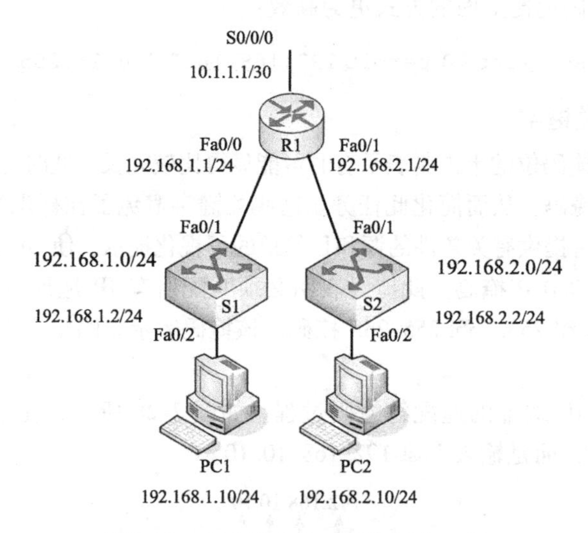

图 7-30 仅允许单个网络的标准 ACL

要从接口上删除 ACL，首先在接口上输入 no ip access-group 命令，然后输入全局命令 no access-list 删除整个 ACL。在路由器上配置和应用标准编号 ACL 的步骤和语法如下：

步骤 1：使用全局配置命令 access-list 在标准 IPv4 ACL 中创建一个条目。

```
R1(config)#access-list 1 permit 192.168.1.0 0.0.0.255
```

将该 ACL 标识为访问列表 1，它允许匹配选定参数的流量。在本例中，IP 地址和通配符掩码确定的源网络为 192.168.1.0 0.0.0.255。前面曾学过，ACL 最后有一条看不见的隐式 deny all 语句，它的作用等价于 access-list 1 deny 0.0.0.0 255.255.255.255 语句。输入全局命令 no access-list 以删除整个 ACL，示例语句匹配任何以 192.168.1. X 开头的地址，使用 remark 选项为 ACL 添加注释。

步骤2：使用接口配置命令来选择要应用 ACL 的接口。

```
R1(config)#interface f0/0
```

步骤3：使用接口配置命令 ip access - list 激活接口上的现有 ACL。

```
R1(config)#ip access - group 1 out
```

将 ACL 1 关联到 Serial 0/0/0 接口上，将其作为出站过滤器。要从接口上删除 IP ACL，在接口上输入 no ip access - group 命令，本例在接口上激活标准 IPv4 ACL1，并将其用作出站过滤器。因此，ACL 1 仅允许来自 192.168.1.0/24 网络的主机通过路由器 R1。它拒绝任何其他网络，包括 192.168.2.0 网络。

拒绝特定主机的 ACL，可用于取代上一个示例的 ACL，但它还可以阻止来自特定地址的流量。示例如下：

```
R1(config)#no access - list 1
R1(config)#access - list 1 deny 192.168.1.10 0.0.0.0
R1(config)#access - list 1 permit 192.168.1.0 0.0.0.255
R1(config)#interface s0/0/0
R1(config)#ip access - group 1 out
```

第一条命令删除之前的 ACL 1 版本，下一条 ACL 语句拒绝位于 192.168.1.10 网络中的主机 PC1，但允许 192.168.1.0/24 网络中的其他各台主机。同样，隐含的 deny 语句匹配所有其他网络，该 ACL 将再次应用到接口 S0/0/0 的出站方向。

拒绝特定子网的 ACL，可用于取代上一个示例的 ACL，它仍然阻止了来自主机 PC1 的流量。此外，它还允许所有其他 LAN 流量通过路由器 R1。示例如下：

```
R1(config)#no access - list 1
R1(config)#access - list 1 deny 192.168.1.10 0.0.0.0
R1(config)#access - list 1 permit 192.168.0.0 0.0.0.255
R1(config)#interface s0/0/0
R1(config - if)#ip access - group 1 out
```

前两条命令与上一个示例相同。第一条命令删除之前的 ACL 1 版本，下一条 ACL 语句拒绝位于 192.168.1.10 网络中的主机 PC1。第三行是新命令，它允许来自 192.168. x. x/16 网络的所有主机。这表示仍然匹配来自 192.168.1.0/24 网络的所有主机，但现在还会匹配来自 192.168.2.0 网络的主机。该 ACL 将再次应用到接口 S0/0/0 的出站方向。因此，除 PC1 主机之外，连接到路由器 R1 的两个 LAN 都可以通过 S0/0/0 接口转发流量。

2. 使用 ACL 控制 VTY 访问

如果路由器上的 IOS 软件映像不支持 SSH，可以通过限制 VTY 访问来局部改善管理线路的安全性。通过限制 VTY 访问，可以定义哪些 IP 地址能够通过 Telnet 访问路由器 EXEC 进程，可以通过 ACL 和 VTY 线路上的 access - class 语句来控制用于管理路由器的管理工作站或网络，也可以将该技术与 SSH 一同使用，以进一步提高管理访问的安全性。线路配置模式中的 access - class 命令可限制特定 VTY（接入设备）与访问列表中地址之间的传入和传出连接。

标准访问列表和扩展访问列表应用于经过路由器的数据包。它们并非设计用于阻止路由器内部产生的数据包。默认情况下，出站 Telnet 扩展 ACL 不会阻止由路由器发起的 Telnet 会话。

过滤 Telnet 流量通常被认为是扩展 IP ACL 的功能，因为它会过滤较高级别的协议。但是，因为使用 access - class 命令来根据源地址过滤传入或传出 Telnet 会话，并对 VTY 线路应用过滤，所以可以使用标准 ACL 语句控制 VTY 访问。

access - class 命令的语法是：

```
access - classaccess - list - number {in [vrf - also] | out}
```

参数 in 限制特定设备与访问列表中地址之间的传入连接，而参数 out 则限制特定设备与访问列表中地址之间的传出连接。

如图 7-31 所示，示例中允许 VTY 0 和 VTY 4。例如，配置 ACL 允许网络 192.168.1.0 和 192.168.2.0 访问 VTY 0 ~4，所有其他网络都被拒绝访问这些 VTY。

```
R1(config)#access - list 15 deny 192.168.1.10 0.0.0.0
R1(config)#access - list 15 permit 192.168.1.0 0.0.0.255
R1(config)#access - list 15 permit 192.168.2.0 0.0.0.255
R1(config)#access - list 15 deny any
R1(config)#line vty 0 4
R1(config - line)#login
R1(config - line)#password secret
R1(config - line)#access - class 15 in
```

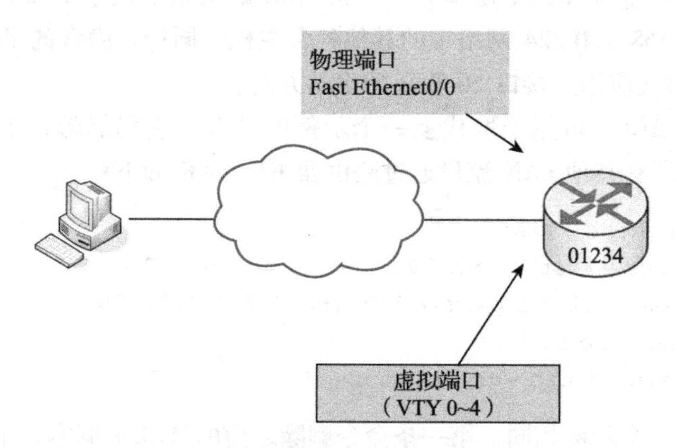

图 7-31　用于控制虚拟终端访问的标准 ACL

当配置 VTY 上的访问列表时，应该考虑以下几点：

1）只有编号访问列表可以应用到 VTY。

2）应该在所有 VTY 上设置相同的限制，因为用户可以尝试连接到任意 VTY。

3. 编辑编号 ACL

当配置 ACL 时，语句将按照在 ACL 末尾输入的顺序添加到其中，但是，没有内置编辑功能可供在 ACL 中进行编辑。无法选择性地插入或删除语句行。强烈推荐在文本编辑器（如 Microsoft 记事本）中创建 ACL。可以在编辑器中创建或编辑 ACL，然后将其粘贴到路由器中。对于现有的 ACL，可以使用 show running - config 命令显示 ACL，将其复制并粘贴到文本编辑器中，进行必要的更改并重新加载。

例如，假设主机 IP 地址的输入有误，不应该输入 192.168.1.100 主机，而应该输入 192.168.1.10 主机。以下是编辑和更正 ACL 20 的步骤：

步骤1：使用 show running - config 命令显示 ACL，使用 include 关键字以便仅显示 ACL 语句。

```
R1#show running - config | include access - list
Access - list 15 permit 192.168.1.100
Access - list 15 deny 192.168.1.0 0.0.0.255
```

步骤2：选中 ACL，将其复制并粘贴到 Microsoft 记事本中。根据需要编辑列表。在 Microsoft 记事本中更正了 ACL 之后，选中它并复制。

```
Access - list 15 permit 192.168.1.10
Access - list 15 deny 192.168.1.0 0.0.0.255
```

步骤3：在全局配置模式下，使用 no access - list 15 命令禁用访问列表，否则，新的语句将附加到现有的 ACL 之后。然后，将新的 ACL 粘贴到路由器的配置中。

```
R1(config)#no access - list 15
R1(config)#access - list 15 permit 192.168.1.10 0.0.0.0
R1(config)#access - list 15 deny 192.168.1.0 0.0.0.255
```

应该注意的是，当使用 no access - list 命令时，网络将失去 ACL 的保护。同时还需要注意，如果在新的列表中出现错误，必须将其禁用并排查问题。网络在更正过程同样会失去 ACL 的保护。

4. 对 ACL 添加注释

可以使用 remark 关键字在任何 IP 标准 ACL 或扩展 ACL 中添加有关条目的注释。注释可以使 ACL 更易于理解和阅读。每条注释行限制在 100 个字符以内。

注释可以出现在 permit 或 deny 语句的前面或后面。应该确保注释的位置保持一致，这样哪条注释描述哪条 permit 或 deny 语句会比较清楚。例如，如果某些注释出现在 Permit 或 Deny 语句之前，而另一些注释出现在这些语句之后，就有可能会出现混淆。

为了给 IP 编号标准 ACL 或扩展 ACL 添加注释，可以使用 access - list access - list number remark remark 全局配置命令。要删除注释，可以使用该命令的 no 形式。如下所示，该标准 ACL 允许访问属于 zhangsan（张三）的工作站，而拒绝访问属于 lisi（李四）的工作站。

```
R1(config)#access - list 15 remark permit only lina workstation through
R1(config)#access - list 15 permit 192.168.1.10
R1(config)#access - list 15 remark Do not allow lisi through
R1(config)#access - list 15 deny 192.168.1.20
```

对于命名 ACL 中的条目，可以使用 remark access - list 配置命令。要删除注释，可以使用该命令的 no 形式。

如下所示的扩展命名 ACL，在之前的扩展 ACL 的定义中，了解到扩展 ACL 可用于控制特定端口号或服务，注释表明不允许 zhangsan（张三）的子网使用出站 Telnet。

```
R1(config)#ip access - list extended TELNETTING
R1(config - ext - nacl)#remark Do not allow zhangsan workstation to Telnet
R1(config - ext - nacl)#deny tcp host 192.168.1.30 any eq telnet
```

5. 创建命名 ACL

命名 ACL 让人更容易理解其作用。例如，用于拒绝 FTP 的 ACL 可以命名为 NO_ FTP。当使用名称而不是编号来标识 ACL 时，配置模式和命令语法略有不同。

下面显示了创建标准命名 ACL 的步骤：

步骤 1：进入全局配置模式，使用 ip access - list 命令创建命名 ACL。ACL 名称是字母数字，必须唯一而且不能以数字开头。

```
Router(config)#ip access - list [standard | extended] name
```

步骤 2：在命名 ACL 配置模式下，使用 Permit 或 Deny 语句指定一个或多个条件，以确定数据包应该转发还是丢弃。

```
Router(config - ext - nacl)#[permit |deny |remark]{soure[source - wildcard]}[log]
```

若未配置，则会自动从 10 开始生成序号，增量为 10。使用 no *sequence number* 会从命名 ACL 中删除特定测试。

步骤 3：在接口上激活命名 IP ACL。

```
Router(config - if)#ip access - group name [in | out]
```

如下所示，用于在路由器 R1 接口 Fa0/0 上配置标准命名 ACL 的命令，该命令拒绝主机 192.168.2.10 访问 192.168.1.0 网络。

```
R1(config)#ip access - list standard NO_ACCESS
R1(config - std - nacl)#deny host 192.168.2.10
R1(config - std - nacl)#permit 192.168.2.0 0.0.0.255
R1(config - std - nacl)#interface f0/0
R1(config - if)#ip access - group NO_ACCESS out
```

ACL 名称不一定非要使用大写字母，但查看运行配置输出时大写字母会比较醒目。

6. 监控和检验 ACL

当完成 ACL 配置后，可以使用 IOS show 命令检验配置。下面的命令用于显示所有 ACL 内容的 IOS 语法，显示了在路由器 R1 上发出 show access - lists 命令后得到的结果。采用大写字母表示的 ACL 名称（TEACHER 和 STUDENT）在屏幕输出中显得非常醒目。

```
R1#show access - list {access - list - number | name}
R1#show access - list
Standard IP access list TEACHER
    10 deny    10.1.1.0 0.0.0.255
    20 permit  10.3.3.1
    30 permit  10.4.4.1
    40 permit  10.5.5.1
Extended IP access list STUDENT
    10 permit tcp host 192.168.1.2 any eq telnet (25 matches)
    20 permit tcp host 192.168.1.2 any eq ftp
    30 permit tcp host 192.168.1.2 any eq ftp - data
```

7. 编辑命名 ACL

与编号 ACL 相比，命名 ACL 的一大优点在于编辑更简单。命名 IP ACL 允许删除指定 ACL 中的具体条目，可以使用序列号将语句插入命名 ACL 中的任何位置。如果使用更早的 IOS 软件版本，那只能够在命名 ACL 的底部添加语句。因为可以删除单个条目，所以可以修改 ACL 而不必删除整个 ACL 然后再重新配置。

如下所示，将 ACL 应用到 R1 S0/0/0 接口，它限制对 Web 服务器的访问。在第一条 show 命令的输出中，可以看到名为 WEBSERVER 的 ACL 包含三个带编号的行，它们指明了 Web 服务器的访问规则。要在列表中授权另一台工作站进行访问，仅需要插入一个编号行。在本示例中，添加了 IP 地址为 192.168.2.10 的工作站。最后的 show 命令输出确认新添加的工作站现在能够进行访问。

```
R1#show access-lists
Standard IP access list WEBSERVER
    10 permit 192.168.1.10
    20 deny 192.168.1.0,wildcard bits 0.0.0.255
    30 deny 192.168.2.0,wildcard bits 0.0.0.255
R1(config)#ip access-list standard WEBSERVER
R1(config-std-nacl)#15 permit host 192.168.2.10
R1#show access-lists
Standard IP access list WEBSERVER
    10 permit 192.168.1.10
    15 permit 192.168.2.10
20 deny 192.168.1.0,wildcard bits 0.0.0.255
    30 deny 192.168.2.0,wildcard bits 0.0.0.255
```

7.4　扩展 ACL

上面提到的标准 ACL 是基于 IP 地址进行过滤的，是最简单的 ACL。如果希望过滤到端口或者希望对数据包的目的地址进行过滤，就需要使用扩展 ACL。扩展 ACL 使用源 IP 地址、目标 IP 地址、第三层的协议字段和第四层的端口号来做过滤决定，扩展访问控制列表更具有灵活性和可扩充性，即可以对同一地址允许使用某些协议通信流量通过，而拒绝使用其他协议的流量通过。扩展 ACL 功能很强大，不仅可以检查信息包的源主机地址还可以检查目的地主机的 IP 地址，协议类型以及 TCP/UDP 协议族的端口号，具有更大的自由度。

7.4.1　扩展 ACL 的配置逻辑

扩展 ACL 有一个最大的好处就是可以保护服务器，如很多服务器为了更好地提供服务都是暴露在公网上的，这时为了保证正常服务提供的所有端口都对外界开放，很容易招来黑客和病毒的攻击。通过扩展 ACL 可以将除了服务端口以外的其他端口都封锁掉，降低了被攻击的概率。

但是扩展 ACL 存在一个缺点，那就是在没有硬件 ACL 加速的情况下，扩展 ACL 会消耗大量的路由器 CPU 资源。所以当使用中低档路由器时应尽量减少扩展 ACL 的条目数，将其简化为标准 ACL 或将多条扩展 ACL 合一是最有效的方法。

为了更加精确地控制流量过滤，可以使用编号在 100 ~ 199 之间和 2000 ~ 2699 之间的扩展 ACL（最多可使用 800 个扩展 ACL）。也可以对扩展 ACL 命名。扩展 ACL 比标准 ACL 更常用，因为其控制范围更广，可以提升安全性。与标准 ACL 类似，扩展 ACL 可以检查数据包源地址，但除此之外，它们还可以检查目的地址、协议和端口号（或服务）。如此一来，我们便可基于更多的因素来构建 ACL。例如，扩展 ACL 可以允许从某网络到指定目的地的电子邮件流量，同时拒绝文件传输和网页浏览流量。

由于扩展 ACL 具备根据协议和端口号进行过滤的功能，因此可以构建针对性极强的 ACL。利用适当的端口号，可以通过配置端口号或公认端口名称来指定应用程序。

下面的示例显示了管理员通过在扩展 ACL 语句末尾添加 TCP 或 UDP 端口号的方法来指定端口号。可以使用逻辑运算，如等于（eq）、不等于（neq）、大于（gt）和小于（lt）。

使用端口号：

```
Access - list 121 permit tcp 192.168.3.0 0.0.0.255 any eq 23
Access - list 121 permit tcp 192.168.3.0 0.0.0.255 any eq 21
Access - list 121 permit tcp 192.168.3.0 0.0.0.255 any eq 20
```

使用关键字：

```
Access - list 121 permit tcp 192.168.3.0 0.0.0.255 any eq telnet
Access - list 121 permit tcp 192.168.3.0 0.0.0.255 any eq ftp
Access - list 121 permit tcp 192.168.3.0 0.0.0.255 any eq ftp - data
```

下面显示了通过 R1（config）#access - list 101 permit tcp any eq ? 命令构建 ACL 时如何生成可以使用的端口号和关键字列表。

```
R1(config)#access - list 121 permit tcp any eq ?
 <0 -65535 >   Port number
ftp            File Transfer Protocol (21)
pop3           Post Office Protocol v3 (110)
smtp           Simple Mail Transport Protocol (25)
telnet         Telnet (23)
www            World Wide Web (HTTP, 80)
Bgp            Border Gateway Protocol (179)
Chargen        Chracter generator (19)
Cmd            Remote commands (rcmd,514)
Daytime        Daytime (13)
Discard        Discard (9)
Domain         Domain Name Service (53)
Echo           Echo (7)
Exec           exec (rsh,512)
```

7.4.2 扩展 ACL 配置案例

配置扩展 ACL 的操作步骤与配置标准 ACL 的步骤相同。首先创建扩展 ACL，然后在接口上激活它。不过，用于支持扩展 ACL 所提供的附加功能的命令语法和参数较为复杂。

1. 创建扩展 ACL

图 7-32 显示了如何根据特定网络的需要配置扩展 ACL 的示例。在本例中，网络管理员需要限制 Internet 访问，仅允许浏览网站。ACL 103 应用到离开 192.168.10.0 网络的流量，而 ACL 104 应用到进入网络的流量。

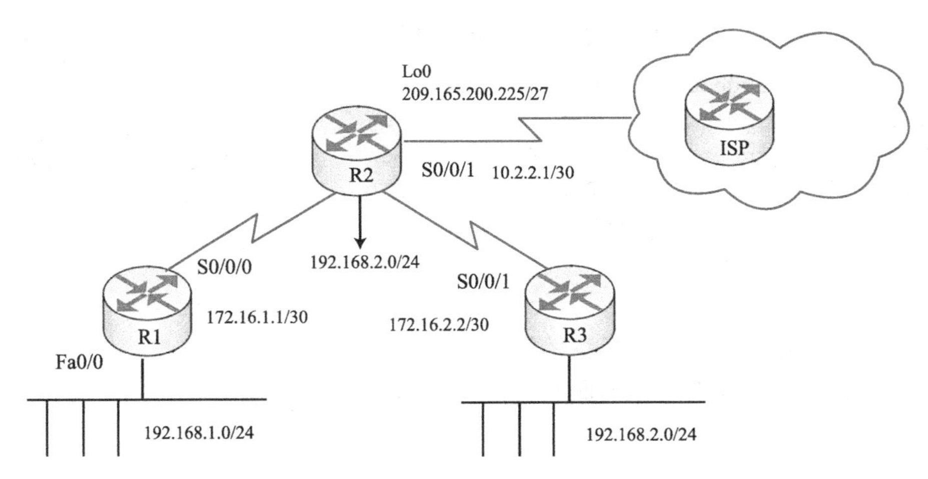

图7-32　配置扩展ACL

```
R1(config)#access-list 110 permit tcp 192.168.1.0 0.0.0.255 any eq 80
R1(config)#access-list 110 permit tcp 192.168.1.0 0.0.0.255 any eq 443
R1(config)#access-list 111 permit tcp any 192.168.1.0 0.0.0.255 established
```

ACL 103 用于实现需求的第一部分。它允许来自 192.168.10.0 网络中任何地址的流量发送到任何目的地，条件是这些流量仅发往端口 80（HTTP）和 443（HTTPS）。

HTTP 协议的性质决定了会有一些流量回传到网络中，网络管理员希望返回的 HTTP 交换流量仅来自所请求的网站。因此，其设计的安全解决方案必须拒绝进入网络的任何其他流量。ACL 104 即可实现这一点，它会阻止除已建立连接以外的所有其他传入流量。HTTP 建立连接的方法是先发出初始请求，然后交换 ACK、FIN 和 SYN 消息。

本示例使用了 established 参数，该参数允许响应 192.168.10.0 /24 网络所发出请求的流量从 S0/0/0 接口入站。如果 TCP 数据报设置了 ACK 位或重置（RST）位（这些位表示数据包属于现有连接），则其匹配所设置的 ACL 规则。如果 ACL 语句中没有 established 参数，客户端仍可以向 Web 服务器发送流量，但无法收到来自 Web 服务器的流量。

2. 将扩展 ACL 应用于接口

要允许用户浏览不安全网站和安全的网站，首先要考虑希望过滤传入流量还是传出流量。尝试访问 Internet 网站所生成的流量是传出流量。接收来自 Internet 的电子邮件所生成的流量是传入流量。不过，当考虑如何将 ACL 应用到接口时，根据观察角度的不同，传入和传出会有不同的含义。

上面示例中，R1 有两个接口，串行端口 S0/0/0 和快速以太网端口 Fa0/0。来自互联网的流量从 S0/0/0 接口进入，从 Fa0/0 接口输出到 PC1。示例在该串行接口的两个方向上都应用了 ACL。

```
R1(config)#interface s0/0/0
R1(config-if)#ip access-group 110 out
R1(config-if)#ip access-group 111 in
```

如图7-33 所示，该示例拒绝来自子网 192.168.11.0 的 FTP 流量进入子网 192.168.10.0，但允许所有其他流量。请注意通配符掩码的使用及隐含的 deny all。请记住，FTP 需要端口 20

和 21，因此需要同时指定 eq 20 和 eq 21 才能拒绝 FTP。

```
R1(config)#access-list 105 deny tcp 192.168.2.0 0.0.0.255 192.168.1.0 0.0.0.255 eq 21
R1(config)#access-list 105 deny tcp 192.168.2.0 0.0.0.255 192.168.1.0 0.0.0.255 eq 20
R1(config)#access-list 105 permit ip any any
R1(config)#interface f0/1
R1(config-if)#ip access-group 105 in
```

图 7-33　拒绝子网发起的 FTP 连接的扩展 ACL

使用扩展 ACL 时，可以选择使用示例中所示的端口号，或通过名称指定公认端口。在前面的扩展 ACL 示例中，语句的书写方式如下：

```
access-list 105 permit tcp 192.168.2.0 0.0.0.255 any eq ftp
access-list 105 permit tcp 192.168.2.0 0.0.0.255 any eq ftp-data
```

对于 FTP 来说，需要同时指定 FTP 和 FTP-Data。

如下所示，该示例拒绝来自 192.168.2.0 的 Telnet 流量从接口 Fa0/0 送出，但允许所有来自任何其他源的 IP 流量从 Fa0/0 送往任意目的地。请注意 any 关键字的使用，它表示从任意位置到任意位置。

```
R1(config)#access-list 105 deny tcp 192.168.2.0 0.0.0.255 any eq 23
R1(config)#access-list 105 permit ip any any
R1(config)#interface f0/1
R1(config-if)#ip access-group 105 in
```

3. 创建命名扩展 ACL

可以使用与创建命名标准 ACL 相同的方法来创建命名扩展 ACL，只是使用的命令有所不同。

在特权执行模式下，使用以下步骤创建命名扩展 ACL。

步骤 1：进入全局配置模式，使用 ip access-list extendedname 命令创建命名 ACL。

步骤 2：在命名 ACL 配置模式中，指定希望允许或拒绝的条件。

步骤 3：返回特权执行模式，并使用 show access-lists [number | name] 命令检验 ACL。

步骤 4：（可选）建议使用 copy running-config startup-config 命令将条目保存在配置文件中。

```
R1(config)#ip access-list extended SURFING
R1(config-ext-nacl)#permit tcp 192.168.1.0 0.0.0.255 any eq 80
R1(config-ext-nacl)#permit tcp 192.168.1.0 0.0.0.255 any eq 443
R1(config)#ip access-list extended BROWSING
R1(config-ext-nacl)#permit tcp any 192.168.1.0 0.0.0.255 established
```

要删除命名扩展 ACL，可以使用 no ip access-list extended name 全局配置命令。

如图 7-34 所示，图中显示了之前创建的 ACL 的命名版本。

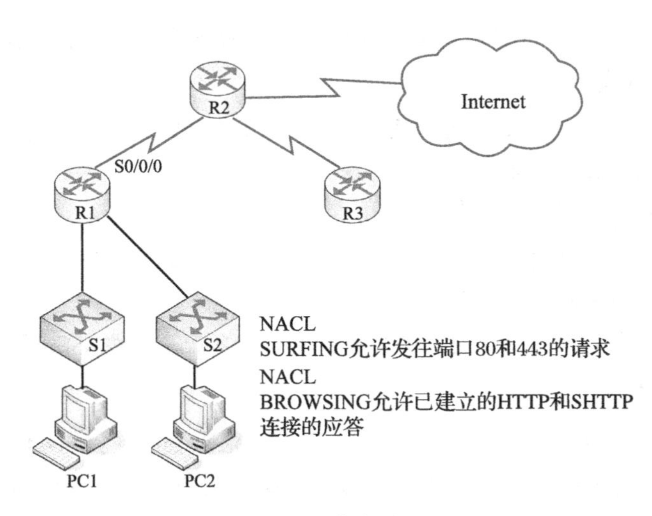

图 7-34　配置命名扩展 ACL

7.5　复杂 ACL

标准 ACL 与扩展 ACL 已经在很大程度上满足访问控制需求，但是实际应用中，用户可能希望有更进一步的控制。例如，有的网络中可能希望限制在指定时间内不能使用某些应用，而在其他时间允许使用，这一点依靠扩展访问列表是无法实现的。复杂 ACL 的三种类型，见表 7-9。

表 7-9　复杂 ACL 的类型

复杂 ACL	描　述
动态 ACL	除非使用 Telnet 连接路由器并通过身份验证，否则要求通过路由器的用户都会遭到拒绝
自反 ACL	允许出站流量，而入站流量只能是对路由器内部发起的会话响应
基于时间的 ACL	允许根据一周及一天内的时间来控制访问

7.5.1　动态 ACL

“锁和钥匙”是使用动态 ACL（有时也称为锁和钥匙 ACL）的一种流量过滤安全功能。锁和钥匙仅可用于 IP 流量。动态 ACL 依赖于 Telnet 连接、身份验证（本地或远程）和扩展 ACL。

执行动态 ACL 配置时，首先需要应用扩展 ACL 来阻止通过路由器的流量。想要穿越路由器的用户必须使用 Telnet 连接到路由器并通过身份验证，否则会被扩展 ACL 拦截。Telnet 连接随后会断开，而一个单条目的动态 ACL 将添加到现有的扩展 ACL 中。该条目允许流量在特定时间段内通行；另外还可设置空闲超时和绝对超时值。

1. 何时使用动态 ACL

使用动态 ACL 的一些常见原因如下：

1）希望特定远程用户或用户组可以通过 Internet 从远程主机访问网络中的主机。“锁和钥匙”将对用户进行身份验证，然后允许特定主机或子网在有限时间段内通过防火墙路由器进行有限访问。

2）希望本地网络中的主机子网能够访问受防火墙保护的远程网络上的主机。此时可利用“锁和钥匙”，仅为有此需要的本地主机组启用对远程主机的访问。“锁和钥匙”要求在允许用户从其主机访问远程主机之前，通过 AAA、TACACS + 服务器或其他安全服务器进行身份验证。

2. 动态 ACL 的优点

与标准 ACL 和静态扩展 ACL 相比，动态 ACL 在安全方面具有以下优点：

1）使用询问机制对每个用户进行身份验证。

2）简化大型网际网络的管理。

3）在许多情况下，可以减少与 ACL 有关的路由器处理工作。

4）降低黑客闯入网络的机会。

5）通过防火墙动态创建用户访问，而不会影响其他所配置的安全限制。

3. 动态 ACL 示例

如图 7-35 所示，PC1 上的用户是管理员，他要求通过后门访问位于路由器 R3 上的 192.168.3.0/24 网络。路由器 R3 上已配置了动态 ACL，它仅在有限的时间内允许 FTP 和 HTTP 访问。

步骤 1：设置 PC1 通过 Telnet 连接 R3 使用的用户名和密码。

```
R3(config)#username network password 0 xxgcx
```

步骤 2：定义 ACL。

```
R3(config)#access-list 110 permit any host 172.16.2.2 eq telnet
R3(config)#access-list 110 dynamic testlist timeout 15 permit ip 192.168.1.0
0.0.0.255 192.168.3.0 0.0.0.255
```

步骤 3：将访问控制列表应用于接口。

```
R3(config)#interface s0/0/1
R3(config-if)#ip access-group 110 in
```

步骤 4：对 VTY 用户进行配置管理。

```
R3(config)#line vty 0 4
R3(config-line)#login local
R3(config-line)#autocommand access-enable host timeout 5
```

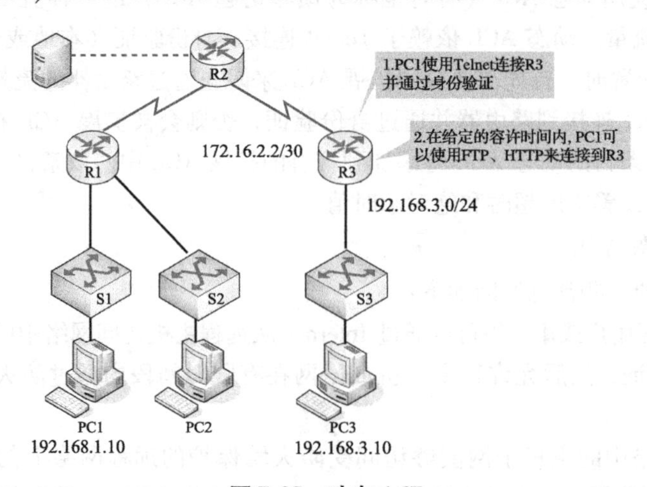

图 7-35　动态 ACL

7.5.2　自反 ACL

自反 ACL 允许最近出站数据包的目的地发出的应答流量回到该出站数据包的源地址。这样可以更加严格地控制哪些流量能进入网络，并提升了扩展访问列表的能力。

网络管理员使用自反 ACL 来允许从内部网络发起会话的 IP 流量，同时拒绝外部网络发起的 IP 流量。此类 ACL 使路由器能动态管理会话流量。如图 7-36 所示，路由器检查出站流量，当发现新的连接时，便会在临时 ACL 中添加条目以允许应答流量进入。自反 ACL 仅包含临时条目。当新的 IP 会话开始时（如数据包出站），这些条目会自动创建，并在会话结束时自动删除。

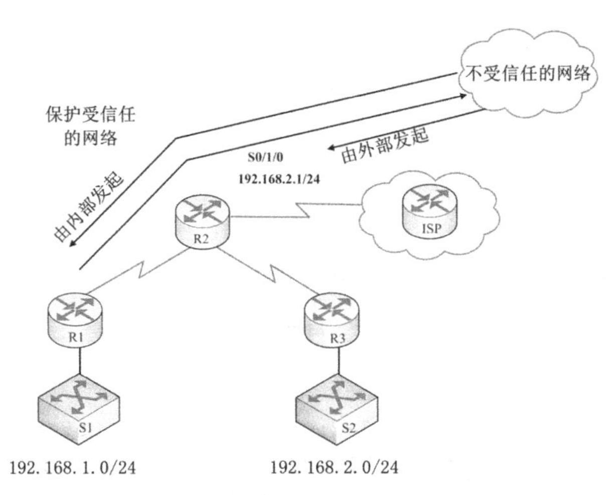

图 7-36　自反 ACL

与前面介绍的带 established 参数的扩展 ACL 相比，自反 ACL 能够提供更为强大的会话过滤。尽管在概念上与 established 参数相似，但自反 ACL 还可用于不含 ACK 或 RST 位的 UDP 和 ICMP。established 选项还不能用于会动态修改会话流量源端口的应用程序。permit established 语句仅检查 ACK 和 RST 位，而不检查源地址和目的地址。

自反 ACL 不能直接应用到接口，而是“嵌套”在接口所使用的扩展命名 IP ACL 中。自反 ACL 仅可在扩展命名 IP ACL 中定义，不能在编号 ACL 或标准命名 ACL 中定义，也不能在其他协议 ACL 中定义。自反 ACL 可以与其他标准和静态扩展 ACL 一同使用。

1. **自反 ACL 的优点**

1）帮助保护网络免遭网络黑客攻击，并可内嵌在防火墙防护中。

2）提供一定级别的安全性，防御欺骗攻击和某些 DoS 攻击。自反 ACL 方式较难以欺骗，因为允许通过的数据包需要满足更多的过滤条件。例如，源地址和目的地址及端口号都会检查到，而不只是 ACK 和 RST 位。

3）使用简单。与基本 ACL 相比，它可对进入网络的数据包实施更强的控制。

2. **自反 ACL 示例**

如图 7-37 所示，本例中管理员需要使用自反 ACL 来允许 ICMP 出站和入站流量，同时只允许从网络内部发起的 TCP 流量，其他流量都会遭到拒绝。该自反 ACL 应用到 R2 的出站接口。

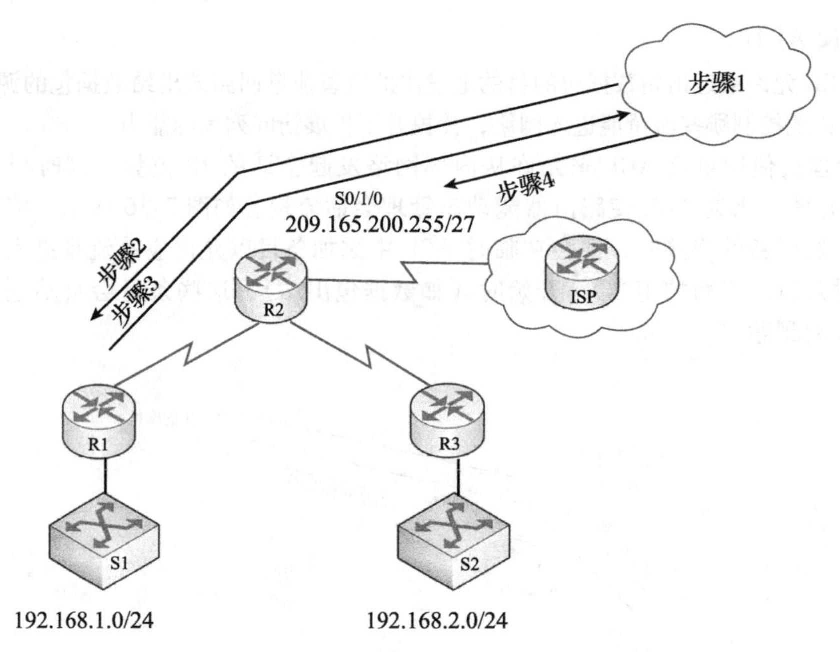

图 7-37　自反 ACL 示例

```
R2(config)#ip access - list extended OUTBOUNDFILTERS
R2(config - ext - nacl)#permit tcp 192.168.0.0 0.0.255.255 any reflect TCPTRAFFIC
R2(config - ext - nacl)#permit icmp 192.168.0.0 0.0.255.255 any reflect ICMPTRAFFIC
R2(config)#ip access - list extended INBOUNDFILTERS
R2(config - ext - nacl)#evaluate TCPTRFFIC
R2(config - ext - nacl)#evaluate ICMPTRFFIC
R2(config)#interface s0 /1 /0
R2(config - if)#ip access - group INBOUNDFILTERS in
R2(config - if)#ip access - group OUTBOUNDFILTERS out
```

7.5.3　基于时间的 ACL

基于时间的 ACL 功能类似于扩展 ACL，但它允许根据时间执行访问控制。要使用基于时间的 ACL，需要创建一个时间范围，指定一周和一天内的时段；也可以为时间范围命名，然后对相应功能应用此范围，时间限制会应用到该功能本身。

1. 基于时间的 ACL 优点

基于时间的 ACL 具有许多优点，例如：

1）在允许或拒绝资源访问方面为网络管理员提供了更多的控制权。

2）允许网络管理员控制日志消息。ACL 条目可在每天定时记录流量，而不是一直记录流量。因此，管理员无须分析高峰时段产生的大量日志就可轻松地拒绝访问。

2. 基于时间的 ACL 示例

如图 7-38 所示，允许在星期一至星期五的工作日时间内从内部网络通过 Telnet 连接到外部网络。

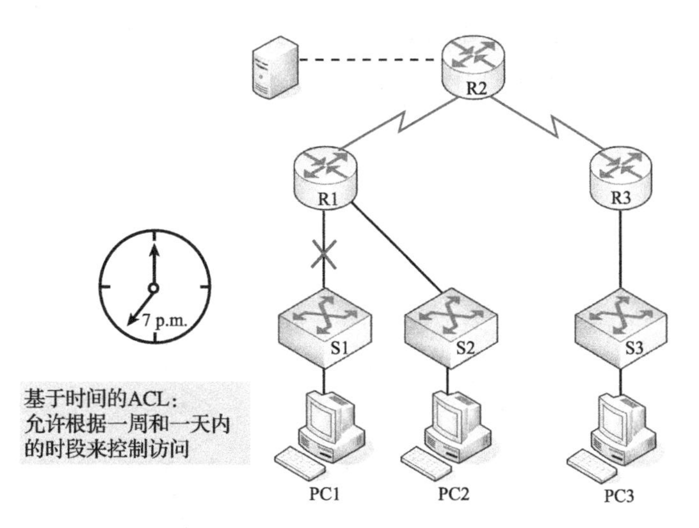

图 7-38　基于时间的 ACL

步骤 1：定义实施 ACL 的时间范围，并为其指定名称。

```
R1(config)#time-range WEEKDAYS
R1(config-time-range)#Periodic weekdays 8:00 to 17:00
```

步骤 2：对该 ACL 应用此时间范围。

```
R1(config)#access-list 110 permit tcp 192.168.1.0 0.0.0.255 any eq telnet time-range WEEKDAYS
```

步骤 3：对该接口应用 ACL。

```
R1(config)#interface s0/0/0
R1(config)#ip access-group 110 out
```

时间范围依赖于路由器的系统时钟。此功能与网络时间协议（NTP）同步一同使用时效果最佳，但也可以使用路由器时钟。

可以根据一天中不同时间或根据一周中的不同日期控制网络数据包的转发。这种基于时间的访问列表在原来标准访问列表和扩展访问列表中加入时间范围来更合理有效地控制网络。它先定义一个时间范围，然后在原来的各种访问列表的基础上应用它。对于编号访问列表和名称访问列表均适用。基于时间的 ACL 由两部分组成，第一部分定义需进行控制的时间段；第二部分采用扩展 ACL 定义控制规则。基于时间的 ACL 可以根据一天中的不同时间，或者根据一星期中的不同日期，或二者相结合来控制网络数据包的转发。

7.5.4　常见 ACL 故障诊断与排除

使用前面介绍过的 show 命令可以发现大部分常见的 ACL 错误，以免造成网络故障。应在 ACL 实施的开发阶段使用适当的测试方法，以避免网络受到错误的影响。

当查看 ACL 时，可以根据学过的有关如何正确构建 ACL 的规则检查 ACL。大多数错误都是因为忽视了这些基本规则。事实上，最常见的错误是以错误的顺序输入 ACL 语句，以及没有为规则应用足够的条件。

下面介绍一些常见的问题及其解决方案。

错误 1：如图 7-39 所示，主机 192.168.1.10 无法连接到 192.168.3.12。是否能从 show access – lists 命令的输出中发现错误原因？

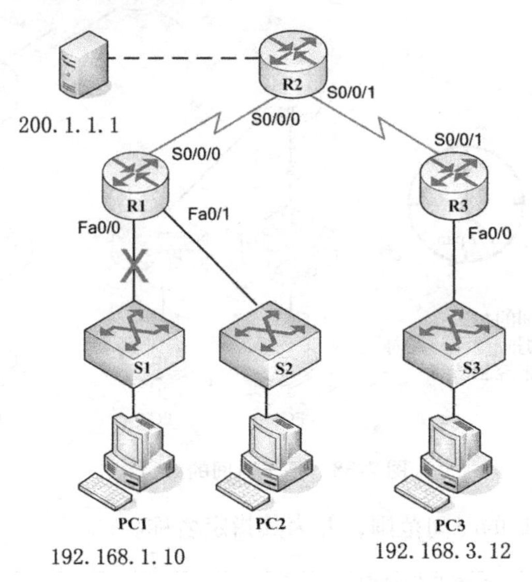

图 7-39　ACL 故障诊断示例

```
R3#show access - list 111
Extended IP access list 111
10 deny tcp 192.168.1.0 0.0.0.255 any
20 permit tcp 192.168.1.0 0.0.0.255 any eq telnet
30 permit ip any any
```

解决方案：检查 ACL 语句的顺序。主机 192.168.1.10 无法连接到 192.168.3.12，原因是访问列表中规则 10 的顺序错误。因为路由器从上到下处理 ACL，所以语句 10 会拒绝主机 192.168.1.10，便不能处理到语句 20。语句 10 和 20 应该交换顺序。最后一行允许所有非 TCP 的其他 IP 流量（ICMP、UDP 等）。

错误 2：192.168.1.0/24 网络无法使用 TFTP 连接到 192.168.3.0 /24 网络。是否能从 show access – lists 命令的输出中发现错误原因？

```
R1#show access - list 112
Extended IP access list 112
10 deny tcp 192.168.1.0 0.0.0.255 any eq telnet
20 deny tcp 192.168.1.0 0.0.0.255 host 200.1.1.1 eq smtp
30 permit tcp any any
```

解决方案：192.168.1.0/24 网络无法使用 TFTP 连接到 192.168.3.0/24 网络，原因是 TFTP 使用的传输协议是 UDP。访问列表 112 中的语句 30 允许所有其他 TCP 流量。因为 TFTP 使用 UDP，所以它被隐式拒绝。语句 30 应该改为 ip any any。

无论是应用到 R1 的 Fa0/0 还是 R3 的 S0/0/1，或者 R2 上 S0/0/0 的传入方向，该 ACL 都能发挥作用。但是，根据“将扩展 ACL 放置在最靠近源的位置”的原则，最佳做法是放置在 R1 的 Fa0/0 上，因为这样能够在不需要的流量进入网络基础架构之前过滤掉这些流量。

错误 3：192.168.1.0/24 网络可以使用 Telnet 连接到 192.168.3.0/24，但此连接不应获得准许。分析 show access-lists 命令的输出，能找到解决方案，应将该 ACL 应用到哪里？

```
R1#show access-list 113
Extended IP access list 113
10 deny tcp any eq telnet any
20 deny tcp 192.168.1.0 0.0.0.255 host 192.168.3.0 eq smtp
30 permit tcp any any
```

解决方案：192.168.1.0/24 网络可以使用 Telnet 连接到 192.168.3.0/24 网络，因为访问列表 113 中语句 10 里的 Telnet 端口号列在了错误的位置。语句 10 目前会拒绝任何端口号等于 Telnet 的源建立到任何 IP 地址的连接。如果希望在 S0 上拒绝入站 Telnet 流量，应该拒绝等于 Telnet 的目的端口号，如 deny tcp any any eq telnet。

错误 4：主机 192.168.1.10 可以使用 Telnet 连接到 192.168.3.12，但此连接不应获得准许。分析 show access-lists 命令的输出。

```
R1#show access-list 114
Extended IP access list 114
10 deny tcp host 192.168.1.1 any eq telnet
20 deny tcp 192.168.1.0 0.0.0.255 host 200.1.1.1 eq smtp
30 permit ip any any
```

解决方案：主机 192.168.1.10 可以使用 Telnet 连接到 192.168.3.12，因为没有拒绝该源地址（主机 192.168.1.10 或其所在的网络）的规则。访问列表 114 的语句 10 拒绝送出此类流量的路由器接口。但是，当这些数据包离开路由器时，它们的源地址都是 192.168.1.10，而不是路由器接口的地址。

与错误 2 的解决方案相同，该 ACL 应该应用到 R1 上 Fa0/0 的传入方向。

错误 5：主机 192.168.3.12 可以使用 Telnet 连接到 192.168.1.10，但此连接不应获得准许。查看 show access-lists 命令的输出并找出错误。

```
R2#show access-list 115
Extended IP access list 115
10 deny tcp host 192.168.3.12 any eq telnet
20 permit ip any any
```

解决方案：主机 192.168.3.12 可以使用 Telnet 连接到 192.168.1.10，原因是访问列表 115 应用到 S0/0 接口的错误方向上。语句 10 拒绝源地址 192.168.3.12，但只有当流量从 S0/0 出站（而不是入站）时，该地址才可能成为源地址。

本章小结

ACL 是一种路由器配置脚本，它根据从数据包报头中发现的条件，使用数据包过滤来控制路由器是允许还是拒绝数据包通过。ACL 还可用于选择要以其他方式分析、转发或处理的流量类型。ACL 分为多种不同的类型，包括标准 ACL、扩展 ACL、命名 ACL 和编号 ACL。在本章中，已学习了这些 ACL 类型各自的作用，以及它们在网络中的放置位置。还学习了如何在入站和出站接口上配置 ACL。此外也介绍了特殊的 ACL 类型：动态 ACL、自反 ACL 和基于时间的 ACL 等。本章重点描述了设计高效 ACL 的指导原则和最佳做法。

本章习题

一、选择题

1. 标准 ACL 过滤流量是（　　）。
   A. 通过协议类型　　B. 通过源 IP 地址
   C. 通过源 UDP 端口　　D. 通过目的 IP 地址
2. 下列关于扩展 ACL 的说法中正确的是（　　）。
   A. 扩展 ACL 以隐含 permit 语句结尾
   B. 扩展 ACL 会检查源地址和目的地址
   C. 扩展 ACL 使用 1 ~99 的编号范围
   D. 可将多个相同方向的 ACL 放置到同一个接口上
3. 标准访问控制列表应该放置在（　　）。
   A. 靠近目的地址　B. 靠近源地址　C. 在串行端口上　D. 在以太网端口上
4. 下列关于访问控制列表通配符掩码 0.0.0.7 的意义的说法中正确的是（　　）。
   A. 会检查给定 IP 地址的前 32 位　　B. 会忽略给定 IP 地址的前 29 位
   C. 会检查给定 IP 地址的前 29 位　　D. 会检查给定 IP 地址的后 3 位
5. 有关下列扩展 ACL 的说法中正确的是（　　）。

```
access -list 120 deny tcp 192.168.1.0 0.0.0.255 any eq 20
access -list 120 deny tcp 192.168.1.0 0.0.0.255 any eq 21
access -list 120 permit ip any any
```

   A. 会隐含拒绝所有流量
   B. 会拒绝发往网络 192.168.1.0/24 的所有 FTP 流量
   C. 拒绝从网络 192.168.1.0/24 始发的所有 FTP 流量
   D. 会拒绝从网络 192.168.1.0/24 始发的所有 Telnet 流量
6. 接口 S0/0/0 的入站方向上已经应用了一个 IP ACL。当管理员尝试再应用一个入站 IP ACL 时会发生（　　）的情况。
   A. 只有第一个 ACL 会保持应用到该接口上
   B. 网络管理员会收到错误消息
   C. 两个 ACL 都会应用到该接口上
   D. 第二个 ACL 会取代第一个应用到该接口上
7. 下列关于命名 ACL 的说法，正确的两项是（　　）。
   A. 只有命名 ACL 才允许注释
   B. 命名 ACL 可提供比编号 ACL 更多的具体过滤选项
   C. 名称可用于帮助标识 ACL 的功能
   D. 每个路由器接口的每个方向上可应用多个命名 IP ACL
8. 网络管理员需要允许从公司内部发起的会话流量通过防火墙路由器，同时拦截从公司外部发起的会话流量。最适合使用（　　）ACL。

A. 基于端口的　　B. 动态　　C. 基于时间的　　D. 自反

9. 一名技术员正在创建 ACL，他需要仅指示子网 172.1.2.0/21 的方法。使用网络地址和通配符掩码的组合可以完成这项任务的是（　　）。

A. 172.1.2.0 0.0.255.255　　B. 172.1.2.0 0.0.7.255

C. 172.1.2.0 0.0.15.255　　D. 172.1.0.0 0.0.255.255

10. 在路由器上输入了下列命令：

```
Router(config)# access - list 10 deny 10.1.5.2
Router(config)# access - list 10 permit any
```

ACL 已正确应用至接口。通过该组命令，可得出（　　）的结论。

A. 网络 10.0.0.0 上所有节点均无法访问其他网络

B. 通配符掩码设为 0.0.0.0

C. 不允许任何流量访问网络 10.0.0.0 上的任何节点或服务

D. 访问列表语句配置错误

二、综合题

1. 如下所示，此访问列表会如何处理源地址为 10.1.1.1 且目的地址为 192.168.10.13 的数据包？

```
R2# show ip access-list
    Standard IP access list WEBSERVER
    10 permit 192.168.10.11 0.0.255.255
    20 permit host 192.168.10.13
```

2. Router1 会如何处理符合 EVERYOTHERDAY 的时间范围要求的流量？

```
Router1(config)# time-range EVERYOTHERDAY
Router1(config-time-range)# periodic Monday Wednesday Friday 8:00 to 17:00
Router1(config)# access-list 101 permit tcp 10.1.1.0 0.0.0.255 172.16.1.0 0.0.0.255 eq telnet time-range EVERYOTHERDAY
Router1(config)# interface fa0/0
Router1(config-if)# ip address 10.1.1.1 255.255.255.0
Router1(config-if)# ip access-group 101 in
```

3. 此访问列表会如何处理源地址为 10.1.1.1 且目的地址为 192.168.10.13 的数据包？

```
R2# show ip access-list
    Standard IP access list WEBSERVER
    10 permit 192.168.10.11 0.0.255.255
    20 permit host 192.168.10.13
```

4. ACL 120 已应用于路由器 R1 S0/0/0 接口的入站流量，但网络 172.11.10.0/24 上的主机可以 Telnet 至网络 10.10.0.0/16。根据已有配置，应采取什么措施才能修复此问题？

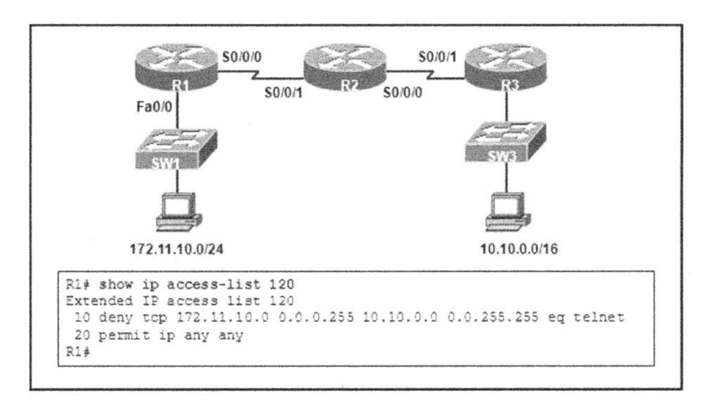

5. 管理员已在 R1 上配置两个访问列表。串行接口的入站列表命名为 Serial，LAN 接口的入站列表命名为 LAN。这些访问控制列表将产生什么效果?

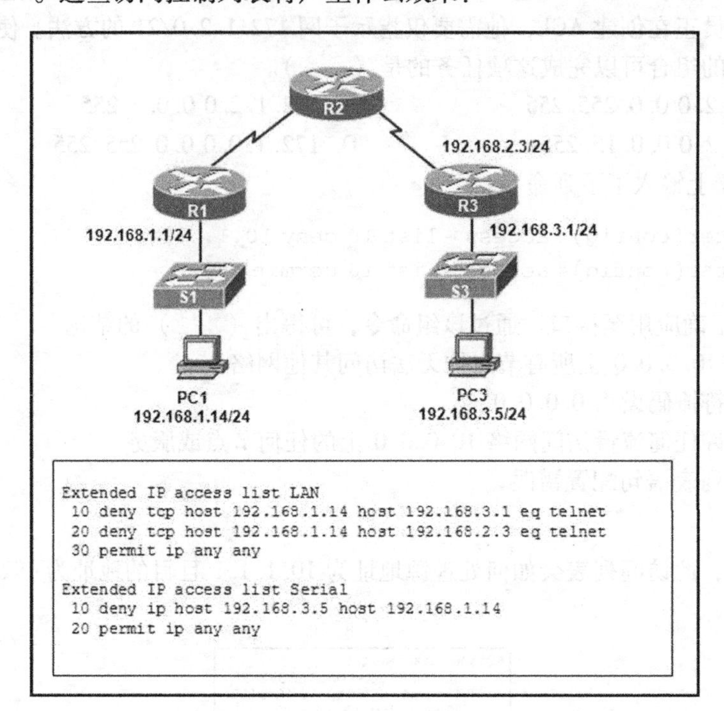
R2
192.168.2.3/24
R1
R3
192.168.1.1/24
192.168.3.1/24
S1
S3
PC1
192.168.1.14/24
PC3
192.168.3.5/24
Extended IP access list LAN
10 deny tcp host 192.168.1.14 host 192.168.3.1 eq telnet
20 deny tcp host 192.168.1.14 host 192.168.2.3 eq telnet
30 permit ip any any
Extended IP access list Serial
10 deny ip host 192.168.3.5 host 192.168.1.14
20 permit ip any any

第8章　网络故障诊断与排除

8.1　网络性能基准

8.1.1　建立网络文档的重要性

一旦网络投入使用，管理员便需要监控其运行情况，以保证组织的运营效率。网络中断会不时出现，有时网络中断是计划中的，对组织的影响易于控制；有时则是计划外的，对组织的影响可能相当严重。出现意外网络中断时，管理员必须有能力排除故障，使网络完全恢复正常。

要高效地诊断和解决网络故障，网络工程师需要了解网络的设计及网络在正常运行情况下应具备的性能。这些信息称作网络基线，记录在配置表和拓扑图之类的文档中。

网络配置文档提供网络的逻辑图及各组件的详细信息，这些信息应只存放在一个地点，要么以硬拷贝形式存放，要么存放在网络的某个受保护网站上。网络配置文档应包括网络配置表、终端系统配置表和网络拓扑图。

（1）网络配置表　包含网络中准确使用软件和硬件的最新记录。网络配置表应为网络工程师提供查明和解决网络故障所需的全部信息，见表8-1。

表8-1　记录网络数据

设备名称、型号	接口名称	MAC 地址	IP 地址/子网掩码	IP 路由协议
R1、Cisco 2611XM	F0/0	4603.6411.65ae	192.168.1.1/24	RIPv2
	F0/1	4603.6411.65ac	192.168.2.1/24	RIPv2
	S0/0/0	……	172.16.1.1/30	OSPF
	S0/0/1	……	172.16.1.5/30	OSPF
R2、Cisco 2611XM	F0/0	4603.6411.657e	192.168.3.1/24	RIPv2

表中列出了应为所有组件记录的数据包括：

1）设备类型、型号。

2）设备网络主机名。

3）如果是模块化设备，要记录所有模块类型及各模块类型所在的模块插槽。

4）数据链路层地址。

5）网络层地址。

6）设备物理方面的任何其他重要信息。

（2）终端系统配置表　包含服务器、网络管理控制台和台式工作站等终端系统设备中使用的软件和硬件的基线记录，见表 8-2。配置不正确的终端系统会对网络的整体性能产生负面影响。

表 8-2　终端系统配置表

设备名称（用途）	操作系统/版本	IP 地址/子网掩码	默认网关地址	DNS 服务器地址	网络应用程序	高带宽应用程序
SRV1（Web/TFTP 服务器）	UNIX	192.168.1.1/24	192.168.1.254/24	202.96.75.64/24	HTTP、FTP	
SRV2（Web 服务器）交由 ISP 代管	UNIX	200.1.1.1/28	200.1.1.14/28	202.96.75.64/24	HTTP	
PC1（管理员终端）	UNIX	192.168.2.10/24	192.168.2.254/24	202.96.75.64/24	FTP、Telnet	VOIP
PC2（销售部用户）	Winows XP	192.168.3.10/24	192.168.3.254/24	202.96.75.64/24	HTTP、FTP	VOIP
PC3（技术部用户）	Winows XP	192.168.4.10/24	192.168.4.254/24	202.96.75.64/24	HTTP	视频流 VOIP

表中应记录下列信息，以供排除故障时使用：

1）设备名称（用途）。
2）操作系统及版本。
3）IP 地址。
4）子网掩码。
5）默认网关地址、DNS 服务器地址。
6）终端系统运行的任何高带宽网络应用程序。

（3）网络拓扑图　网络的图形化表示，以图解方式说明网络中各设备的连接方式及其逻辑体系结构。拓扑图和网络配置表有许多部分是相同的，拓扑图中的每台网络设备都应使用一致的标志或图形符号来表示，并且每个逻辑连接和物理连接都应使用简单的线条或其他适当的符号来表示，也可以显示路由协议，如图 8-1 所示。

拓扑图应至少包含以下信息：

1）所有设备的标识符号及连接方式。
2）接口类型和编号。
3）IP 地址。
4）子网掩码。

如图 8-2 所示，显示了网络数据记录流程。

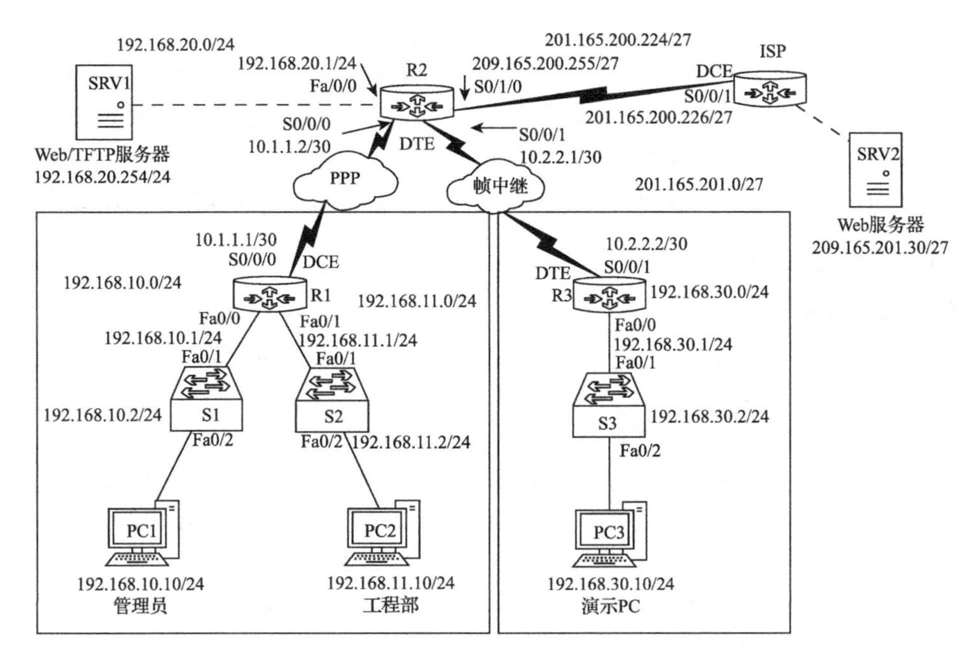

图 8-1　记录网络数据

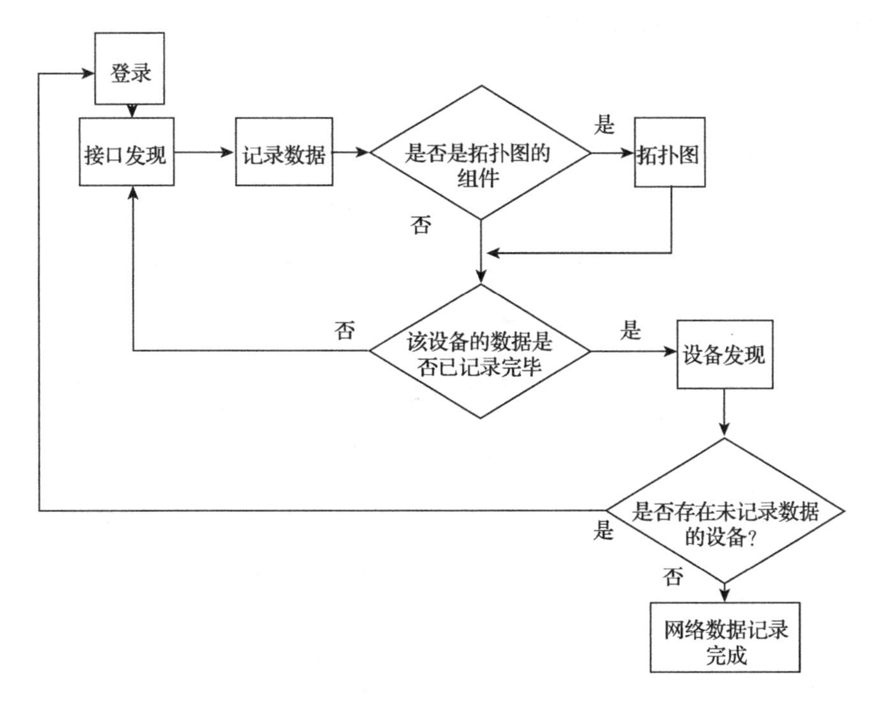

图 8-2　网络数据记录流程

当记录网络数据时，可能需要直接从路由器和交换机收集信息，以下命令有助于执行网络数据记录流程：

1）ping 命令，用于在登录相邻设备前测试与这些设备的连接。对网络中的其他 PC 执行 ping 命令时，同时会启动 MAC 地址自动发现进程。

2）telnet 命令，用于远程登录设备以访问配置信息。

3）show ip interface brief 命令，用于显示设备上所有接口的打开或关闭状态及 IP 地址。

4）show ip route 命令，用于显示路由器中的路由表，以了解直接连接的相邻设备、其他远程设备（通过获悉的路由）及已配置的路由协议。

5）show cdp neighbor detail 命令，用于获取直接连接的相邻 Cisco 设备的详细信息。

8.1.2　建立网络基线的步骤

1. 规划初始基线

由于网络性能初始基线奠定了度量网络变化影响及后续故障排除工作的基础，因此对其做仔细的规划有重要意义。以下是建议的初始基线规划步骤：

步骤 1：确定需要收集哪些类型的数据。

建立初始基线时，先选择几个变量来表示所定义的策略。如果选择的数据点过多，由于数据量过大，将难以对收集的数据做分析。可以着手于少量数据点，然后逐步增加。举例来说，较好的做法一般是在开始时选择接口利用率和 CPU 利用率衡量指标。图 8-3 中显示的是 Fluke Networks 网络管理系统所显示的接口利用率和 CPU 利用率数据的部分屏幕快照。

步骤 2：确定关键设备和端口。

下一步是确定要获取哪些关键设备和端口的性能数据。如图 8-3 所示，关键设备和端口包括：

1）连接到其他网络设备的网络设备端口。

2）服务器。

3）关键用户。

4）认为对网络运行有关键作用的任何其他设备和端口。

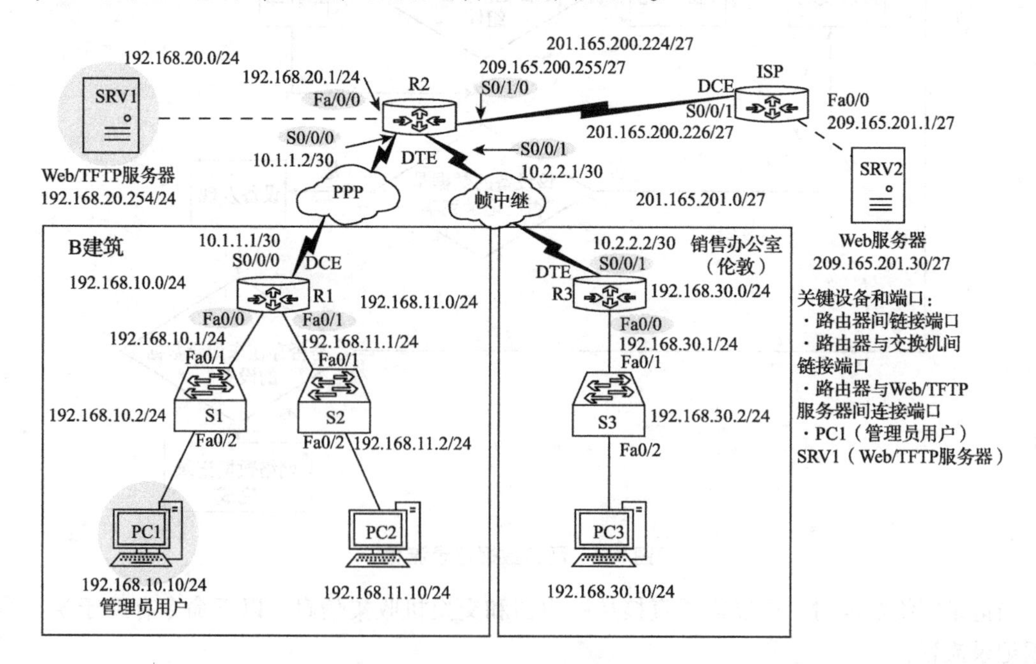

图 8-3　规划初始基线

网络管理员在图 8-3 所示的拓扑结构中突出显示了要在网络基线测试期间监控的关键设备和端口。关键设备包括路由器 R1、R2 和 R3，PC1（管理员终端），以及 SRV1（Web/TFTP 服务器）。关键端口包括路由器 R1、R2 和 R3 上用于连接其他路由器或交换机的端口，以及路由器 R2 上连接到 SRV1（Fa0/0）的端口。

由于减少了轮询的端口数量，因此轮询结果简明，也最大限度地减轻了网络管理的工作量。路由器或交换机上的接口可以是虚拟接口，如某个交换机虚拟接口（SVI）。

如果已配置设备端口的说明字段来指示端口连接的设备，便可更方便地执行此步骤。例如，可以为连接到“工程部”工作组中分布层交换机的某个路由器端口配置这样的说明：“工程部 LAN 分布层交换机”。

步骤 3：确定基线持续时间。

基线信息收集的时间长度及所收集的基线信息必须足以用来建立网络的概貌。这段时间至少要达到 7 天，以便记录日趋势和周趋势数据。周趋势与日趋势或小时趋势同样重要。不要在特殊流量模式发生的时段进行基线度量，因为这样得到的数据并不能准确地反映网络常规运行时的状况。如果在假日或公司大部分员工休假的月份进行基线度量，所得到的网络性能数据将是不准确的。

网络基线分析应定期进行。每年对整个网络进行一次分析，或轮换式地对网络的不同部分做基线度量。必须定期对网络做分析，才能了解网络受企业发展及其他变化影响的情况。

2. 度量网络性能数据

通常使用先进的网络管理软件来对大型的复杂网络做基线度量。例如，管理员可以利用 Fluke Network Super Agent 模块的 Intelligent Baselines 功能自动创建报告和查看报告。该功能将当前性能水平与历史观察结果做比较，能够自动查明性能故障及未能提供预期水平服务的应用程序。

在较简单的网络中，完成基线度量任务可能需要手动收集数据及使用简单的网络协议检查仪，可能需要花费许多小时或许多天来建立初始网络基线或执行性能监控分析，才能准确地反映网络性能。可以让网络管理软件或协议检查器和嗅探器在数据收集过程中不间断地运行。对各网络设备逐一执行 show 命令来手动收集数据的做法极其耗时，只应对任务关键型网络设备采取这一做法，见表 8-3。

表 8-3　使用 show 命令度量网络性能数据

命　令	描　述
show version	显示设备软件和硬件的正常运行时间及版本信息
show ip interface [brief]	显示在接口上设置的所有配置选项。可以利用 brief 关键字只显示 IP 接口的打开/关闭状态，所显示的 IP 地址为每个接口的 IP 地址
show interface [interface_ type interface_ num]	显示每个接口的详细输出。要只显示某个接口的输出，请在命令中指定接口类型和接口编号（如 ethernet 0/0）
show ip route	显示路由表的内容
show arp	显示 ARP 表的内容
show running - config	显示当前配置
show port	显示交换机端口状态

（续）

命　令	描　述
show vlan	显示交换机 VLAN 状态
show tech – support	运行其他 show 命令，并提供许多页的详细输出，用于发送给技术支持，也可作其他用途

8.2　常见的故障排除方法与工具

8.2.1　通用的故障排除方法

网络工程师、网络管理员及网络支持人员都意识到，工作中花费在排除故障上的时间最多。在生产环境中工作时，使用有效率的故障排除方法能够缩短故障排除的总时间。有两种极端故障排除方法，它们几乎总是难以产生令人满意的结果，要么延误了问题的解决，要么根本无济于事。一种极端方法是理论法（或称火箭学家方法），另一种极端方法是蛮力法（或称穴居人方法）。

“火箭学家”对故障情况一再分析，直到查明故障的确切根源并以手术般的精度解决故障才肯罢休。尽管这种方法相当可靠，但做这样详尽的分析要花费数小时甚至数日的时间，而现实的情况是，没有几家公司愿意让它们的网络中断这样长的时间。

“穴居人”的原始本能是更换插卡、电缆、硬件及软件，直到网络奇迹般地又开始运行。这只是表明网络在运行，但并不表明网络运行是否正常。尽管使用这种方法时能够较快地改善故障症状，但并不是非常可靠，而且故障的根源可能仍然存在。

由于这两种方法都是极端方法，因此更好的方法是一种兼具两者特点的折中方法，即必须将网络作为一个整体进行分析，而不是对其组件做逐一分析。系统化的方法能够最大限度地减少混乱，并可节省反复试验所浪费的时间。

8.2.2　分层模型的故障排除

逻辑网络模型（如 OSI 模型和 TCP/IP 模型）将网络功能分为若干个模块化的层，排除故障时，可以对物理网络应用这些分层模型来隔离网络故障。例如，如果故障症状表明存在物理连接故障，网络技术人员可以专注于检查在物理层运行的线路是否有故障，如果线路工作正常，技术人员便可检查故障是否是由其他层中的某些方面导致的。

（1）OSI 参考模型　OSI 模型为网络工程师提供了一种通用语言，是一种常用的网络故障排除模型。一般按照给定的 OSI 模型层来描述故障。OSI 参考模型描述一台计算机中某个软件应用程序中的信息如何通过网络介质转移到另一台计算机中的某个软件应用程序。

OSI 模型的上层（第 5 ~ 7 层）处理应用程序问题，一般仅通过软件实现。应用层最接近最终用户。用户和应用层进程都与包含通信组件的软件应用程序交互。OSI 模型的下层（第 1 ~ 4 层）处理数据传输问题。第 3 层和第 4 层一般仅通过软件实现。物理层（第 1 层）和数据链路层（第 2 层）则通过硬件和软件实现。物理层最接近物理网络介质（如网络电缆），负责实际将信息交给介质传输。

（2）TCP/IP 模型　TCP/IP 网络模型与 OSI 网络模型类似，也将网络体系结构分为若干个模块化的层，如图 8-4 所示，图中显示的是 TCP/IP 网络模型与 OSI 网络模型各个层的对应关系。正是由于存在这样密切的对应关系，才使得 TCP/IP 协议簇能够顺畅地与如此多的网络技术通信。

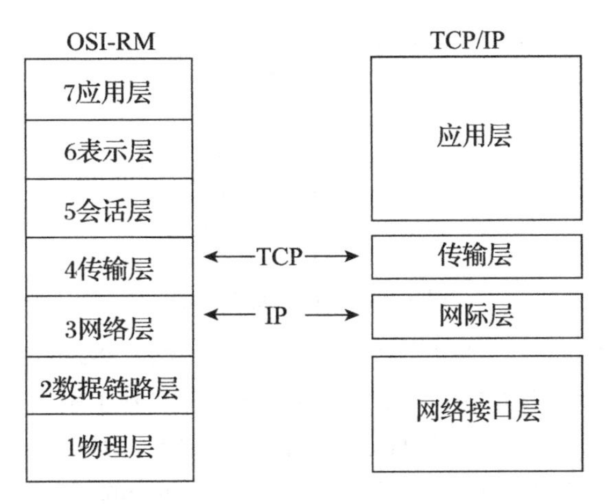

图 8-4　OSI 参考模型与 TCP/IP 模型

TCP/IP 协议簇中的应用层实际上合并了 OSI 模型以下三个层的功能：会话层、表示层和应用层。应用层在不同主机上的应用程序（如 FTP、HTTP 和 SMTP）之间提供通信。TCP/IP 的传输层与 OSI 的传输层在功能上完全相同。传输层负责在 TCP/IP 网络上的设备之间交换数据段。TCP/IP 的 Internet 层对应 OSI 的网络层，负责将消息以设备能够处理的某种固定格式交给设备。TCP/IP 的网络接入层对应 OSI 的物理层和数据链路层。网络接入层直接与网络介质通信，提供网络体系结构与 Internet 层之间的接口。如图 8-5 所示，显示了对应类型设备通常需要在 OSI 的哪些层排除故障。

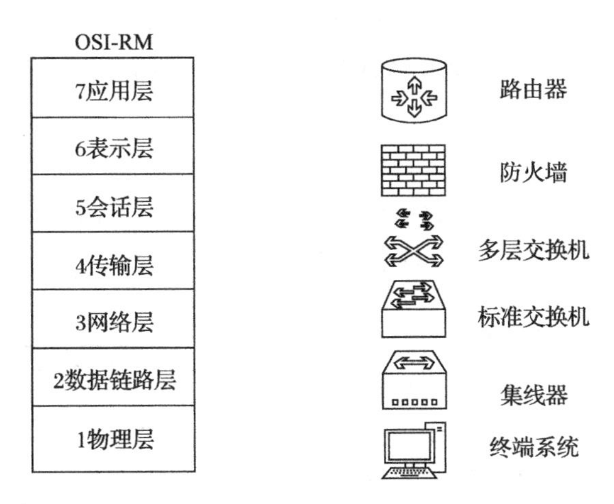

图 8-5　设备与 OSI 参考模型相匹配

8.2.3　通用的故障排除流程

1. 故障排除步骤

如图 8-6 所示，一般故障排除过程的各个阶段如下：

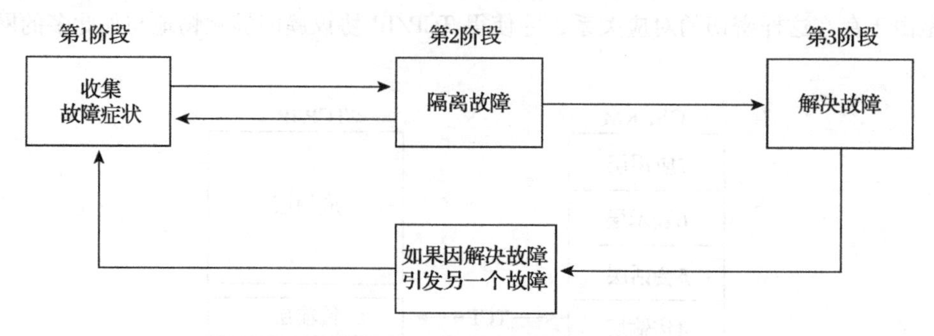

图 8-6　一般故障排除流程

第 1 阶段：收集故障症状。故障排除的第一步是从网络、终端系统及用户收集故障症状并加以记录开始。此外，网络管理员还应确定哪些网络组件受到了影响，以及网络的功能与基线相比发生了哪些变化。故障症状可能以许多不同的形式出现，其中包括网络管理系统警报、控制台消息及用户投诉。收集故障症状时，应通过提出问题缩小故障根源的范围。

第 2 阶段：隔离故障。直到确定了单个故障或一组相关故障后，才能真正隔离故障。要隔离故障，网络管理员需在网络的逻辑层研究故障的特征，以便找到最有可能的原因。在此阶段，网络管理员可以根据所确定的故障特征收集并记录更多的故障症状。

第 3 阶段：解决故障。隔离故障并查明其原因后，网络管理员通过实施、测试和记录解决方案设法解决故障。如果网络管理员确定纠正措施引发了另一个故障，则将把所尝试的解决方案形成文档，取消所做的更改，然后再次执行收集故障症状和隔离故障步骤。

上述阶段并不互相排斥，在故障排除过程中，可能随时需要再次执行前面的阶段。例如，隔离故障时可能需要收集更多的故障症状。此外，尝试解决某个故障时，可能会引发另一个新的故障，在这种情况下，同样需要收集新故障的故障症状，隔离新故障并解决新故障。应为每个阶段建立故障排除策略，故障排除策略规定各阶段统一的执行方式，其中应包括记录每一条重要信息。

2. 故障排除方法

排除网络故障主要有三种方法，包括自下而上法、自上而下法和分治法。

(1) 自下而上故障排除法　采用自下而上故障排除法时，首先检查网络的物理组件，然后沿 OSI 模型各层的顺序向上排查，直到查明故障原因。怀疑网络故障是物理故障时，采用自下而上故障排除法较为合适。大部分网络故障出现在较低层级，因此采用自下而上方法往往能够获得有效的结果。图 8-7 所示为自下而上故障排除法的流程。

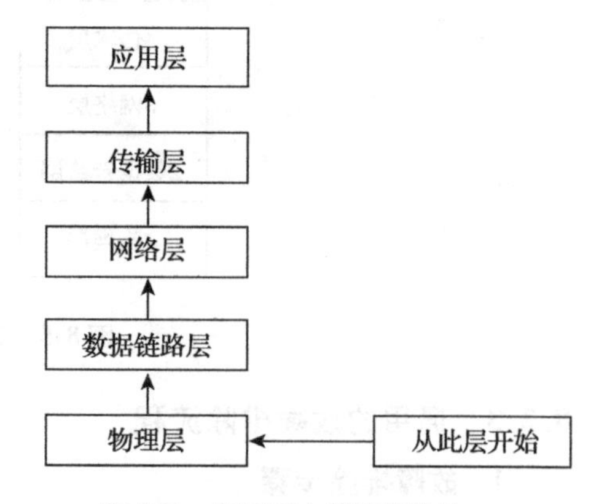

图 8-7　自下而上故障排除法

自下而上故障排除法的缺点是，必须逐一检查网络中的各台设备和各个接口，直至查明故障的可能原因。要知道，每个结论和可能性都必须做记录，因此采用此方法时连带地要做大量书面工作。另一个难题是需要确定先检查哪些设备。

（2）自上而下故障排除法　如图 8-8 所示，采用自上而下故障排除法时，首先检查最终用户应用程序，然后沿 OSI 模型各层的顺序向下排查，直到查明故障原因。先测试终端系统的最终用户应用程序，然后再检查更具体的网络组件。当网络故障较为简单或认为故障是特定软件所致时，适合采用这种方法。

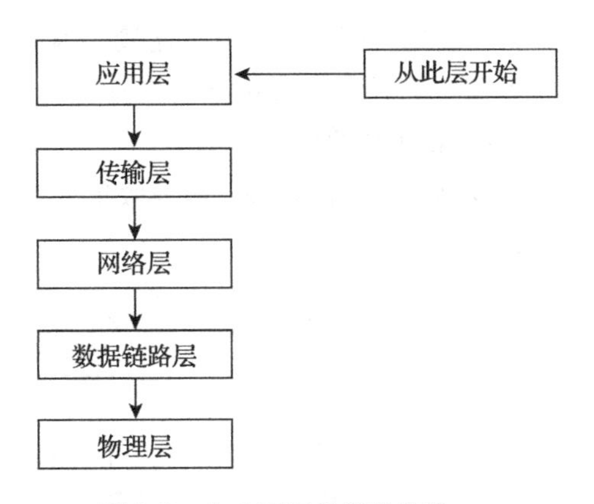

图 8-8　自上而下故障排除法

自上而下故障排除法的缺点是，必须逐一检查各网络应用程序，直至查明故障的可能原因。每个结论和可能性都必须做记录，还有一个难题是需要确定先检查哪个应用程序。

（3）分治故障排除法　采用分治法解决网络故障时，选择某层，然后以该层为起点沿上下两个方向检查网络。如图 8-9 所示，采用分治法排除故障时，首先从用户那里收集故障症状并做记录，然后根据这些信息做出推测，确定从 OSI 的哪一层开始做调查。一旦某一层经检验工作正常，即假定其下的各层也工作正常，然后按顺序排查其上的各 OSI 层。如果某个 OSI 层工作不正常，则按顺序排查其下的各 OSI 模型层。

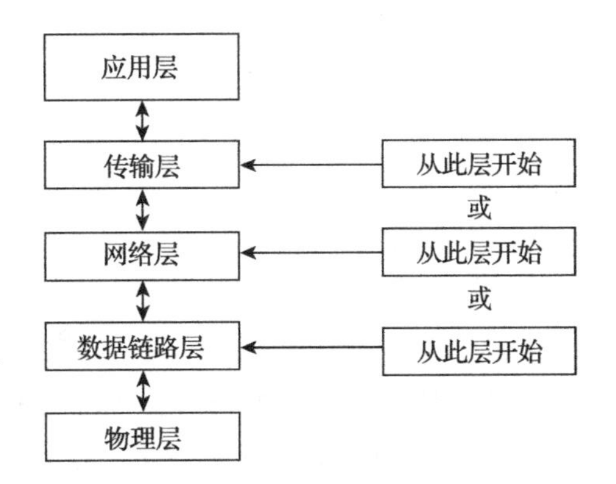

图 8-9　分治故障排除法

例如，如果用户无法访问 Web 服务器，而对该服务器发出 ping 命令时可以获得响应，则表明故障出在第 3 层以上。如果对该服务器发出 ping 命令时无法获得响应，则表明故障可能出在较低的 OSI 层。

3. **选择故障排除法的原则**

要快速解决网络故障，就要仔细选择最有效的网络故障排除法，如图 8-10 所示。

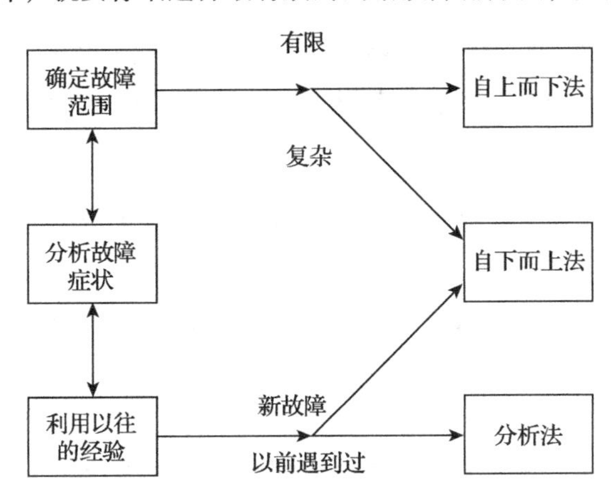

图 8-10　选择故障排除法的原则

下面的示例说明了如何针对具体故障选择合适的故障排除法。网络故障：两台 IP 路由器不会交换路由信息。由于上次出现此类故障时查明是协议有问题，因此应选择分治故障排除法。

分析表明两台路由器之间有连接，因此先从物理层或数据链路层开始排除故障，确认可以连接后，在 OSI 模型的更高一层（网络层）开始测试与 TCP/IP 有关的功能。

4. 收集故障症状

要确定故障的范围，需要收集（记录）故障症状，如图 8-11 所示。图中显示了收集故障这一过程的流程图。

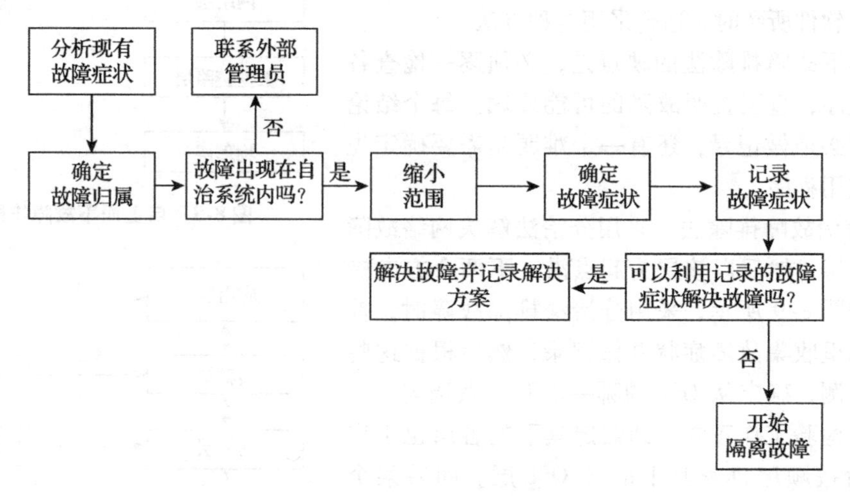

图 8-11 收集（记录）故障症状

下面对该过程中的步骤逐一做简要说明：

步骤 1：分析现有故障症状。对从故障单或受问题影响的用户和终端系统收集的故障症状进行分析，形成故障的定义。

步骤 2：确定故障的归属。如果故障发生在系统内，则可继续进行下一阶段。如果故障发生在控制范围以外，如自治系统以外的 Internet 连接中断，则需要先联系外部系统的管理员，然后再收集其他网络故障症状。

步骤 3：缩小范围。确定故障出现在网络的核心层、分布层还是接入层。在所确定的层分析现有故障症状，并利用掌握的网络拓扑情况确定最有可能出故障的设备。

步骤 4：从可疑设备收集故障症状。采用分层故障排除法从可疑设备收集硬件和软件故障症状。从最有可能的设备开始收集，并利用知识和经验来判断故障更可能是硬件配置故障还是软件配置故障。

步骤 5：记录故障症状。有时可以利用所记录的故障症状来解决故障；如果无法解决，则执行一般故障排除流程的隔离阶段。

可以使用相关命令来收集网络故障症状。一些常用的命令，见表 8-4。尽管 debug 命令是一个重要的故障症状收集工具，但它会产生大量控制台消息流量，网络设备的性能因此会受到显著影响。请务必提醒网络用户，由于正在进行故障排除工作，网络性能可能会受到影响。

表 8-4 使用相关命令收集网络故障症状

命 令	描 述
ping {host | ip – address}	向某个地址发送回应请求数据包，然后等待响应。host | ip – address 变量是目标系统的 IP 别名或 IP 地址

（续）

命　令	描　述
traceroute {destination}	显示数据包在网络中传输的路径。destination 变量为目标系统的主机名或 IP 地址
telnet {host | ip - address}	利用 Telnet 应用程序连接到某个 IP 地址
show ip interface brief	显示设备上所有接口状态的摘要信息
show ip route	显示 IP 路由表的当前状态
show running - config interface	显示特定接口当前运行的配置文件的内容
[no] debug ?	显示用于在设备上启用或禁用调试事件的选项列表
show protocols	显示已配置的协议，并显示所有已配置第三层协议的全局状态和接口特定状态

5. **询问最终用户**

向最终用户询问其可能遇到的网络故障时，需要运用有效的提问技巧，这样可以获得有效的记录故障症状所需的信息。表 8-5 提供了一些提问指南及向最终用户提问的示例。

表 8-5　向最终用户提问

指　南	向最终用户提问的示例
询问与故障有关的问题	发现什么无法正常运作
利用每个问题作为排除故障或发现可能故障的手段	能够正常运作的部件与无法正常运作的部件有关联吗
以用户能够理解的技术深度与用户交谈	无法正常运作的部件是否曾恢复正常
询问用户第一次注意到该故障是在什么时候	第一次注意到该故障是在什么时候
最后一次能够正常工作之后发生了任何异常情况吗	最后一次能够正常工作之后发生了哪些变化
在可能的情况下要求用户再现故障	你能够再现故障吗
确定故障发生前各种事件的发生顺序	故障的确切发生时间是在什么时候

8.2.4　常见的故障排除工具与命令

1. **常用的硬件测试工具**

（1）万用表　万用表是电力电子测试中不可缺少的仪器仪表，一般主要用以测量元器件的电压、电流和电阻，如图 8-12 所示。万用表是一种多功能、多量程的测量仪表，可测量直流电流、直流电压、交流电流、交流电压、电阻和音频电平等，有的还可以测交流电流、电容量、电感量及一些半导体参数等。万用表可以用来检测网络电缆是否连通。

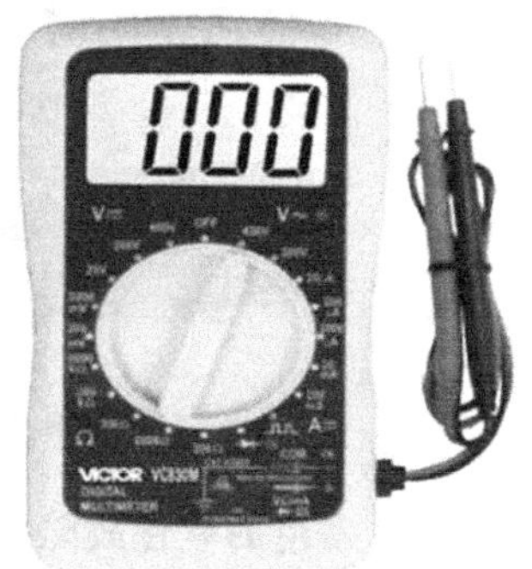

图 8-12　万用表

（2）网络电缆测试仪　网络电缆测试仪相对于万用表来说在检测网络电缆的连通性方面更加专业，也更为方便快捷。网络电缆测试仪是一种可以检测 OSI 模型定义的网络运行状况的便携、可视的智能检测设备，如图 8-13 所示。网络电缆测试仪主要适用于局域网故障检测、维护和综合布线施工中，网络电缆测试仪的功能涵盖物理层、数据链路层和网络层。

（3）光功率计　光功率计用于测量绝对光功率或通过一段光纤的光功率相对损耗的仪器，如图8-14所示。通过测量发射端机或光网络的绝对功率，一台光功率计就能够评价光端设备的性能。用光功率计与稳定光源组合使用，则能够测量连接损耗、检验连续性，并帮助评估光纤链路的传输质量。

（4）光时域反射仪　光时域反射仪是通过对测量曲线的分析，了解光纤的均匀性、缺陷、断裂、接头耦合等若干性能的仪器，如图8-15所示。它根据光的后向散射与菲涅耳反向原理制作，利用光在光纤中传播时产生的后向散射光来获取衰减的信息，可用于测量光纤衰减、接头损耗、光纤故障点定位及了解光纤沿长度的损耗分布情况等，是光缆施工、维护及监测中必不可少的工具。

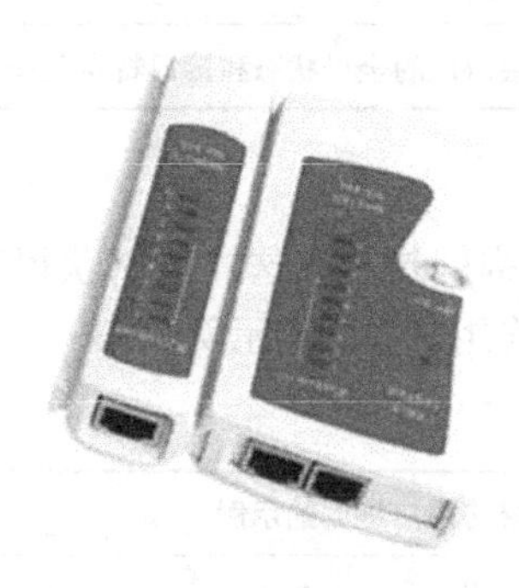

图8-13　网络电缆测试仪

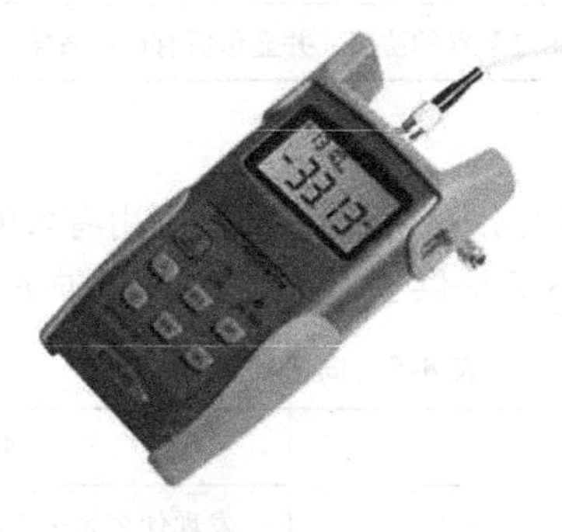

图8-14　光功率计

图8-15　光时域反射仪

（5）示波器　示波器是一种用途十分广泛的电子测量仪器，如图8-16所示。它把电信号变换成看得见的图像，便于研究各种电现象的变化过程。示波器利用狭窄的、由高速电子组成的电子束，打在涂有荧光物质的屏面上，产生细小的光点，在屏面上描绘出被测信号瞬时值的变化曲线。利用示波器能观察各种不同信号幅度随时间变化的波形曲线，还可以用它测试各种不同的电量，如电压、电流、频率、相位差、调幅度等。

（6）网络协议分析器　网络协议分析器能够捕获网络协议数据、实时控制和数据分析，在网络运作和维护中得到广泛的使用，如图8-17所示。网络协议分析器的常见功能有监视网络流量、分析数据包、监视网络资源利用、执行网络安全操作规则、鉴定分析网络数据及诊断并修复网络问题等。

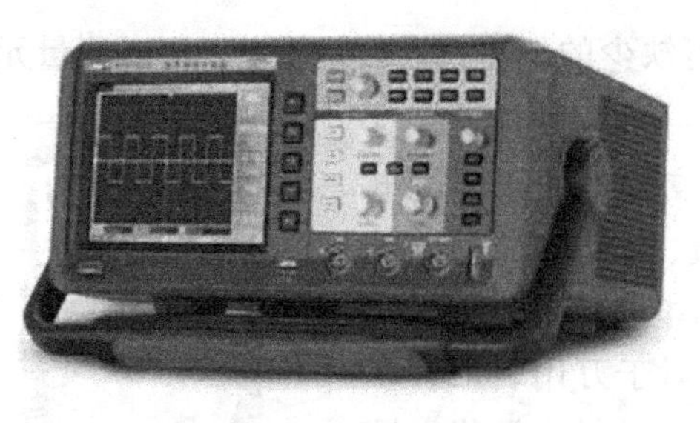

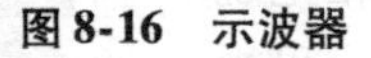

图8-16　示波器

图8-17　网络协议分析器

2. 常用的软件故障排除工具

（1）网络管理软件　局域网查看工具是一款非常方便实用的对局域网各种信息进行查看的工具，采用多线程技术，搜索速度很快。

1）可以实现的主要功能：

① 搜索所有工作组。

② 搜索指定网段内的计算机，并显示每台计算机的计算机名、IP 地址、工作组、MAC 地址和用户。

③ 搜索所有工作内或是选定的一个或几个工作组内的计算机，并显示每台计算机的名称、IP 地址、工作组、MAC 地址和用户。

④ 搜索所有计算机的共享资源。

⑤ 将指定共享资源映射成本地驱动器。

⑥ 搜索所有共享资源内的共享文件。

⑦ 搜索选定的一个或几个共享资源内的共享文件。

⑧ 在搜索共享文件时，你可选择搜索你所需要的一种或几种文件类型的共享文件。

⑨ 打开指定的计算机。

⑩ 打开指定的共享目录。

⑪ 打开指定的共享文件。

⑫强大消息发送功能，给选定的一台或几台计算机发消息，给指定工作组内的所有计算机发消息，给所有计算机发消息。

⑬强大的扫描功能，你可以扫描出局域网内或指定网段内所有提供 FTP、WWW、Telnet 等服务的服务器，你也可以扫描出局域网内或指定网段内所有开放指定端口的计算机。

⑭ping 指定的计算机，查看指定计算机的 MAC 地址，所在的工作组及当前用户等。

2）任务要求：以最快的速度搜索出局域网中一些计算机的名称、IP 地址、MAC 地址及共享文件等相关信息，来学习该软件的使用过程式。

①打开“局域网查看工具”进入操作界面，如图 8-18 所示。

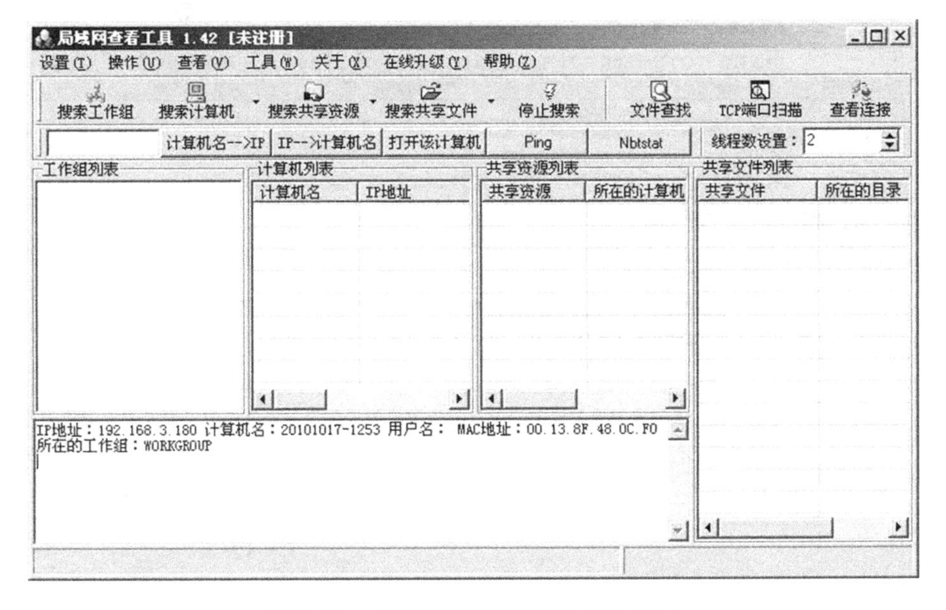

图 8-18　“局域网查看工具”操作界面

②执行“设置”菜单命令，打开“设置”对话框，单击选中“指定网段搜索计算机设置”

选项卡，在文本框中输入“起始地址”和“终止地址”，如图 8-19 所示，起始地址为“192.168.3.1”，终止地址为“192.168.3.255”，单击“关闭”按钮保存设置，返回“局域网查看工具”界面。

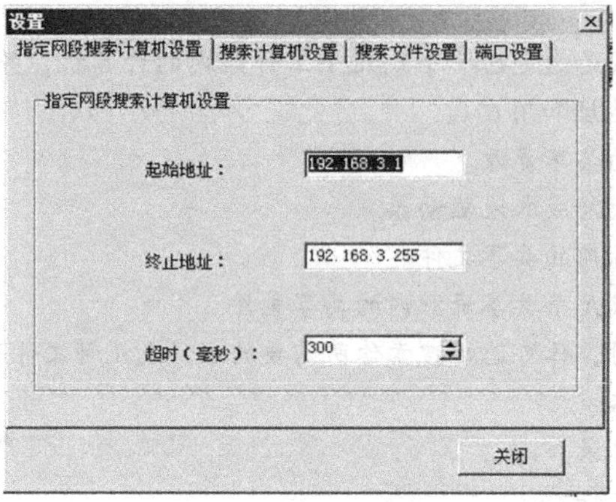

图 8-19　设置搜索范围

③再次单击“搜索计算机设置”选项卡便可搜索此网段内的计算机。一旦搜索到网段内的计算机，软件便会以列表的形式将其显示出来。这时得到的计算机列表包括“IP 地址、计算机名、工作组、MAC 地址”等详细信息，对于需要批量获取网络中所有计算机 MAC 地址的网管员来说非常实用。如果需要将列表保存，那么只要在列表上右击鼠标执行“保存计算机列表内的信息”命令即可，如图 8-20 所示。

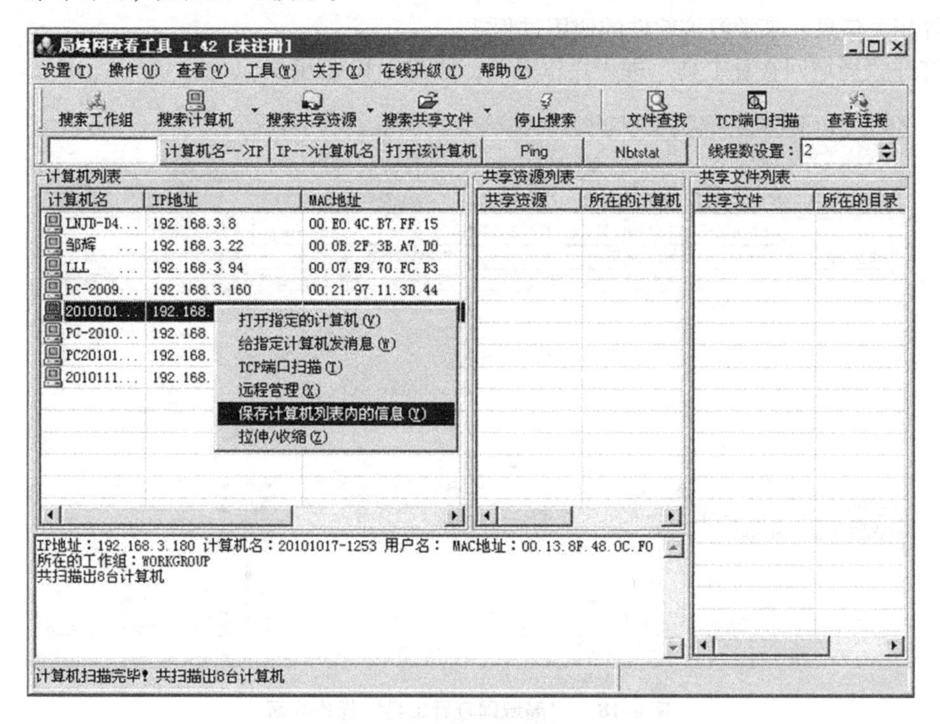

图 8-20　计算机列表及保存信息

保存为“＊.TXT”文件，将搜索到的计算机主机名、IP地址、MAC地址等信息保存为文本文件，如图8-21所示。

```
lnjd.txt - 记事本
文件(F) 编辑(E) 格式(O) 查看(V) 帮助(H)
计算机名-----IP地址-----MAC地址-----所在的工作组-----用户
LNJD-D46612FD83 | 192.168.3.8 | 00.E0.4C.B7.FF.15 | WORKGROUP |
邹辉 | 192.168.3.22 | 00.0B.2F.3B.A7.D0 | WORKGROUP |
LLL | 192.168.3.94 | 00.07.E9.70.FC.B3 | LNJD |
PC-200904220913 | 192.168.3.160 | 00.21.97.11.3D.44 | WORKGROUP |
20101017-1253 | 192.168.3.180 | 00.13.8F.48.0C.F0 | WORKGROUP |
PC-201004210914 | 192.168.3.215 | 00.1E.37.15.B7.15 | WORKGROUP |
PC2010121810XSH | 192.168.3.230 | 00.0B.2F.3B.A6.B6 | WORKGROUP |
20101114-1634 | 192.168.3.242 | 00.E0.4C.B7.FF.14 ||MSHOME |
```

图8-21　查看保存为文本文件的内容

④搜索局域网中各个共享文档，做到局域网网内资源尽快查找。其操作只需要同上步一样先确定好要搜索的网段区间，然后再单击工具栏上的“搜索共享资源”和“搜索共享文件”按钮，就可以快速将网上邻居所有共享文档搜索出来，无论这些共享资源是设置为隐藏还是正常显示，如图8-22所示。当查找到这些共享文档后，Windows会自动将其添加到“网上邻居”中，需要复制这些文件时复制就可以了。

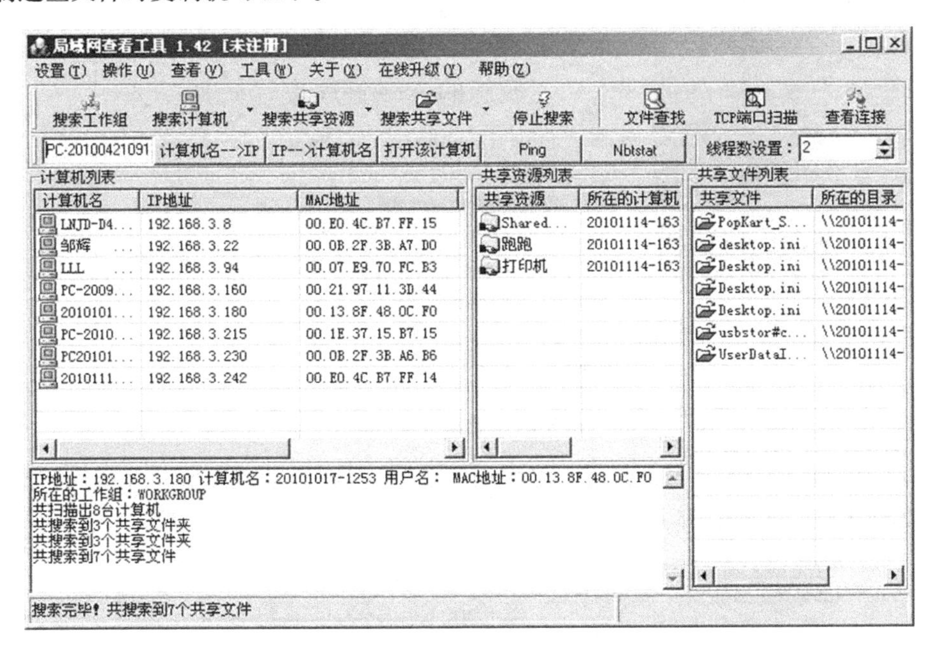

图8-22　搜索局域网中的共享文档

（2）P2P终结者　P2P终结者（P2POver_v2.07）彻底解决了交换机连接网络环境问题（只针对小型网络），真正做到只需要在任意一台主机安装即可控制整个网络的P2P流量，对于网络中的主机来说具有很好的控制透明性。软件采用底层数据报文分析技术，有效地解决了这一目前令许多网络管理员都极为头痛的问题，具有良好的应用价值。

目前一个小型公司有20台计算机，通过ADSL10 Mbit/s网速进行上网，应用P2P类软件的人较多，使得整个网络速度很慢，同时公司内部有私改IP地址现象，经常出现IP冲突，请求帮助。

①进入P2P终结者软件界面，如图8-23所示。

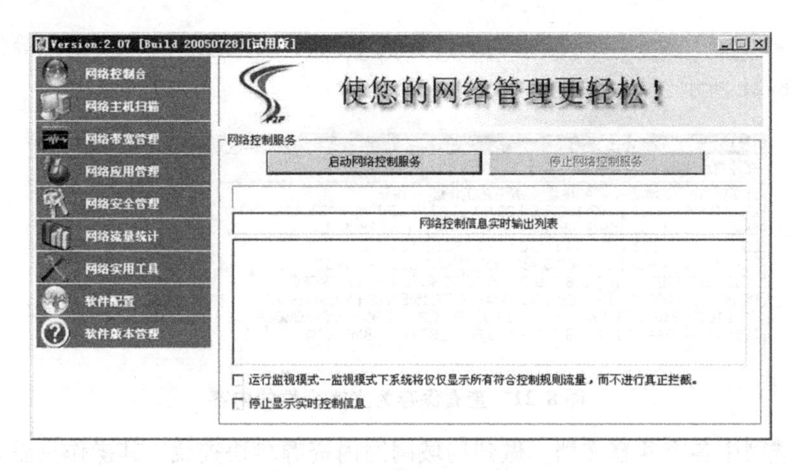

图 8-23　终结者软件界面

②网卡的配置。软件安装完成之后，第一次启动，先在“软件配置”中进行网卡配置。如果本计算机中有一个网卡的话选择唯一的，如果有两个或多个网卡，选择连接局域网的那个网卡（注意保存配置），如图 8-24 所示。

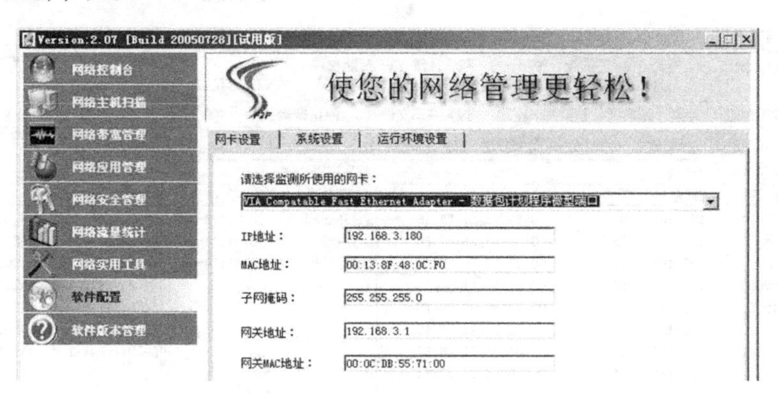

图 8-24　选择网卡配置

③单击“网络控制台”－“启动网络控制服务”。只有启动之后服务才能真正地起作用，才能管理其他主机，如图 8-25 所示。

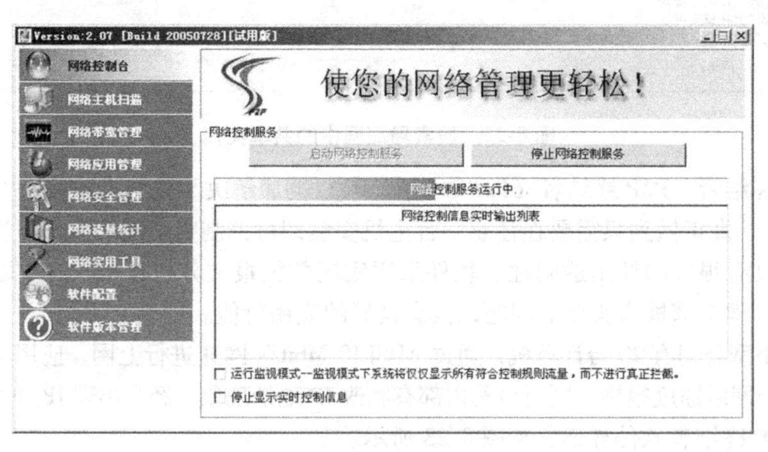

图 8-25　启动网络控制服务

④启动“网络控制服务”之后，单击“网络主机扫描”选项，就会发现局域网络内的正在上网的计算机都会显示到列表中，如图 8-26 所示。

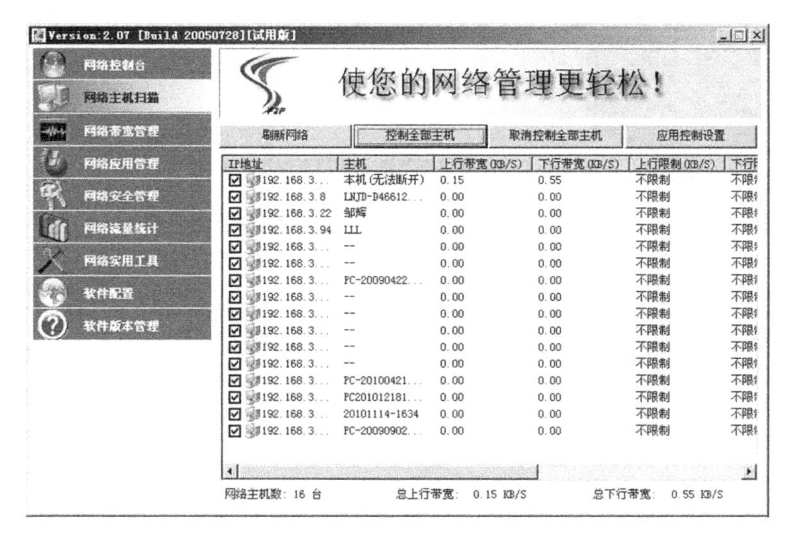

图 8-26　主机扫描列表

在要控制的计算机前面复选框中打“√”，如要全部选择就单击“控制全部主机”，如果想对单独某台主机进行流控，可以直接设置选择主机的流量，如图 8-27 所示。

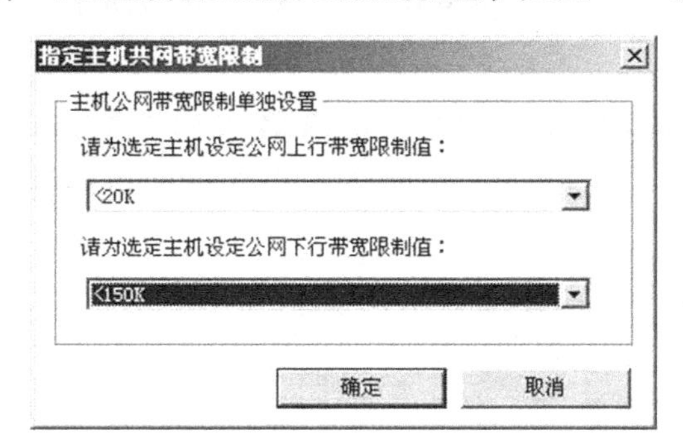

图 8-27　设置带宽值

⑤启用“网络带宽管理”设置，要根据自己网络的带宽设置主机公网带宽，最大值和最小值；以及 P2P 下载带宽，最大值和最小值；一般 1/8MB = 125KB。注意保存配置，如图 8-28 所示。

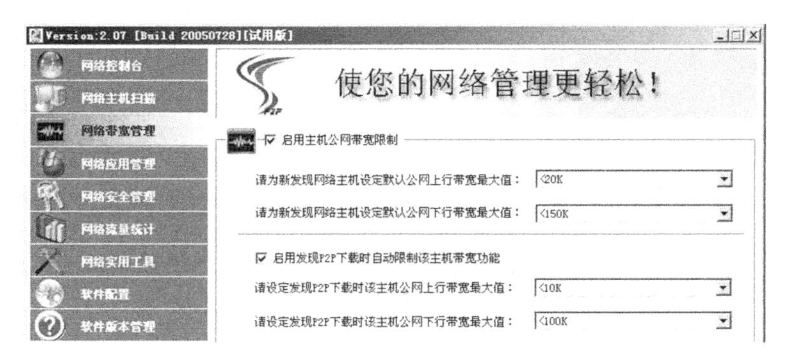

图 8-28　网络管理设置

⑥启用“网络应用管理”。可以启用 P2P 下载控制，启用普通 HTTP 下载限制等，注意保存，如图 8-29 所示。

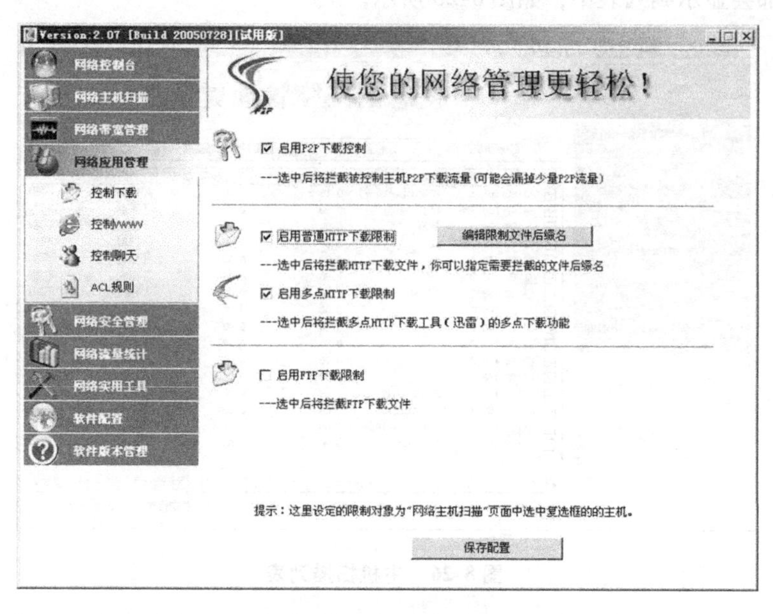

图 8-29　网络应用管理

⑦启用“网络安全管理”。将 IP 和 MAC 进行绑定，可以防止私改情况，便于网络的管理，如图 8-30 所示。

图 8-30　IP 和 MAC 绑定

⑧在“网络主机扫描”中单击“应用控制设置”后，回到网络控制台中，可以看到部分主机访问被拦截，网络速度有了明显加快，如图 8-31 所示。

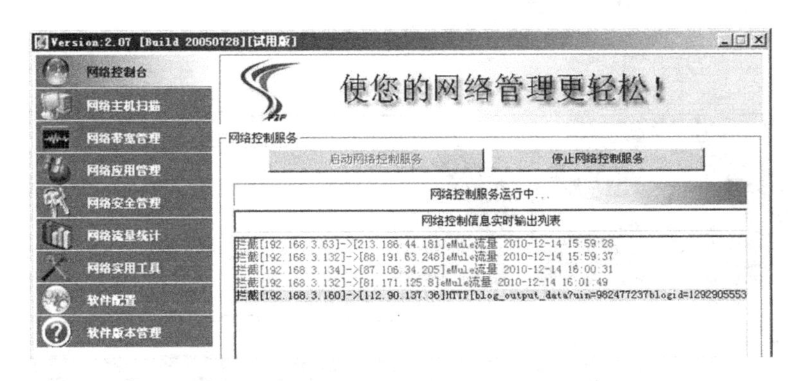

图 8-31　访问被拦截效果

通过 P2P 终结者一系列的设置，网络的 P2P 流量、主机带宽都得到了控制，网络 IP 也进行了绑定，在这种情况下网络结构得到了优化，使整网运行更加畅通。

（3）抓包软件

1）Sniffer 简介。Sniffer 软件是 NAI 公司推出的功能强大的协议分析软件。Sniffer 支持的协议更丰富，如 PPPOE 协议等，在 Sniffer 上能够进行快速解码分析。Sniffer Pro 4.6 可以运行在各种 Windows 平台上。

Sniffer 中文翻译过来就是嗅探器，是一种威胁性极大的被动攻击工具。使用被动攻击可以监视网络的状态、数据流动情况及网络上传输的信息，从而可以用网络监听的方式来进行攻击，截获网上的信息。所以黑客常常喜欢用它来截获用户口令。

Sniffer 属于第二层次的攻击。就是说只有在攻击者已经进入了目标系统的情况下，才能使用 Sniffer 这种攻击手段，以便得到更多的信息。Sniffer 除了能得到口令或用户名外，还能得到更多的其他的信息，几乎能得到任何在以太网上转送的数据包。

2）Sniffer 的工作环境。Sniffer 可运行在局域网的任何一台机器上，网络连接最好用 Hub 且在一个子网，这样能抓到连接到 Hub 上每台机器传输的数据包。如果中心交换机有 Monitor，可以更方便地使用这个软件，只要把安装 Sniffer pro 的机器接到 Monitor 口即可，当然之前要先配置 Monitor 口，让所有的数据包都复制到 Monitor 才行。

Sniffer 工作在网络环境中的底层，它会拦截所有的正在网络上传送的数据，并且通过相应的软件处理，可以实时分析这些数据的内容，进而分析所处的网络状态和整体布局。值得注意的是 Sniffer 是极其安静的，它是一种消极的安全攻击。

3）常用功能介绍。

①Dashboard（网络流量表），单击图标，出现三个表，第一个表显示的是网络的使用率（Utilization），第二个表显示的是网络的每秒钟通过的包数量（Packets），第三个表显示的是网络的每秒错误率（Errors）。通过这三个表可以直观地观察到网络的使用情况，红色部分显示的是根据网络要求设置的上限。

选择如图 8-32 所示网络流量表界面的 ☑ Network 和 ☑ Size Distribution 选项，将显示更为详细的网络相关数据的曲线图，如图 8-33 所示。

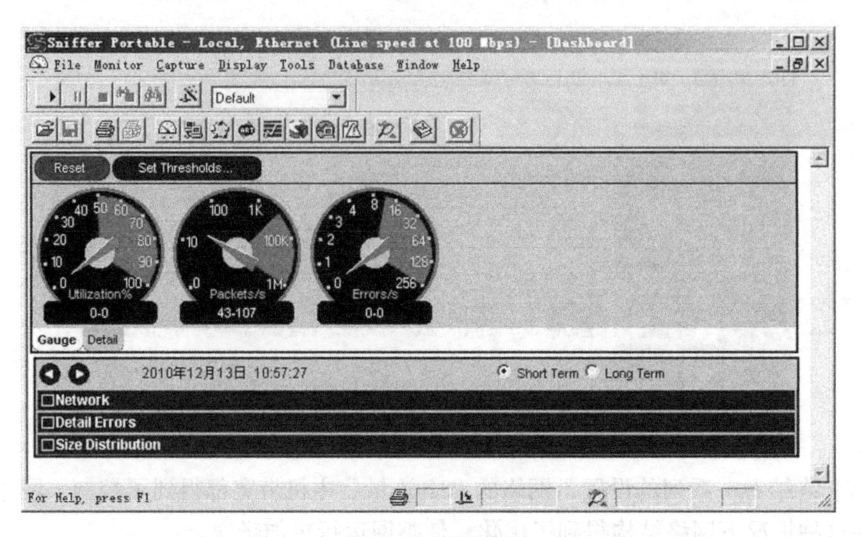

图 8-32　网络流量表

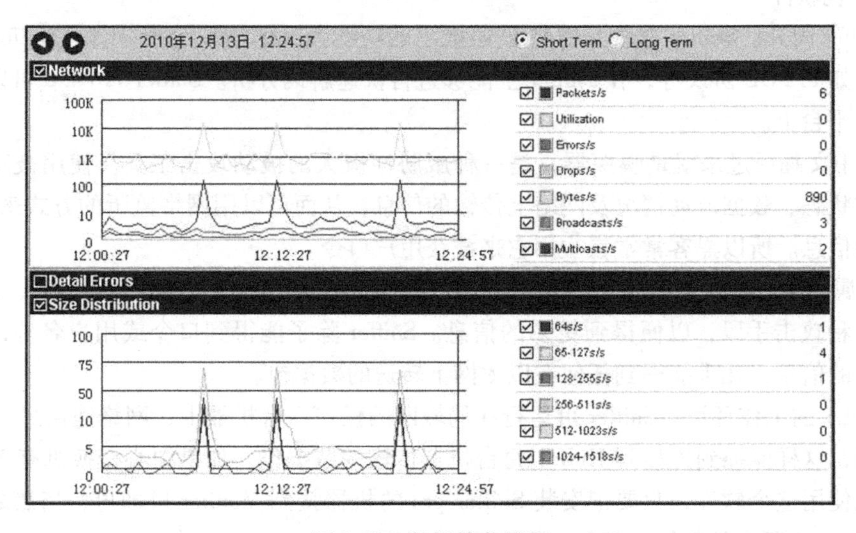

图 8-33　数据的曲线图

在 TCP/IP 中，数据被分成若干个包（Packets）进行传输，包的大小跟操作系统和网络带宽都有关系，一般为 64、128、256、512、1024、1460 等，包的单位是字节。很多初学者对 kbit/s、KB、Mbit/s 等单位不太明白，B 和 b 分别代表 Bytes（字节）和 bits（比特），1bit 就是 0 或 1，1 Byte = 8 bit，1Mbit/s（Megabits per second 兆比特每秒），即 1×1024/8KB/s = 128KB/s（字节/秒），常用的 ADSL 下行 512k 指的是每秒 512kbit，也就是每秒 512/8KB = 64KB。

②Host table（主机列表）。单击图标，出现图 8-34 中显示的界面，选择图下方的 IP 选项，界面中出现的是所有在线的本网主机地址及联到外网的服务器地址，此时若需查看 192.168.3.180 这台机器的上网情况，只需在所示 IP 上双击即可。

显示 192.168.3.180 主机连接的地址，如图 8-35 所示，单击左栏中其他的图标都会弹出该机连接情况的相关数据界面，从图中可以清楚地看出与本机进行通信的各个主机及随时的变化情况。

③Detail（协议列表）。单击“Detail”图标，图 8-36 显示的是整个网络中的协议分布情况，可清楚地看出哪台机器运行了哪些协议。

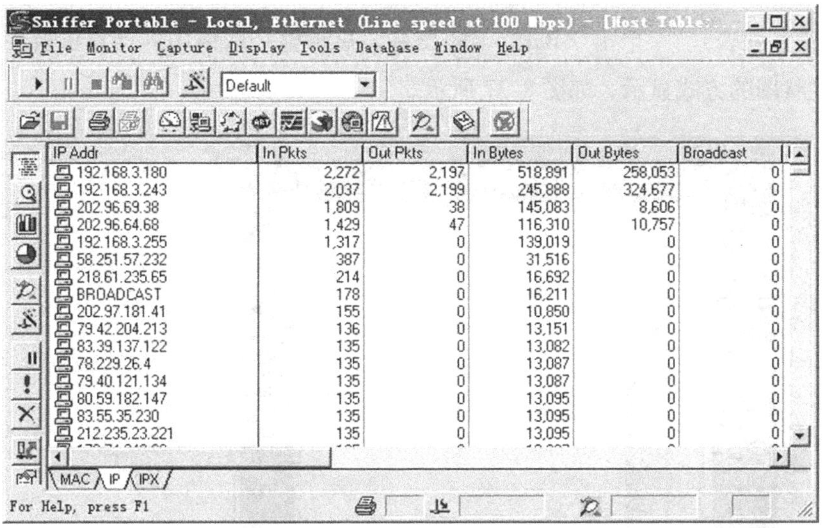

Sniffer Portable - Local, Ethernet (Line speed at 100 Mbps) - [Host Table: ...

File　Monitor　Capture　Display　Tools　Database　Window　Help

IP Addr	In Pkts	Out Pkts	In Bytes	Out Bytes	Broadcast
192.168.3.180	2,272	2,197	518,891	258,053	0
192.168.3.243	2,037	2,199	245,888	324,677	0
202.96.69.38	1,809	38	145,083	8,606	0
202.96.64.68	1,429	47	116,310	10,757	0
192.168.3.255	1,317	0	139,019	0	0
58.251.57.232	387	0	31,516	0	0
218.61.235.65	214	0	16,692	0	0
BROADCAST	178	0	16,211	0	0
202.97.181.41	155	0	10,850	0	0
79.42.204.213	136	0	13,151	0	0
83.39.137.122	135	0	13,082	0	0
78.229.26.4	135	0	13,087	0	0
79.40.121.134	135	0	13,087	0	0
80.59.182.147	135	0	13,095	0	0
83.55.35.230	135	0	13,095	0	0
212.235.23.221	135	0	13,095	0	0

MAC　IP　IPX

For Help, press F1

图 8-34　主机 IP 列表

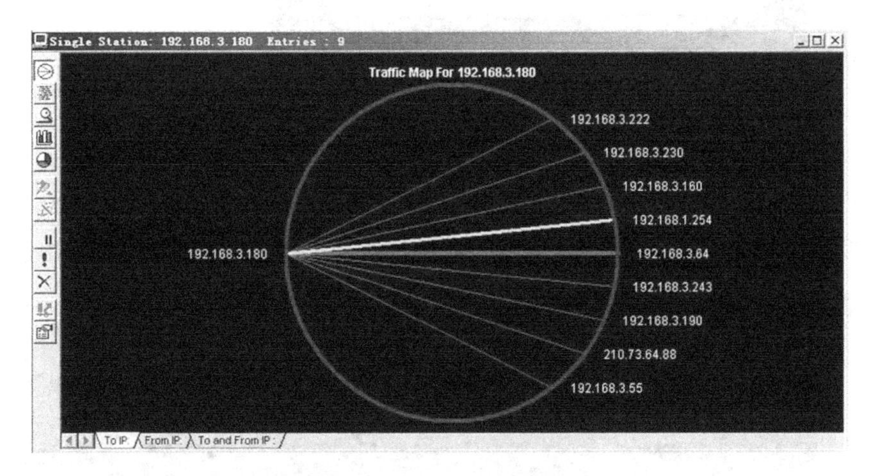

图 8-35　连接其他 IP 的地址图

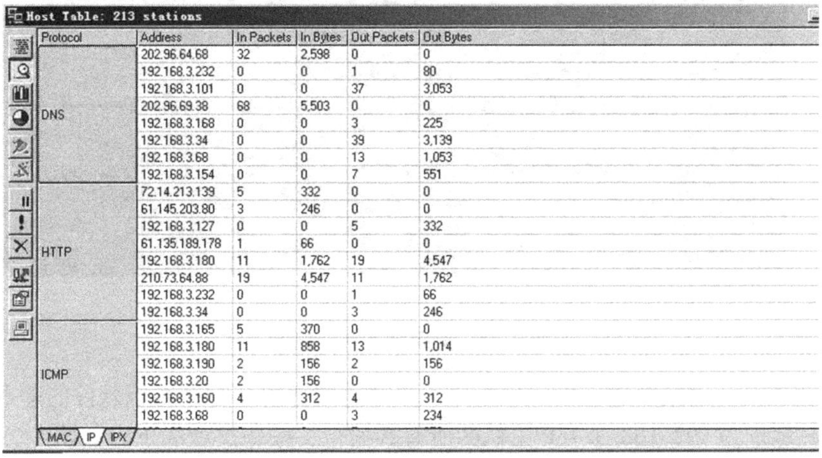

Host Table: 213 stations

Protocol	Address	In Packets	In Bytes	Out Packets	Out Bytes
DNS	202.96.64.68	32	2,598	0	0
	192.168.3.232	0	0	1	80
	192.168.3.101	0	0	37	3,053
	202.96.69.38	68	5,503	0	0
	192.168.3.168	0	0	3	225
	192.168.3.34	0	0	39	3,139
	192.168.3.68	0	0	13	1,053
	192.168.3.154	0	0	7	551
HTTP	72.14.213.139	5	332	0	0
	61.145.203.80	3	246	0	0
	192.168.3.127	0	0	5	332
	61.135.189.178	1	66	0	0
	192.168.3.180	11	1,762	19	4,547
	210.73.64.88	19	4,547	11	1,762
	192.168.3.232	0	0	1	66
	192.168.3.34	0	0	3	246
ICMP	192.168.3.165	5	370	0	0
	192.168.3.180	11	858	13	1,014
	192.168.3.190	2	156	2	156
	192.168.3.20	2	156	0	0
	192.168.3.160	4	312	4	312
	192.168.3.68	0	0	3	234

MAC　IP　IPX

图 8-36　协议列表

④Bar（流量列表）。 单击“Bar” 图标，显示整个网络中的计算机所用带宽前 10 名的情况，以柱状图的方式显示，如图 8-37 所示。

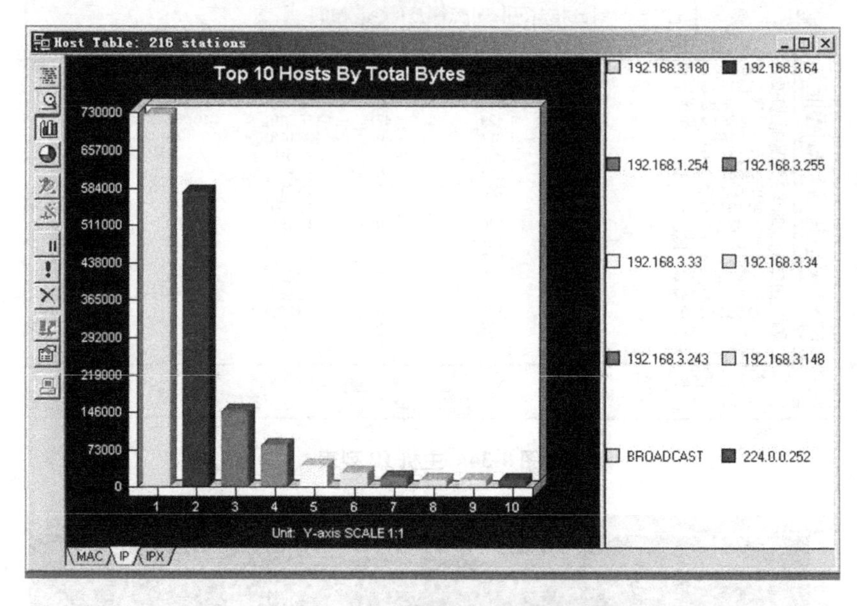

图 8-37　所用带宽前 10 名的柱状图

⑤Matrix（网络连接）。 单击 图标，出现全网的连接示意图，如图 8-38 所示。图中粗线表示正在发生的网络连接，细线表示过去发生的连接。将鼠标放到线上可以看出连接情况。

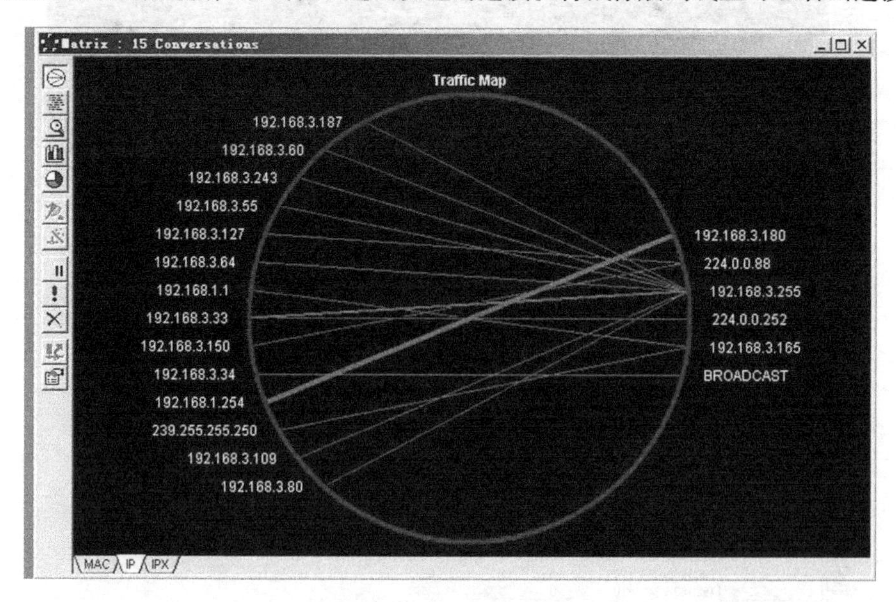

图 8-38　全网的连接示意图

4）抓包实例。 通过数据包的抓取和 Telnet 密码的抓取，学会对该软件的基本应用。

①抓取 IP 地址为 192. 168. 3. 180 主机的所有数据包，操作过程如下：如图 8-39 所示，打开主机 IP 列表，找到并选中 IP 地址为 192. 168. 3. 180 的主机。

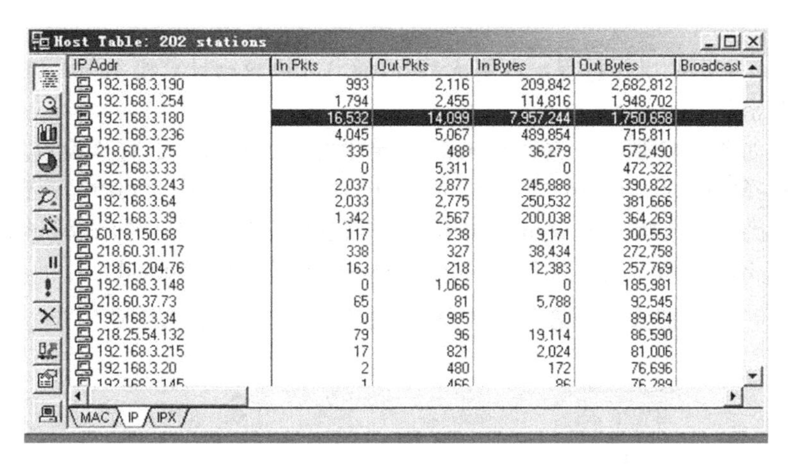

图 8-39　主机 IP 列表

单击 图标开始抓包，出现如图 8-40 所示等待抓包窗口，等到图中望远镜图标变红时 ，表示已捕捉到数据。

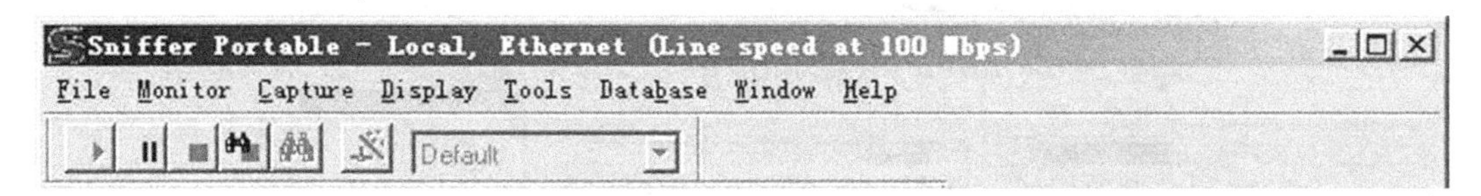

图 8-40　等待抓包窗口

单击 图标出现如图 8-41 所示的界面，选择 Decode 选项即可看到捕捉到的所有数据包。

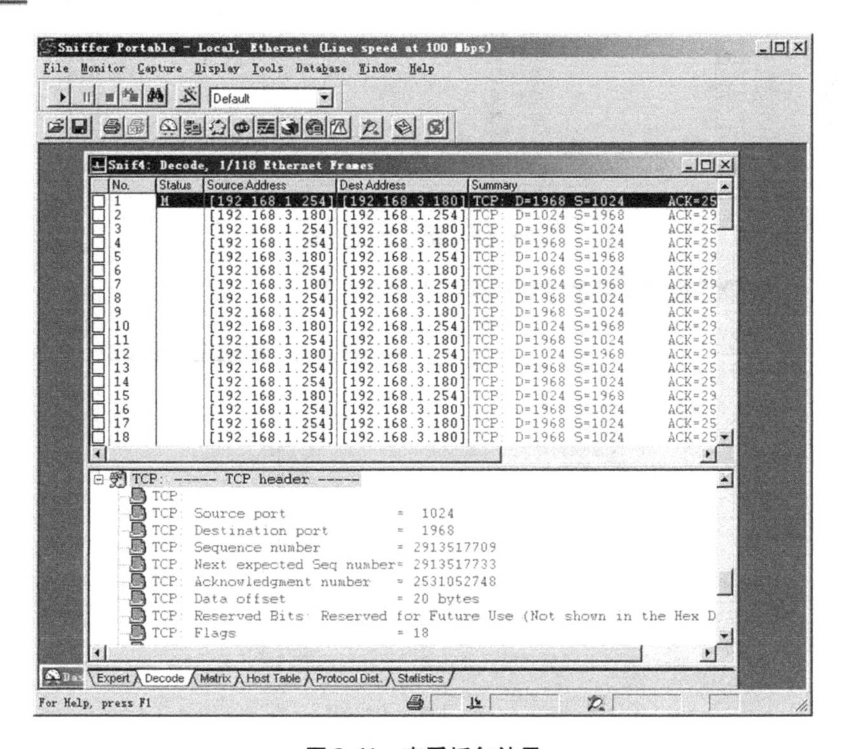

图 8-41　查看抓包结果

②捕获 Telnet 密码的操作过程：本例从 192. 168. 3. 180 这台计算机 Telnet 到 192. 168. 3. 165，捕获到用户名和密码。

设置规则：如图 8-42 所示，选择 Capture 菜单中的 Defind Filter，进入设置。出现如图 8-43 所示的界面，选择图中的 ADDress 选项卡，在 Station1 和 Station2 中分别填写两台计算机的 IP 地址，选择数据包类型。选择 Advanced 选项卡对数据包类型进行设置，如图 8-44 所示。选择 IP、TCP、Telnet，将 Packet Size 设置为 Equal 55，Packet Type 设置为 Normal。

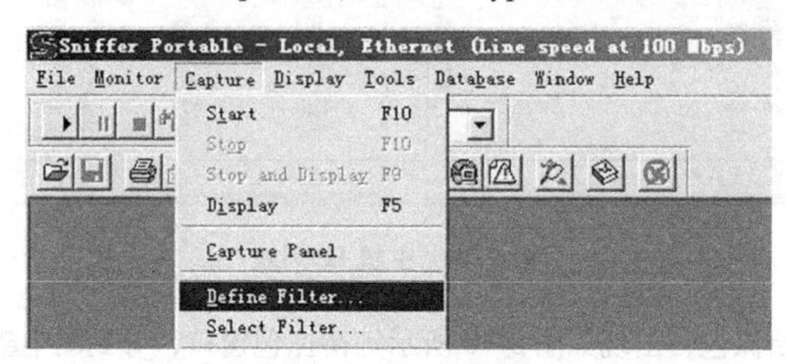

图 8-42 设置选项

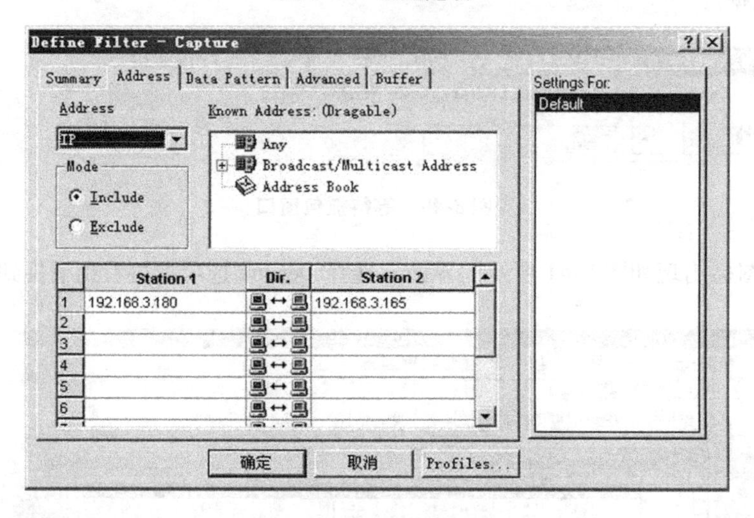

图 8-43 输入 IP 地址对

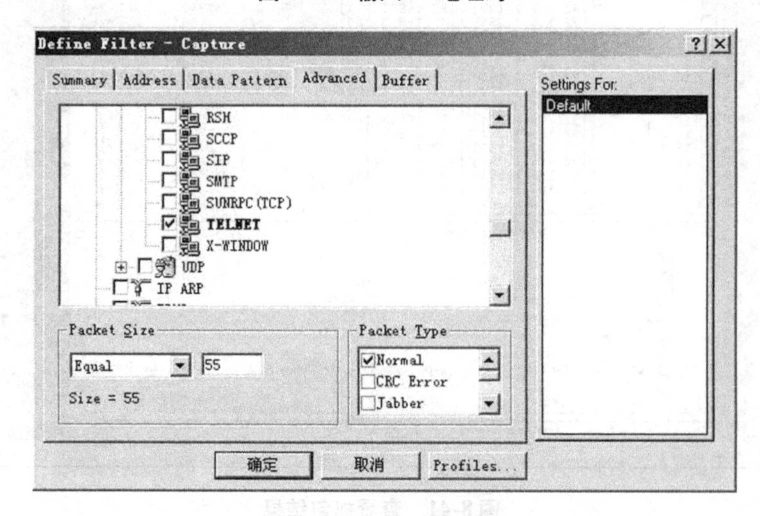

图 8-44 选择数据包类型

捕获数据包：按“F10”键出现如图 8-45 所示的窗口，开始捕获数据包。

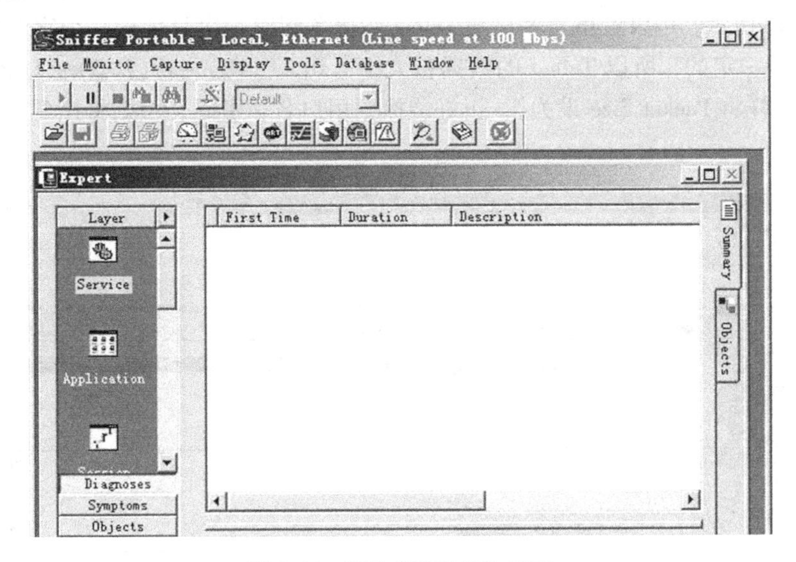

图 8-45　等待捕获数据包窗口

运行 telnet 命令：本例通过 Telnet 远程登录到一台开有 Telnet 服务的 Linux 主机上。

```
telnet 192.168.3.165
login:admin   Password:admin
```

查看结果：望远镜图标变红时，表示已捕捉到数据，单击该图标则出现如图 8-46 所示的界面，选择 Decode 选项卡即可看到捕捉到的所有数据包，可以清楚地看到用户名为“admin”、密码为“admin”。

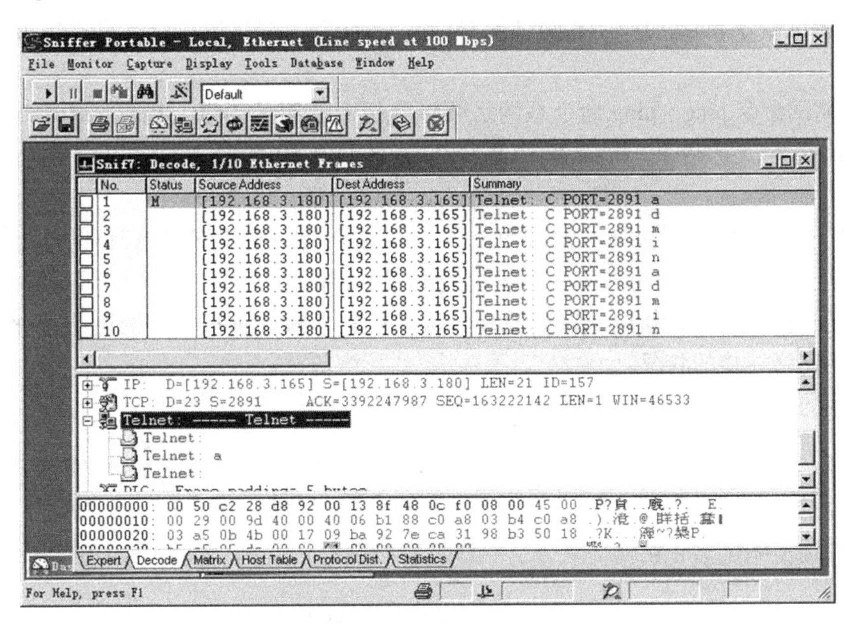

图 8-46　查看数据内容

网络上的数据传送是把数据分成若干个数据包来传送，根据协议的不同数据包的大小也不相同，如图 8-47 所示，可以看出当客户端 Telnet 到服务端时一次只传送一个字节的数据，由于协议的头长度是一定的，所以 Telnet 的数据包大小 = DLC(14B) + IP(20B) + TCP(20B) + 数据(1B) = 55B，这样将 Packet Size 设为 55 正好能抓到用户名和密码，否则将抓到许多不相关的数据包。

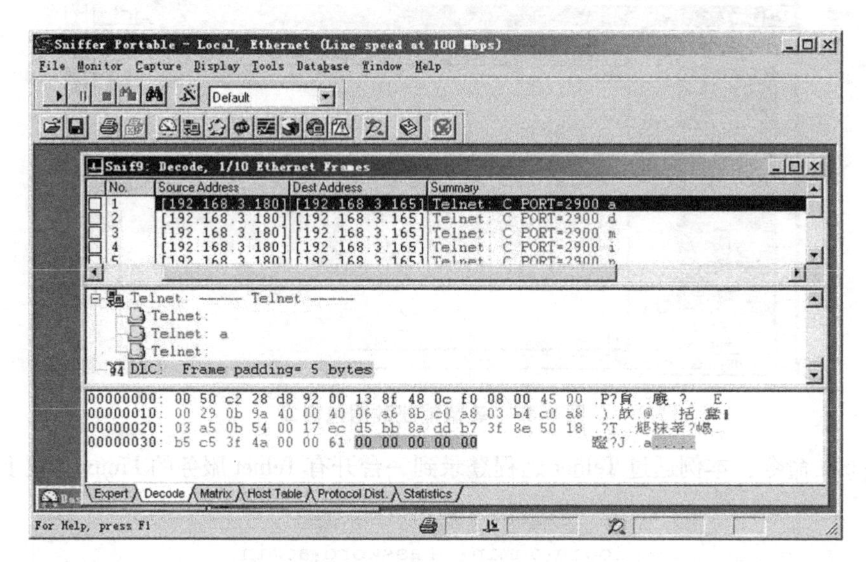

图 8-47　数据包的详细分析

3. 常用的网络故障测试命令

网络故障的诊断是排除故障的基础和关键，本小节介绍了几种常用的网络故障测试命令，主要包括 IP 测试命令 ping、TCP/IP 测试配置命令 ipconfig、网络协议统计命令 netstat 和跟踪命令 tracert。

(1) IP 测试命令 ping　ping 命令是网络故障分析中使用最频繁、最有用的命令，主要用于测试网络的连通性。它是 Windows 操作系统集成的 TCP/IP 探测工具，可以在命令提示符中运行。

网络中所有的计算机都有唯一的 IP 地址，ping 命令使用互联网控制消息协议 ICMP 向目标主机的 IP 地址发送数据包并请求应答，接收到请求的目的主机再使用 ICMP 返回一个同样大小的数据包，通过监听响应数据包，以校验目的计算机和本地计算机之间的网络连接，确定目标主机的存在及网络连接的状况。

ping 命令的一般格式为：

```
ping [-t] [-a] [-n count] [-l size] [-f] [-i TTL] [-v TOS] [-r count] [-s count]
[[-j host-list] | [-k host-list]] [-w timeout] target_name
```

各参数选项说明见表 8-6。

表 8-6　ping 命令选项说明

参数选项	选项说明
-t	不停地向目标主机发送数据包，直到按“Ctrl + C”组合键

（续）

参数选项	选项说明
-a	解析计算机 NetBios 主机名
-n count	定义用来测试所发出的测试包的个数，默认值为 4
-l size	定义所发送缓冲区的数据包的大小，默认为 32B
-f	在数据包中发送“不要分段”标志
-i TTL	指定 TTL 值在对方的系统里停留的时间，用来帮助检查网络运转情况
-v TOS	将“服务类型”字段设置为 TOS 指定的值
-r count	在“记录路由”字段中记录传出和返回数据包的路由
-s count	指定 count 指定的跃点数的时间戳
-w timeout	指定超时间隔，单位为毫秒

ping 命令一般用于测试本机到远程网络设备的连通性，如要测试本机到网络中另外一台计算机（IP 为 123.58.180.7）能不能通信，在命令提示符中使用命令 ping 123.58.180.7，若出现图 8-48 所示结果，则表示两者之间是通的。

```
C:\Documents and Settings\neo>ping 123.58.180.7

Pinging 123.58.180.7 with 32 bytes of data:

Reply from 123.58.180.7: bytes=32 time=37ms TTL=54
Reply from 123.58.180.7: bytes=32 time=37ms TTL=54
Reply from 123.58.180.7: bytes=32 time=37ms TTL=54
Reply from 123.58.180.7: bytes=32 time=37ms TTL=54

Ping statistics for 123.58.180.7:
    Packets: Sent = 4, Received = 4, Lost = 0 (0% loss),
Approximate round trip times in milli-seconds:
    Minimum = 37ms, Maximum = 37ms, Average = 37ms
```

图 8-48　ping 命令

ping 命令的出错信息通常分为四种情况，其说明见表 8-7。

表 8-7　ping 命令的错误说明

出错信息	说　明
Unknown Host	不知名主机，该远程主机的名字不能被域名服务器转换成 IP 地址
Network Unreachable	网络不能到达，本地系统没有到达远程系统的路由
No Answer	远程系统无响应，存在一条通向目标主机的路由，但接收不到信息
Request Timed Out	工作站与中心主机的连接超时，数据包全部丢失

（2）TCP/IP 测试配置命令 ipconfig　使用 ipconfig 命令可以查看和修改网络中 TCP/IP 的相关配置，如 IP 地址、子网掩码及网关等。

ipconfig 命令的一般格式为：

```
ipconfig [/? | /all | /renew [adapter] | /release [adapter] | /flushdns | /displaydns | /registerdns | /showclassid adapter | /setclassid adapter [classid]]
```

通常使用不带参数的 ipconfig 命令，可以获得 IP 地址、子网掩码及默认网关信息，如果要想得到更加全面的信息，需要使用参数 all。

运行 ipconfig/all 命令，则显示本计算机与 TCP/IP 相关的所有细节，包括所有网卡的 IP 地址、MAC 地址、主机名、DNS 服务器、节点类型、是否启用 IP 路由、网络适配器的物理地址、主机的 IP 地址、子网掩码及默认网关等详细内容，如图 8-49 所示，便于对计算机的网络配置进行全面检查。

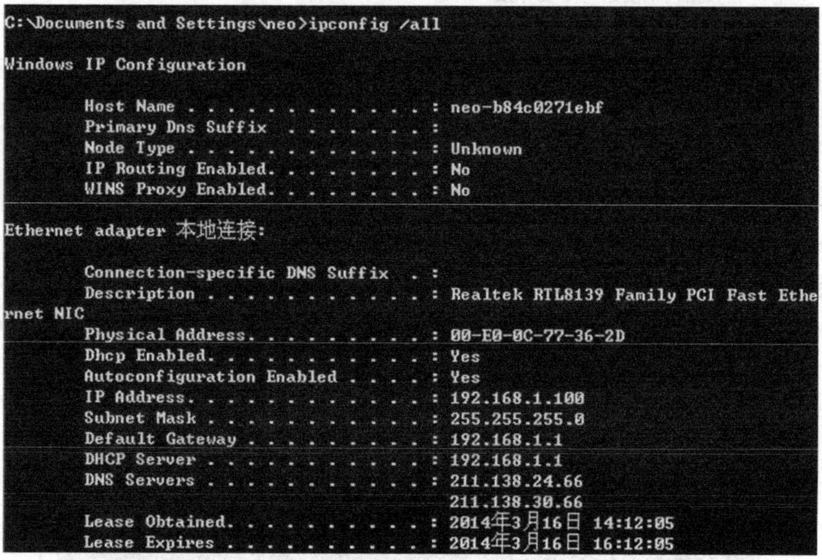

```
C:\Documents and Settings\neo>ipconfig /all

Windows IP Configuration

        Host Name . . . . . . . . . . . . : neo-b84c0271ebf
        Primary Dns Suffix  . . . . . . . :
        Node Type . . . . . . . . . . . . : Unknown
        IP Routing Enabled. . . . . . . . : No
        WINS Proxy Enabled. . . . . . . . : No

Ethernet adapter 本地连接:

        Connection-specific DNS Suffix  . :
        Description . . . . . . . . . . . : Realtek RTL8139 Family PCI Fast Ethe
rnet NIC
        Physical Address. . . . . . . . . : 00-E0-0C-77-36-2D
        Dhcp Enabled. . . . . . . . . . . : Yes
        Autoconfiguration Enabled . . . . : Yes
        IP Address. . . . . . . . . . . . : 192.168.1.100
        Subnet Mask . . . . . . . . . . . : 255.255.255.0
        Default Gateway . . . . . . . . . : 192.168.1.1
        DHCP Server . . . . . . . . . . . : 192.168.1.1
        DNS Servers . . . . . . . . . . . : 211.138.24.66
                                            211.138.30.66
        Lease Obtained. . . . . . . . . . : 2014年3月16日 14:12:05
        Lease Expires . . . . . . . . . . : 2014年3月16日 16:12:05
```

图 8-49　ipconfig 命令

（3）网络协议统计命令 netstat　netstat 命令的一般格式为：

netstat [-a] [-b] [-e] [-n] [-o] [-p proto] [-r] [-s] [-v] [interval]

各参数选项说明见表 8-8。

表 8-8　netstat 命令各参数选项说明

参数选项	选项说明
-a	显示所有连接和监听端口
-b	显示包含于创建每个连接或监听端口的可执行组件
-e	显示以太网统计信息。此选项可以与 -s 选项组合使用
-n	以数字形式显示地址和端口号
-o	显示与每个连接相关的所属进程 ID
-p proto	显示 proto 指定的协议的连接
-r	显示路由表
-s	显示按协议统计信息
-p	选项用于指定默认情况的子集
-v	显示包含于为所有可执行组件创建连接或监听端口的组件
interval	重新显示选定统计信息，每次显示之间暂停时间间隔（以秒为单位）

运行 netstat 命令，则显示本计算机当前与 IP、TCP、UDP 和 ICMP 相关的统计信息及当前网络的连接情况（如采用的协议类型、IP 地址、网络连接、路由表和网络接口信息等），如图 8-50 所示，使得用户或网络管理员可以得到非常详细的统计结果，从而有助于了解网络的整体使用情况。

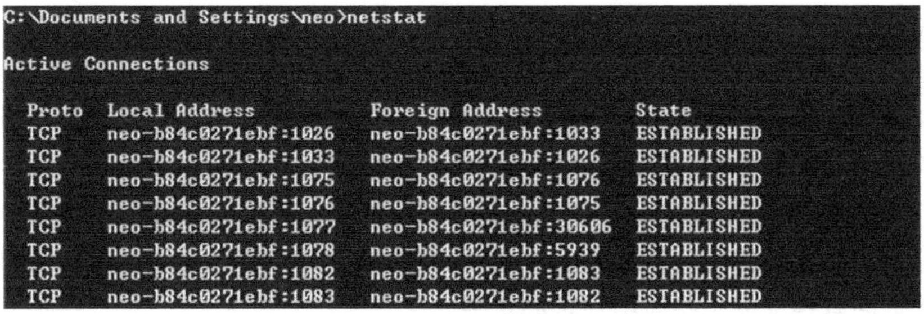

```
C:\Documents and Settings\neo>netstat

Active Connections

  Proto  Local Address            Foreign Address          State
  TCP    neo-b84c0271ebf:1026     neo-b84c0271ebf:1033     ESTABLISHED
  TCP    neo-b84c0271ebf:1033     neo-b84c0271ebf:1026     ESTABLISHED
  TCP    neo-b84c0271ebf:1075     neo-b84c0271ebf:1076     ESTABLISHED
  TCP    neo-b84c0271ebf:1076     neo-b84c0271ebf:1075     ESTABLISHED
  TCP    neo-b84c0271ebf:1077     neo-b84c0271ebf:30606    ESTABLISHED
  TCP    neo-b84c0271ebf:1078     neo-b84c0271ebf:5939     ESTABLISHED
  TCP    neo-b84c0271ebf:1082     neo-b84c0271ebf:1083     ESTABLISHED
  TCP    neo-b84c0271ebf:1083     neo-b84c0271ebf:1082     ESTABLISHED
```

图 8-50　netstat 命令

（4）跟踪路由命令 tracert　tracert 是一个路由跟踪程序，用于确定 IP 数据包在访问目的主机过程中所经过的路径、显示数据包经过的中继节点清单和到达时间。在 IP 数据包从用户的计算机经过多个网关传送到目的主机的过程中，使用 tracert 命令可以跟踪数据包使用的路由。

tracert 命令的格式为：

```
tracert [ -d] [ -h maximum_hops] [ -j host -list] [ -w timeout] target_name
```

各参数选项说明见表 8-9。

表 8-9　tracert 命令各参数选项说明

参数选项	选 项 说 明
-d	指定不将 IP 地址解析到主机名称
-h maximum_hops	指定跃点数以跟踪到称为 target_name 的主机的路由
-j host - list	指定 tracert 实用程序数据包所采用路径中的路由器接口列表
-w timeout	等待 timeout 为每次回复所指定的毫秒数

运行 tracert 命令，通过追踪路由，可以判断发生故障的路由设备或网关，以及发生故障的区段，从而便于查找和排除故障。如图 8-51 所示为运行追踪到网易（www. 163. com）的路由，局域网络和 Internet 连接均正常。

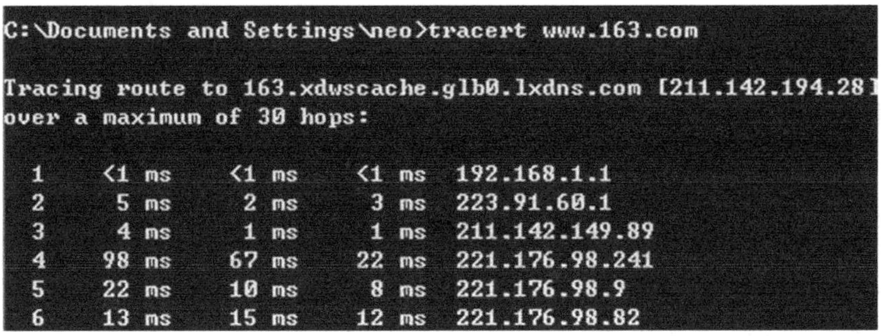

```
C:\Documents and Settings\neo>tracert www.163.com

Tracing route to 163.xdwscache.glb0.lxdns.com [211.142.194.28]
over a maximum of 30 hops:

  1    <1 ms    <1 ms    <1 ms  192.168.1.1
  2     5 ms     2 ms     3 ms  223.91.60.1
  3     4 ms     1 ms     1 ms  211.142.149.89
  4    98 ms    67 ms    22 ms  221.176.98.241
  5    22 ms    10 ms     8 ms  221.176.98.9
  6    13 ms    15 ms    12 ms  221.176.98.82
```

图 8-51　tracert 命令的追踪结果

8.3　排除网络故障

8.3.1　排除物理层故障

物理层将比特从一台计算机传输到另一台计算机，并控制比特流在物理介质上的传输。物理层是唯一包含有形属性（如电缆、插卡和天线）的层。

如果物理层出现故障或未处于最佳状态，不仅会给用户带来不便，也会影响整个公司的运营效率。遭遇此状况时，网络通常会突然停顿。由于 OSI 模型上层的正常运转依赖物理层，因此网络技术人员必须能够有效地隔离并解决该层的故障。

当连接的物理属性不符合标准时，便会出现物理层故障，从而使数据传输率始终低于基线中确定的数据传输率。物理层的运行未处于最佳状态时，网络可能的确处于运行状态，但网络性能始终低于或间歇性地低于基线中规定的水平。

常见的物理层网络故障症状包括：

1. 性能低于基线

如果性能始终无法令人满意，则故障多半与不良配置、某些位置的容量不足或某些其他系统故障有关。如果性能有所变化，并不总是无法令人满意，则故障多半与某种错误状况有关，或是受其他来源流量的影响所致。最常见的性能下降或性能不佳的原因包括：服务器过载或动力不足、交换机或路由器配置不当、低容量链路上出现流量拥塞及持续的帧丢失。

2. 连接中断

如果电缆或设备出现故障，最明显的症状是通过该链路通信的设备之间连接中断，或是与出故障的设备或接口的连接中断，用 ping 命令一试便知。间歇性连接中断可能表明连接松脱或连接被氧化。

3. 高冲突计数

冲突域故障影响本地介质，并会中断与第二层或第三层基础架构设备、本地服务器或服务的通信的联系。一般而言，与交换机端口相比，共享介质上的冲突故障更为显著。共享介质上的平均冲突计数一般应低于5%，尽管这只是个保守的数字。请切记，判断要以平均冲突计数而不是高峰或尖峰冲突计数为依据。冲突型故障往往可以追溯到单一故障源，故障源可能是某工作站一条损坏的电缆、集线器上一条损坏的上行电缆或一个有故障的端口，或一条受到外部电噪声影响的链路。电缆或集线器附近有噪声源时，即使不存在足以引发冲突的流量，也会引发冲突。如果冲突的恶化程度与流量水平成正比，冲突量接近 100% 或根本没有有效流量，则表明电缆系统可能出现了故障。

4. 网络瓶颈或拥塞

如果路由器、接口或电缆有故障，路由协议可能会将流量重定向到其他不是设计用于承载额外容量的路由，而这会导致那些网络段出现拥塞或瓶颈。

5. 高 CPU 利用率

高 CPU 利用率是指一台设备（如路由器、交换机或服务器）以其设计极限或超过其设计极限的载荷工作。如果不迅速解决，CPU 过载会导致设备停机或出现故障。

6. 控制台错误消息

设备控制台上报告的错误消息表明存在物理层故障。

8.3.2　排除数据链路层故障

第二层的故障排除过程比较困难。所创建的网络能否正常运行并且得到充分优化，第二层协议的配置及运行情况至关重要。数据链路层故障引发的一些常见故障症状有助于识别第二层的问题，识别这些故障症状有助于缩小可能故障原因的范围。常见的数据链路层网络故障症状包括：

1. 网络层或以上各层不工作或无连接

第二层的一些故障会使整条链路的帧交换停止，其他一些故障则会使网络性能下降。

2. 网络运行性能低于基线性能水平

网络第二层未达最佳运行状态的情况有以下两种：

1）帧沿不合逻辑的路径传送至目的地，但的确到达了目的地。举例来说，如果第二层的生成树拓扑设计不佳，便会导致帧未沿最佳路径传送。在这种情况下，网络在一些链路上的带宽利用率可能很高，而这些链路不应该出现这样大的流量。

2）丢失了一些帧。可以通过交换机或路由器上显示的错误计数器统计信息和控制台错误消息识别这些故障。在以太网环境中，使用扩展 ping 命令或发出连续的 ping 命令也能够反映是否丢失了帧。

3. 广播量过大

现代操作系统大量使用广播来发现网络服务及其他主机。观察到广播量过大时，请务必查明广播源。一般而言，广播量过大是由下列情况之一所致：

1）应用程序的编写水平不佳或配置不佳。

2）第二层广播域较大。

3）底层网络故障，如 STP 环路或路由摆动。

4. 控制台消息

在某些情况下，路由器会识别出所出现的第二层故障，并向控制台发送警报消息。路由器一般会在以下两种情况下执行此操作：路由器检测到传入帧解读故障（封装故障或成帧故障），以及所期望的 keepalive 未到达。最常见的指示第二层故障的控制台消息是线路协议关闭消息。

8.3.3　排除网络层故障

网络层故障包括任何涉及第三层协议（可被路由的协议和路由协议）的故障，网络层问题会导致网络故障或影响网络性能。网络故障是指网络几乎无法工作或完全无法工作的情况，使用网络的所有用户和应用程序都会受到影响。用户和网络管理员通常很快就会注意到这些故障，显而易见，这些故障严重影响公司的运营效率。网络优化问题通常涉及一部分用户、应用程序、目的地，或特定类型的流量。一般而言，优化问题较难检测，隔离和诊断就更为困难，因为这些问题通常涉及多个层，甚至还涉及主机计算机自身。确定故障是否属于网络层故障需要花费一定的时间。

大部分网络中将静态路由协议与动态路由协议结合使用，如果静态路由协议配置不当，会导致路由性能达不到最佳水平，并且在某些情况下，还会形成路由环路或使网络的某些部分不可达。排除动态路由协议故障需要透彻理解特定路由协议的工作方式。有一些故障涉及所有路由协议，而其他一些故障则是个别路由协议所特有的。

解决第三层故障没有一定之规，要遵循系统化的流程，利用一系列命令来隔离和诊断故障。诊断可能涉及路由协议的故障时，可做以下方面的调查：

1. 一般网络问题

某个拓扑变化（如某条链路出现故障）往往会对网络的其他区域产生影响，这些影响在变化发生时可能不容易发现。拓扑变化可能是添加新的静态路由或动态路由、删除其他路由等。

需要考虑的部分事项包括：

1）最近网络中有何变化？

2）是否有人正在改动网络基础架构？

2. 连接问题

检查有无设备故障和连接故障，包括电源问题（如断电）及环境问题（如过热）。还要检查有无第一层故障，如电缆连接故障、端口故障及 ISP 故障。

3. 相邻路由器问题

如果路由协议与相邻路由器建立了相邻关系，请检查形成相邻关系的路由器有无故障。

4. 拓扑数据库

如果路由协议使用拓扑表或拓扑数据库，请检查拓扑表中有无意外情况，如缺少条目或存在意外条目。

5. 路由表

检查路由表中有无意外情况，如缺少路由或存在意外路由。可以使用 debug 命令来查看路由更新和路由表维护。

8.3.4　排除传输层故障

1. 常见的访问列表问题

网络故障可能起因于路由器上的传输层故障，尤其是位于网络边缘的路由器。在网络边缘，各种安全技术会检查并修改流量。最常见的 ACL 问题是由配置不正确导致的。通常会在以下八个方面发生配置错误：

（1）流量的选择　最常见的路由器配置错误是对不正确的流量应用 ACL。流量由流量传输时流经的路由器接口和流量的传输方向这两者定义。必须对正确的接口应用 ACL，并且必须选择正确的流量方向，才能使 ACL 正常工作。

（2）访问控制元素的顺序　ACL 中的元素应按从特殊到一般的顺序排列。尽管 ACL 可能包含专用于允许特定流量的元素，但如果访问控制列表中该元素之前的另一元素拒绝了该流量，数据包将永远无法与该元素匹配。

（3）隐式的 deny all 语句　在不要求 ACL 具有高安全性的情况下，忘记这一隐式访问控制元素可能导致 ACL 配置错误。

（4）地址和通配符掩码　如果路由器同时运行 ACL 和 NAT，则这两种技术的应用顺序非常重要：

1）入站流量先由入站 ACL 处理，再由外部转内部 NAT 处理。

2）出站流量先由出站 ACL 处理，再由内部转外部 NAT 处理。

复杂的通配符掩码可以显著提升效率，但也更容易出现配置错误。例如，使用地址 10.0.32.0 和通配符掩码 0.0.32.15 来选择 10.0.0.0 网络或 10.0.32.0 网络中的前 15 个主机地址。

（5）传输层协议的选择　配置 ACL 时，请务必仅指定正确的传输层协议。许多网络工程师都会在无法确定特定流量使用 TCP 端口还是 UDP 端口时同时配置两个端口，这样做会在防火墙上打开一个缺口，可能会给入侵者提供侵入网络的通道；还会将额外元素引入 ACL，使 ACL 处理时间变长，从而导致网络通信延时增加。

（6）源端口和目的端口　要正确控制两台主机之间的流量，入站 ACL 和出站 ACL 必须包含对称的访问控制元素。回应方主机所生成流量的地址信息和端口信息是发起方主机所生成流量的地址信息和端口信息的镜像。

（7）established 关键字的使用　established 关键字可以提高 ACL 所提供的安全性。不过，如果对出站 ACL 应用该关键字，可能会出现意外的结果。

（8）不常用的协议　错误配置的 ACL 往往会使常用性不及 TCP 和 UDP 的协议出现故障。在不常用的协议中，VPN 协议和加密协议的应用范围在不断扩展。

可以利用一个有用的命令来查看 ACL 的工作状态，它就是 ACL 条目的 log 关键字。log 关键字指示路由器每当满足输入条件时，便在系统日志中加入一条日志信息，所记录的事件包括符合 ACL 元素的数据包的详细信息。log 关键字对故障排除特别有帮助，还提供被 ACL 阻止的入侵尝试的信息。

2. 常见 NAT 问题

所有 NAT 技术的最大问题在于与其他网络技术的互操作性，尤其是在数据包中包含主机网络地址信息的网络技术，或从数据包中获取网络地址信息的网络技术。其中的部分技术包括：

（1）BOOTP 和 DHCP　这两种协议都管理对客户端的自动 IP 地址分配。不要忘了，新客户端发送的第一个数据包便是 DHCP 请求广播 IP 数据包，其源 IP 地址为 0.0.0.0。由于 NAT 要求源 IP 地址和目的 IP 地址都必须有效，因此 BOOTP 和 DHCP 难以在运行静态 NAT 或动态 NAT 的路由器上工作。配置 IP 帮助程序有助于解决这一问题。

（2）DNS 和 WINS　由于运行动态 NAT 的路由器会在路由表条目到期并重新创建时定期更改内部地址与外部地址之间的关系，因此 NAT 路由器外的 DNS 服务器或 WINS 服务器无法获得路由器内网络的准确表示。配置 IP 帮助程序有助于解决这一问题。

（3）SNMP　与 DNS 数据包类似，NAT 同样无法改变数据包的数据负载中存储的地址信息。NAT 路由器一侧的 SNMP 管理工作站可能因此无法与 NAT 路由器另一侧的 SNMP 代理通信。而配置 IP 帮助程序有助于解决这一问题。

（4）隧道协议和加密协议　加密协议和隧道协议通常要求流量的来源必须是特定 UDP 端口或 TCP 端口，或者要求流量在传输层使用无法由 NAT 处理的协议。例如，VPN 实现方案所使用的 IPsec 隧道协议和通用路由封装协议便无法由 NAT 处理。

如果加密协议或隧道协议必须通过 NAT 路由器运行，网络管理员可以为 NAT 路由器内部的某个 IP 地址创建用于所需端口的静态 NAT 条目。

其中一个较为常见的 NAT 配置错误是忘记了 NAT 对入站流量和出站流量都有影响。如果网络管理员缺乏经验，可能会配置一个静态 NAT 语句来将入站流量重定向到某台内部备份主机，此静态 NAT 语句同时会更改该主机所产生流量的源地址，而这可能导致网络出现不希望发生的行为及异常行为，或导致 NAT 无法以最佳状态运行。

计时器配置不正确也会导致网络行为异常及动态 NAT 无法以最佳状态运行。如果 NAT 计时器的定时设置得过短，NAT 表中的条目可能在收到回应前便已过期，导致数据包被丢弃，而因丢失数据包而产生的重新传输流量会占用更多的带宽。如果计时器的定时设置得过长，NAT 中条目的存留时间可能会超过必要的存留时间，因而会占用可用的连接池。在繁忙的网络中，这可能导致路由器上出现存储器故障，并且如果动态 NAT 表已满，主机可能无法建立连接。

8.3.5　排除应用层故障

大部分应用层协议提供用户服务。如图 8-52 所示，应用层协议一般用于提供网络管理、文件传输、分布式文件服务、终端仿真及电子邮件这些用户服务，不过，通常会添加一些新的用户服务，如 VPN、VoIP 等。

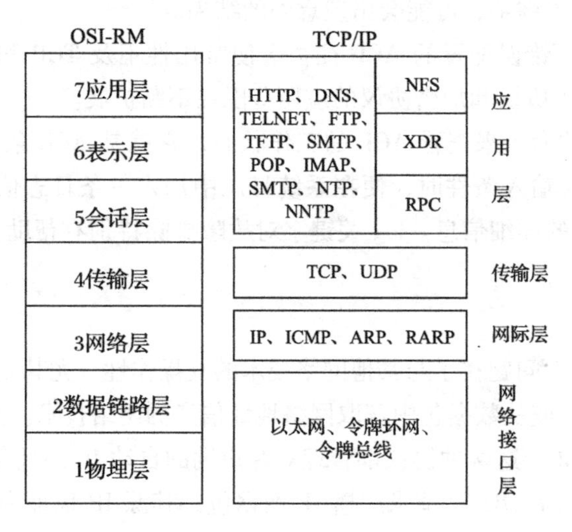

图 8-52　应用层协议

最广为人知的实施范围最广的 TCP/IP 应用层协议包括：

（1）Telnet　用户可以利用该协议与远程主机建立终端会话连接。

（2）HTTP　支持在 Web 上交换文本、图形图像、音频、视频及其他多媒体文件。

（3）FTP　用于在主机之间执行交互式文件传输。

（4）TFTP　一般用于在主机与网络设备之间执行基本的交互式文件传输。

（5）SMTP　支持基本消息传送服务。

（6）POP　用于连接到邮件服务器并下载电子邮件。

（7）简单网络管理协议（SNMP）　用于从网络设备收集管理信息。

（8）DNS　用于将 IP 地址映射到为网络设备指定的名称。

（9）网络文件系统（NFS）　计算机可以利用该协议在远程主机上安装驱动器，并像操作本地驱动器那样操作这些驱动器。该协议最初由 Sun Microsystems 开发，如果将其与另外两个应用层协议 XDR（外部数据表示）及 RPC（远程过程调用）结合使用，可以透明地访问远程网络资源。

1. 应用层故障症状

应用层故障会导致服务无法提供给应用程序。即使物理层、数据链路层、网络层和传输层都正常工作，应用层故障也会导致无法到达或无法使用资源。可能出现所有网络连接都正常，但应用程序就是无法提供数据的情况。

还有这样一种应用层故障，即虽然物理层、数据链路层、网络层和传输层都正常工作，但来自某台网络设备或某个应用程序的数据传输和网络设备请求没有达到用户的正常预期。出现应用层故障时，用户会抱怨其使用的网络或特定应用程序的数据传输或网络服务请求速度缓慢或比平时慢。在较低层隔离故障时采用的一般故障排除步骤同样可以用于隔离应用层故障。隔离故障的原理是相同的，不同的是技术关注点转移到了连接被拒绝或超时、访问列表及 DNS 问题等因素上。

2. 排查应用层故障

排查应用层故障的步骤如下。

步骤 1：Ping 默认网关地址。

如果成功，则表明第一层和第二层服务工作正常。

步骤 2：检验端到端连接。

如果尝试从 Cisco 路由器执行 ping 命令，请使用扩展 ping 命令。如果成功，则表明第三层工作正常。如果第一层至第三层都工作正常，则表明一定是更高的层有故障。

步骤 3：检验访问列表和 NAT 工作是否正常。

1）要排查访问控制列表问题，执行下列步骤：

①执行 show access - list 命令。是否有任何 ACL 阻止了流量传输？注意哪些访问列表有匹配项。

②执行 clear access - list counters 命令已清除访问列表计数器，然后再次尝试建立连接。

③检验访问列表计数器。是否有增加的计数？是否是正常的增加？

2）要排查 NAT 问题，请执行下列步骤：

①执行 show ip nat translations 命令。是否进行了任何转换？这些转换是否是应有的转换？

②执行 clear ip nat translation * 命令来清除 NAT 转换，然后再次尝试访问外部资源。

③执行 debug ip nat 命令，并仔细查看输出。

查看运行中的配置文件。ip nat inside 和 ip nat outside 命令是否位于正确的接口？NAT 池的配置是否正确？ACL 是否能够正确识别主机？

如果 ACL 和 NAT 工作正常，则故障一定位于更高的层。

步骤 4：排除上层协议连接故障。

即使源主机与目的主机之间有 IP 连接，特定上层协议（如 FTP、HTTP 或 Telnet）仍有可能存在故障。这些协议依赖基本 IP 传输，但容易受与数据包过滤器和防火墙有关的特定于协议的故障的影响。可能出现这样的情况，即给定源主机与目的主机之间除邮件外一切正常。排除上层协议连接故障需要了解协议的流程，通常可以在最新的 RFC 规范或开发人员网页上找到相关信息。

3. 解决应用层故障

如图 8-53 所示，解决应用层故障的步骤如下：

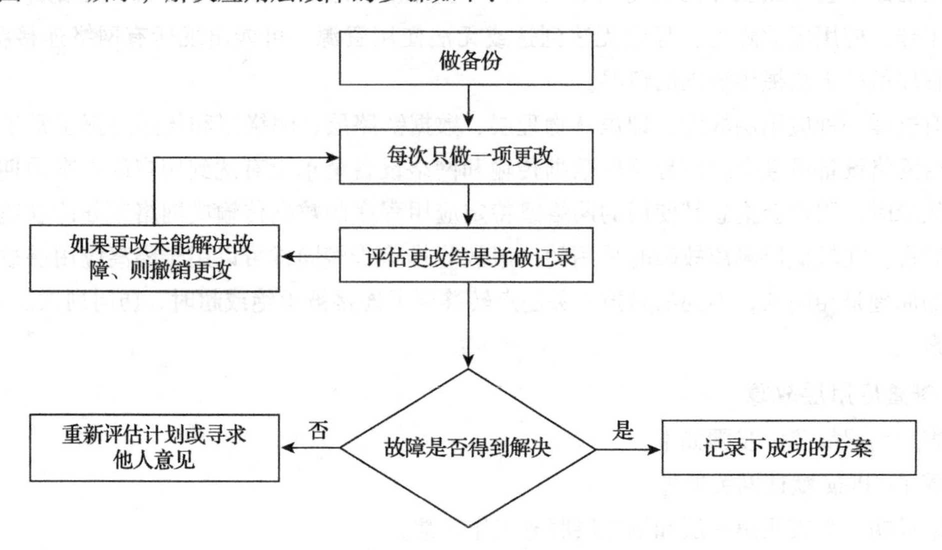

图 8-53　解决应用层故障的步骤

步骤 1：做备份。执行后续步骤前，请确保为任何可能会更改配置的设备都保存一份有效的配置，以便于恢复到已知的初始状态。

步骤 2：更改初始硬件或软件配置。如果解决故障需要进行多项更改，请一次做一项更改。

步骤 3：对每项更改及其结果做评估和记录。如果任何故障解决步骤的结果不成功，则立即撤销更改。如果故障间歇性出现，请等待一段时间，看故障是否再次出现，然后再评估更改的效果。

步骤 4：确定更改是否解决了故障。检验更改是否确实解决了故障，并且没有引入任何新的故障。网络应恢复基线运行水平，并且不应存在任何新的或旧的故障症状。如果故障未得到解决，请撤销全部更改。如果发现了新故障或其他故障，请修改故障解决计划。

步骤 5：故障得到解决时停止操作。解决原始故障后即停止更改。

步骤 6：必要时向外部资源寻求协助。外部资源可以是同事、顾问或技术援助中心（TAC）。个别情况下可能需要核心转储，Systems 的专家可以对核心转储生成的输出做分析。

步骤 7：做记录。故障解决后，将解决方案记录在文档中。

本章小结

创建基线的第一步是确保网络文档包含准确的最新数据，完备的网络文档包括所有设备的网络配置表及反映网络当前状态的拓扑图。完成所有网络数据的记录后，应在几周至一个月的时期内度量网络性能基线，以确定网络的特性，在网络运行正常并且稳定的时段创建初始基线。最有效的故障排除方式是采用基于分层模型（如 OSI 模型或 TCP/IP 模型）的系统化方法，三种常用的故障排除法是自下而上法、自上而下法和分治法，每种方法都各有优缺点，应了解如何选择适用的方法。

本章习题

一、选择题

1. 下列是物理层故障例子的是（　　）。

　A. ARP 映射不正确　B. 封装不正确　C. 时钟频率不正确　D. STP 配置不正确

2. 安全管理的目标是（　　）。

　A. 控制用户对网络敏感信息资源的使用　B. 保证网络正常畅通地工作

　C. 提高网络的容错能力　D. 提供用户使用网络资源的汇总与统计

3. 技术人员应要求排除现有交换网络的故障，但找不到 VLAN 配置的文档。技术人员可使用（　　）工具来发现和映射 VLAN 和端口分配情况。

　A. 知识库　B. 协议分析器　C. 电缆测试仪　D. 基线工具

4. 计算机登录后网络立刻显示“网络适配器无法正常工作”，其原因是（　　）。

　A. 没有安装网卡　B. 没有安装网卡驱动程序

　C. 网卡没有正确安装　D. 网卡应该插入一个特定的扩展插槽内

5. 要查看当前计算机的内网 IP 地址、默认网关及外网 IP 地址、子网掩码和默认网关，该使用（　　）命令。

　A. ipconfig/all　B. netstat　C. ipconfig　D. ping

6. 在更换某工作站的网卡后，发现网络不通，网络工程技术人员首先要检查的是（　　）。

　A. 网卡是否松动　B. 路由器设置是否正确

　C. 服务器设置是否正确　D. 是否有病毒发作

7. 建议采用（　　）的故障排除方法来处理疑似由网络电缆故障引起的复杂问题。

　A. 从中切入　B. 自下而上　C. 自上而下　D. 分治法

8. 技术人员应要求对网络配置和拓扑做出几项更改并确定更改的效果。可采用（　　）工具来确定更改产生的总体效果。

　A. 知识库　B. 基线工具　C. 电缆测试仪　D. 协议分析器

9. 在网络管理中，通常需要监视网络吞吐率、利用率、错误率和响应时间。监视这些参数主要是功能域（　　）的主要工作。

　A. 配置管理　B. 故障管理　C. 安全管理　D. 性能管理

10. 如图所示，内部 LAN 中的用户无法连接到 WWW 服务器，网络管理员 ping 该服务器并确认 NAT 工作正常。管理员接下来应该从 OSI（　　）开始排除故障。

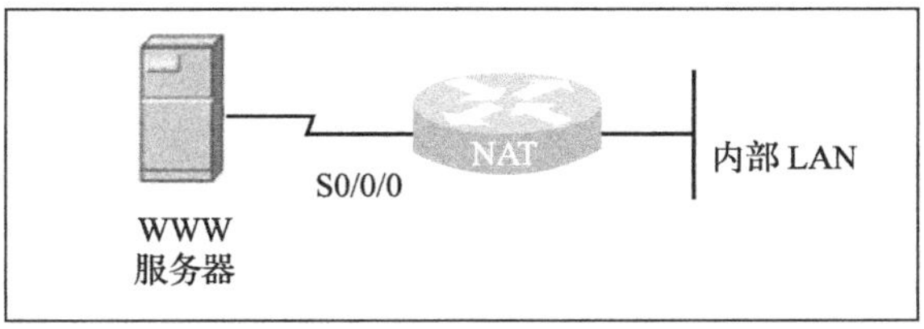

WWW 服务器　S0/0/0　NAT　内部 LAN

　A. 应用层　B. 网络层　C. 数据链路层　D. 物理层

二、综合题

1. 某公司的各个客户端报告数据中心内运行的所有企业应用程序性能均不良，而 Internet 接入及企业 WAN 中运行的应用程序均工作正常。网络管理员使用协议分析器观察到数据中心内应用程序服务器 LAN 中持续存在随机无意义的流量广播（jabber）。管理员应该如何开始故障排除过程？

2. sniffer 有什么功能？以及在局域网出现问题时，如何通过 sniffer 分析网络故障？

3. 常见的网卡故障有哪些？

4. 常见排除应用层故障的步骤有哪些？

5. 如图所示，分支 B 的用户报告说访问 HQ 的企业网站时遇到问题，HQ 和分支 A 的用户可以访问网站。R3 ping 10. 10. 10. 1 成功，但 ping 10. 10. 10. 2 不成功，分支 B 的用户可以访问分支 A 的服务器，请分析故障原因。

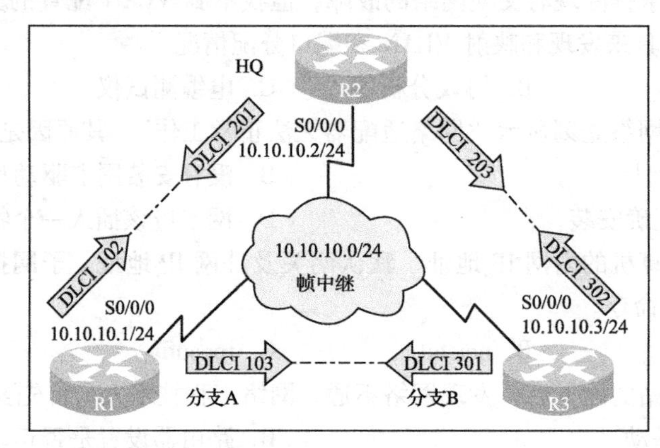

参考文献

[1] 孙秀英. 路由交换技术与应用 [M]. 2版. 北京：人民邮电出版社，2015.

[2] Mark A Dye，Rick McDonald，Antoon W Rufi. 思科网络技术学院教程 CCNA Exploration：网络基础知识 [M]. 北京：人民邮电出版社，2009.

[3] Bob Vachon，Rick Graziani. 思科网络技术学院教程 CCNA Exploration：接入 WAN [M]. 北京：人民邮电出版社，2009.

[4] Rick Graziani，AllanJohnson. 思科网络技术学院教程 CCNA Exploration：路由协议和概念 [M]. 北京：人民邮电出版社，2009.

[5] Wayne Lewis. 思科网络技术学院教程 CCNA Exploration：LAN 交换和无线 [M]. 北京：人民邮电出版社，2009.

[6] 陶建文，邹贤芳. 网络设备互联技术 [M]. 北京：清华大学出版社，2011.

[7] 鲁顶柱. 网络互联技术与实训 [M]. 北京：中国水利水电出版社，2011.

[8] 汪双顶. 网络互联技术与实践教程 [M]. 北京：清华大学出版社，2010.